高等学校计算机基础教育规划教材

大学信息技术实用教程

刘连忠 主编

石硕 李洋 孙怡 副主编

杨涛 周茅英 韦巍 华丹阳 金秀 参编

U0341212

清华大学出版社

北京

内 容 简 介

　　本教材根据教育部高等学校大学计算机课程教学指导委员会的《高等学校非计算机专业计算机基础课程教学基本要求》编写而成,以培养计算机应用能力为目的,介绍计算机的使用与维护、操作系统的使用、应用文稿的编写技巧、多媒体软件的使用、网页设计与制作、常用工具软件的使用等内容。各章均配有一定数量的实验,并给出了详细的操作步骤。

　　本教材注重实用性和可操作性,易于理解,适合作为高等院校各专业的信息技术课程教材,也可供希望提高计算机应用技能的社会各界人士学习使用。

图书在版编目(CIP)数据

　　大学信息技术实用教程/刘连忠主编. —北京:清华大学出版社,2018(2021.2重印)
　　(高等学校计算机基础教育规划教材)
　　ISBN 978-7-302-51132-8

　　Ⅰ.①大…　Ⅱ.①刘…　Ⅲ.①电子计算机－高等学校－教材　Ⅳ.①TP3

　　中国版本图书馆 CIP 数据核字(2018)第 201472 号

责任编辑:袁勤勇
封面设计:常雪影
责任校对:徐俊伟
责任印制:杨 艳

出版发行:清华大学出版社
　　　　　网　　　址:http://www.tup.com.cn,http://www.wqbook.com
　　　　　地　　　址:北京清华大学学研大厦 A 座　　　　邮　　编:100084
　　　　　社 总 机:010-62770175　　　　　　　　　　　邮　　购:010-83470235
　　　　　投稿与读者服务:010-62776969,c-service@tup.tsinghua.edu.cn
　　　　　质量反馈:010-62772015,zhiliang@tup.tsinghua.edu.cn
　　　　　课件下载:http://www.tup.com.cn,010-83470236
印 装 者:三河市铭诚印务有限公司
经　　销:全国新华书店
开　　本:185mm×260mm　　　　印　张:22.75　　　　字　　数:541 千字
版　　次:2018 年 10 月第 1 版　　　　　　　　　　　印　　次:2021 年 2 月第 7 次印刷
定　　价:49.50 元

产品编号:080177-01

前言

随着科学技术的发展,信息化社会对人才培养提出了更高的要求,掌握信息技术知识、具备计算机操作技能与应用能力已成为衡量学生综合素质的重要标准之一。

本教材面向高校非计算机专业的学生,在作者多年教学经验积累的基础上编写而成,并融入了多年的课程改革经验,侧重于通过操作性的实验案例培养学生运用信息技术解决实际问题的能力,注重实用性和可操作性,易于理解。

本书共6章。第1章介绍计算机的使用与维护。第2章介绍操作系统的使用。第3章介绍应用文稿的编写技巧。第4章介绍多媒体软件的使用。第5章介绍网页设计与制作。第6章介绍常用工具软件的使用。

本书由刘连忠主编,第1章由刘连忠、周茅英编写,第2章由孙怡编写,第3章由杨涛、石硕、金秀编写,第4章由李洋编写,第5章由石硕编写,第6章由韦巍、华丹阳编写。

作者在编写过程中参考了许多文献,在此对这些文献的作者表示衷心的感谢。限于作者学识水平,书中难免有不妥之处,恳请读者批评指正。

作　者
2018 年 5 月

目录

第1章

计算机的使用与维护

　　随着计算机技术的迅猛发展,计算机在社会生活各个领域得到了广泛的应用。掌握一些计算机软硬件的使用维护知识和故障排除方法,将有助于提高计算机的使用效率。

　　本章介绍计算机硬件的组成结构和选购、使用与维护技巧,操作系统、驱动程序、应用程序的使用与维护,以及计算机常见软硬件故障的诊断与维修知识。

1.1　计算机硬件的选购、使用与维护

1.1.1　计算机硬件简介

　　计算机系统是由硬件系统和软件系统组成的。硬件是指组成计算机的各种物理设备,也就是那些看得见、摸得着的实际设备,它包括主机和外部设备两大部分。计算机由五大功能部件组成,即运算器、控制器、存储器、输入设备和输出设备。这五大部分相互配合,协同工作,共同完成计算任务。从外形上,计算机可分为台式计算机、笔记本计算机,其基本结构和工作原理是一样的,如图 1-1 所示。由于计算机具有很强的运算和信息处理能力,其功能类似于人的大脑,因此被人们称为电脑。

　　　　　(a) 台式计算机　　　　　　　　　　(b) 笔记本计算机

图 1-1　常见计算机系统的外形

　　在硬件结构上,一台计算机的主机通常由主板、CPU、内存、硬盘、光驱、显示器、键盘、鼠标、机箱等部件组装而成。

1. 主板

主板是连接其他计算机配件的电路系统,CPU、显卡、内存、硬盘等硬件都是通过主板连接并工作的。台式计算机的主板如图1-2所示。

图1-2　台式计算机主板

2. CPU

CPU即中央处理器,它负责计算机系统中最重要的数值运算及逻辑判断工作,是计算机的核心部件。图1-3是Intel公司生产的酷睿i7 CPU的外形。

图1-3　CPU

3. 内存

内存也称为内存储器,是计算机中重要的部件之一,它是与CPU进行沟通的桥梁。计算机中所有程序的运行都是在内存中进行的,它用于暂时存放CPU中的运算数据以及与硬盘等外部存储器交换数据。内存由内存芯片、电路板、金手指等部分组成,如图1-4所示。

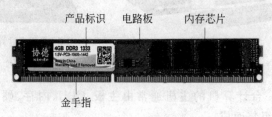

图1-4　内存

4. 硬盘

硬盘是计算机主要的存储媒介之一,由一个或者多个铝制碟片组成。这些碟片外覆盖有铁磁性材料,被密封在一个金属盒里,如图 1-5 所示。

5. 光驱

光驱是用来读写光盘内容的设备。随着多媒体的应用越来越广泛,光驱已经成为台式机的标准配置。目前,光驱可分为 CD-ROM 驱动器、DVD 光驱、刻录机、COMBO 光驱等。COMBO 光驱既具有读取 DVD 的功能,又具有刻录 CD 的功能。图 1-6 是台式机上使用的一款 DVD 光驱。

图 1-5　硬盘

图 1-6　台式机光驱

6. 显卡和显示器

显卡又称显示适配器(video adapter),是个人计算机最基本的组成部分之一,它将计算机系统需要的显示信息进行处理转换,并向显示器提供行扫描信号,控制显示器的显示。显示器通常也称为监视器,是计算机的 I/O 设备,其功能是将显卡输出的电子信号显示到屏幕上。显示器根据制造材料的不同可分为阴极射线管显示器(CRT)、等离子显示器(PDP)、液晶显示器(LCD)等。显卡和显示器的外形如图 1-7所示。

图 1-7　显卡和显示器

7．键盘和鼠标

键盘是最常见的计算机输入设备，它由一组按键组成，主要的功能是输入字符和控制命令。鼠标是为了代替键盘烦琐的输入指令方式而设计的点击设备，可以使计算机的操作更加简便，因形似老鼠而得名。键盘和鼠标的外形如图1-8所示。

图 1-8　键盘和鼠标

8．机箱

机箱的主要作用是放置和固定计算机的各个配件，起到承托和保护作用。机箱内部通常都配备电源，为计算机供电。此外，机箱还具有屏蔽电磁辐射的作用，避免计算机各部件在工作过程中受到外界电磁干扰的影响。图1-9是已经组装了计算机配件的机箱。

【实验1-1】　自己动手组装一台计算机。

【工具和材料】组装前，准备好螺丝刀、尖嘴钳、镊子等工具，如图1-10所示。螺丝刀应使用带磁性的，可以轻易地取出小螺丝。尖嘴钳主要用于插拔小元件，如跳线帽、主板支撑架等。镊子用来夹取掉落到机箱里的物体，也可以用来设置硬件上的跳线。还需

图 1-9　机箱

要准备一些导热硅脂用于促进CPU的散热。还可准备几条扎线带用于捆绑机箱内凌乱的数据线。

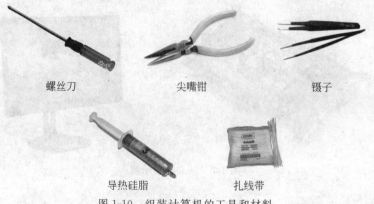

螺丝刀　　　　　　　尖嘴钳　　　　　　　镊子

导热硅脂　　　　　　扎线带

图 1-10　组装计算机的工具和材料

【步骤1】安装 CPU。将 CPU 平稳放下,然后盖上铁盖,用力压下铁杆到位,CPU 即安装完成。然后在 CPU 上均匀涂抹散热硅脂。如图 1-11 所示。

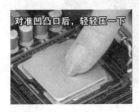

图 1-11　安装 CPU

【步骤2】安装 CPU 散热器。首先把 4 个脚钉转动到与上面的箭头相反的方向,然后对准主板 4 个空位,用力下压,即可完成散热器的安装。安装完成后插上风扇电源。如图 1-12 所示。

如果要拆卸散热器,把 4 个脚钉沿着与上面的箭头相反的方向转动,然后用力拉,即可拆卸下来。

【步骤3】安装内存。将内存与内存插槽上的凹凸位对准,用力按压内存的一边,听到"啪"的一声,卡位会自动扣上,再用同样的方法按压另一边。如图 1-13 所示。

图 1-12　安装 CPU 散热器　　　　　　　　图 1-13　安装内存

【步骤4】安装电源。如图 1-14 所示。

【步骤5】安装主板。用螺丝刀把螺丝旋入预留的螺丝孔,固定好主板。如图 1-15 所示。

图 1-14　安装电源　　　　　　　　图 1-15　安装主板

【步骤6】安装硬盘。硬盘可以选择舱位来安装,一般原则是将硬盘安装在中间,以保证有充足的散热空间,在硬盘两侧螺丝孔位上拧上 4 个螺丝。光驱的安装方法与硬盘相似。如图 1-16 所示。

图 1-16　安装硬盘

【步骤 7】安装显卡。将显卡插入主板上的 PCI-E 插槽中，然后拧上螺丝。如果主板有多条 PCI-E 插槽，优先选择靠近 CPU 的那条，这样能保证显卡全速运行。显卡不是必须安装的，如果主板上有集成显卡，就不需要再单独安装显卡。如图 1-17 所示。

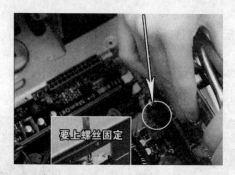

图 1-17　安装显卡

【步骤 8】连接电源线和信号线。如图 1-18 所示。

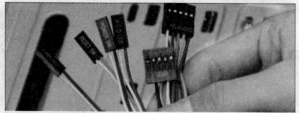

图 1-18　连接电源线和信号线

具体步骤如下：

（1）将主板电源/CPU 辅助供电接线对准卡口位接上。

（2）将前置音频和前置 USB 接线对准防呆接口插上。

（3）硬盘灯、电源灯、开机按钮、重启按钮信号线按照主板标示安装（彩色线为正极，黑白线为负极）。HDD LED 是硬盘灯,POWER LED 是电源灯,RESET SW 是重启按钮,POWER SW 是开机按钮,PC SPEAKER 是 PC 小喇叭。

（4）接上硬盘电源线和数据线。

（5）对中高端显卡,还需要接上辅助供电接线。

至此,一台计算机就组装完成了,接下来就可以安装操作系统了。

安装时要注意以下几点：

（1）防止静电。静电极易损坏集成电路,因此在安装前,最好用手触摸一下接地导体或洗手,以释放身上可能携带的静电,有条件的可带静电环,可以有效避免静电问题。

（2）安装硬件时要小心,切不可粗暴安装。在安装过程中有不懂的地方一定要看硬件说明书,用力不当可能使硬件针脚损坏或变形,尤其是处理器和一些接线口,一定要正确安装,安装不到位或插反容易使插头变形,造成接触不良、损坏等。

（3）计算机各硬件要注意轻拿轻放,特别是硬盘最怕震动。

1.1.2　计算机硬件选购指导

从前面介绍的计算机硬件知识可以看出,一台计算机是由许多部件组成的,这些部件的性能是相互影响的。正确选择部件,才能充分发挥计算机的硬件性能。下面介绍选购计算机时应该注意的事项。

1. CPU 的选购

CPU 是一台计算机的核心,目前主流的 CPU 主要有 Intel 和 AMD 两个品牌。Intel 品牌的 CPU 性能较好,但价格较贵。AMD 的 CPU 价格较便宜,但发热量大,稳定性稍差。如果经济条件许可,尽量选择 Intel 的 CPU。

CPU 的性能与主频、内核数密切相关。主频反映了计算机执行指令的速度,主频越高,计算机的处理速度越快。内核数是指可以同时运行的任务数,如果经常运行多个程序,建议选择多核 CPU。主频和内核数决定了一台计算机的运算速度。现在市场上多核和单核的 CPU 价格差异不大,建议至少选双核、主频 2GHz 以上的 CPU。

CPU 工作时发热量较大,需要配置 CPU 风扇来辅助散热。选择 CPU 风扇主要看散热效果,滚珠风扇可以达到较好的散热效果。

2. 主板的选购

主板一定要和 CPU 搭配,主板支持的主频和内核数要与选配的 CPU 一致。要注意,现在大容量硬盘几乎都采用 SATA 接口,所以选购的主板一定要有 SATA 接口。另外,主板与内存的搭配也很重要,要注意主板是否支持 DDR3 内存,因为 DDR3 内存不仅省电,速度快,价格也便宜。

3. 内存的选购

内存损坏的可能性很小,所以并不一定选择最稳定或最有名的,要挑选与主板型号相兼容的内存型号,最好是 DDR3 内存。内存的性能指标有主频、容量等。内存的主频越高,计算机存取数据的速度越快。内存的容量越大,计算机运行程序的空间就越大。因此,主频和内存对计算机的整体运行速度有重要影响。当然,性能好的内存价格也贵,需要根据个人的经济实力及应用场合进行选择。市场上最有名的内存品牌是金士顿。就目前的价位来看,选择 4GB 或 8GB 的 DDR3 内存比较合理。

4. 硬盘的选购

硬盘按存储介质可分为机械硬盘和固态硬盘。机械硬盘内部有电机等机械部件,运行速度慢,容量大,价格低,如无特别需要,一般都挑选机械硬盘。机械硬盘最主要的性能指标是存储容量和转速,以前大多是并口,现在多采用 SATA 接口。硬盘最有名的品牌是希捷。一般选择存储容量在 500～1000GB、转速为 7200r/min 的机械硬盘,其价格在400 元左右,比较合理。

固态硬盘是用固态电子存储芯片阵列制成的硬盘,由控制单元和存储单元(Flash 芯片、DRAM 芯片)组成。固态硬盘内部不存在任何机械部件,即使在高速移动和翻转倾斜的情况下也不会影响正常使用,运行速度更快,更轻便,无噪音,也不怕碰撞、冲击、震动,但缺点是读写寿命较短,价格比较高。

5. 显卡的选购

显卡直接影响显示器的显示效果,在选择时一定要谨慎。显卡的性能指标主要有主频和显存。尤其要注意,一些杂牌显卡可能会通过共享显存来冒充高容量的显存,选购的时候,要用硬件大师、鲁大师等硬件测试软件进行测试,或者直接购买品牌产品,以免上当。高端显卡品牌有蓝宝石、七彩虹等。蓝宝石显卡一般适合设计类的工作,七彩虹显卡适合玩游戏。如果主板上已经有集成显卡,且对图形显示要求不高,可不用另外购买显卡。

6. 显示器的选购

显示器最主要的性能参数是屏幕尺寸和显示分辨率。长期使用计算机的人不建议使用大屏显示器,非常伤眼,屏幕尺寸选择 17in 比较合理。对于经常看电影的人,选择 22in的显示器就足够了。显示器最好用硬件大师测光,质量差的显示器色彩显示效果很差,用硬件大师一测就知道了。显示器的坏点是指屏幕上有些点已经无法正常显示了,这个也可以用硬件大师检测,A 屏是指有 3 个以内坏点的屏幕,A＋屏是指完全无坏点的屏幕。显示器性能参数还有可视角度,可视角度过小的显示器,只能在正中看得清屏幕,从旁边看屏幕是一片黑,建议购买可视角度大的显示器。

7. 键盘、鼠标的选购

键盘、鼠标是计算机最常用的输入设备,经常一起销售。键盘一般要选用防水型的,较好的品牌是双飞燕,非常耐用,但价格较贵,要上百元。鼠标一般都是光电鼠标,较有名的品牌是罗技。无线鼠标使用较为方便,但其响应速度较慢,并且要经常换电池,不建议购买。

选购键盘时,要检查按键弹力是否适中,声音是否太大,键帽是否牢固,做工是否精细。好键盘上的字符用手摸上去有凸起的感觉,这是采用镭雕技术印刷的,字符不易脱落,可以使用较长的时间。

8. 机箱的选购

机箱就是主机的外壳,一般由金属材料制成,外观造型有多种多样,可以根据各人喜好进行选择。机箱尺寸有大、中、小3种,如果要节省空间,可以选小机箱。大机箱的内部空间大,散热效果好,如果以后要扩展的硬件多,还是选大机箱好。通常机箱会配备稳压电源,为主机供电,要求功率越大越好。如果计算机配备了多核 CPU,对电源的要求则较高,可以在价格与性能之间进行平衡选择。

1.1.3 键盘和鼠标的使用

1. 键盘的使用

键盘是计算机最常用的输入设备,通过键盘可以将英文字母、数字、标点符号等输入计算机,从而向计算机发出命令、输入数据等。还有一些带有各种快捷键的键盘,能够实现个性化的操作。图 1-19 是一个标准英文键盘的键位图。

图 1-19　键盘键位图

键盘上除了有字母、数字、标点符号键以外,还有一些功能键,其功能如下:

Esc:强行退出键。用于取消输入的命令或退出当前显示界面。

Caps Lock:大小写字母锁定键。用于大小写切换,按一下该键后输入的字母为大写形式,再按一下则输入的字母为小写。

Shift:上下档切换键,左右各有一个。当需要输入上档符号时,同时按下 Shift 键和符号所在键,如输入!时要按下 Shift 键和"1"键。Shift 键还可以在英文状态下完成单个英文字母大小写转换的功能,或在中文输入状态下完成中英文切换的功能。

Backspace:退格键。作用是使光标左移一格,同时删除光标所在位置前面的一个字符。

Delete/Del:删除键。用于删除光标所在位置后面的一个字符。

Num Lock：数字键区锁定键。此键所代表的灯亮表示输入状态为数字功能,灯不亮代表此时为编辑状态。

Page Up：向前翻页。用于把上一页的内容显示在屏幕上。

Page Down：向后翻页。用于把下一页的内容显示在屏幕上。

Ctrl：控制键,左右各有一个。此键不能单独使用,必须和其他键组合使用。例如Ctrl＋C组合键可以实现复制功能。

Alt：转换键。此键的作用与控制键类似,不能单独使用,必须和其他键组合使用。例如Alt＋F4组合键的功能是关闭窗口。

使用键盘时,特别要注意以下几点:

(1)不要在计算机前吃东西。如果食物残渣掉落到键盘键帽的里面,就会对按键的手感造成很大的影响,甚至使按键卡住。

(2)不要将水或饮料洒到键盘表面上。如果不小心将水洒到键盘上,应该马上关闭计算机电源,然后将键盘拔下,将键盘倒置,将水控出,然后将键盘晾干,确保内部完全干了之后再连到计算机上试用。如果是可乐之类的饮料,饮料中的糖分会在键盘的电路板上留下一层粘薄膜,可能会导致键盘电路短路,使按键彻底失灵,并且是不可恢复的。

(3)定期清理键盘。无论我们如何注意,也不可能完全避免颗粒污染的问题。最简单的清理方法是将键盘倒置,用手轻拍键盘背面,会看到键盘中的许多小杂质掉落出来。如果出现多个按键失灵,建议将键盘拆开,用湿布擦拭按键及外壳,而用干布擦拭电路板及按键触点。

(4)笔记本计算机的键盘更要注意保养。由于笔记本计算机的键盘是与主机一体的,清理和更换非常困难,建议使用笔记本键盘薄膜进行防尘。由于薄膜表面按键位的位置设计为凹凸形式,将其铺在键盘表面,能够有效地防尘、防水、防磨损,不过会对按键的手感有一点影响。

【实验1-2】 使用"金山打字通"软件练习打字。

金山打字通(TypeEasy)是金山公司推出的一款教育软件,是一款功能齐全、数据丰富、界面友好、集打字练习和测试于一体的打字软件。图1-20是金山打字通2013版的主界面。

【步骤1】学会正确的打字姿势。正确的打字姿势对身体各部位的健康有着重要的保护作用。如果每天都长时间地坐在计算机前,不良的姿势会给身体带来极大的伤害,并且对打字速度也有很大影响。打字时,务必要注意以下几点:

(1)屏幕及键盘应位于正前方,不应该让脖子及手腕处于倾斜的状态。

(2)屏幕的中心应比眼睛的视线低,屏幕离眼睛最少要有一个手臂的距离。

(3)背部要挺直,身体姿势要端正。

(4)大腿应尽量保持与前手臂平行的姿势。

(5)手、手腕及手肘应保持在一条直线上。

(6)双脚轻松、平稳地放在地板或脚垫上。

【步骤2】打开指法练习界面,练习基本指法,熟悉每个字符的键位及对应的指法。为

图 1-20　金山打字通 2013 版主界面

了快速输入字符,键盘的基本键位是按英文打印机设计的。打字时,每个手指负责若干个键位,如图 1-21 所示。指法熟练后,可以大大提高打字速度。

图 1-21　键盘指法示意图

【步骤 3】打开英文打字练习界面,练习英文打字。

【步骤 4】打开中文打字练习界面,练习中文打字。

【步骤 5】打开 Word 2010 字处理软件,输入以下文字并保存,记录所用时间。

QWERTY 键盘的来历

　　键盘是个人计算机常用的输入设备,它是根据英文打字机的字母排列方式设计的,称为 QWERTY 键盘。有趣的是,这种排列方式并不是合理的布局。

　　QWERTY 键盘的发明者叫克里斯托夫·肖尔斯(Christopher. Sholes,1819—1890),是一家报社的编辑。肖尔斯在好友索尔的协助下,曾研制出页码编号机,并获得发明专利。报社同事格利登建议他在此基础上进一步研制打字机,并给他找来英国人的试验资料。

肖尔斯与两位合伙人在倾注了数年心血后,终于在1860年制成了打字机原型。然而,肖尔斯懊丧地发现,只要打字速度稍快,他的机器就不能正常工作。按照常规,肖尔斯把26个英文字母按ABCDEF的顺序排列在键盘上,为了使打出的字迹一个挨一个,按键不能相距太远。在这种情况下,只要手指的动作稍快,连接按键的金属杆就会相互干扰。为了克服干扰现象,肖尔斯重新安排了字母键的位置,使常用字母尽可能离得远一些,以延长手指移动的时间。

反常思维方法竟然取得了成功。肖尔斯激动地打出了一句话:"第一个祝福,献给所有的男士,特别地,献给所有的女士。"肖尔斯特别地把他的发明奉献给妇女,他想为她们开创一种亘古未有的新职业——打字员。1868年6月23日,美国专利局正式接受肖尔斯、格利登和索尔共同注册的打字机发明专利。

事实上,肖尔斯发明的键盘字母排列方式有很多缺点。例如,英文中10个最常用的字母就有8个离规定的手指位置太远,不利于提高打字速度;此外,键盘上需要用左手打入的字母安排得过多,而一般人都是右撇子,所以用起来十分别扭。有人曾作过统计,使用QWERTY键盘,一个熟练的打字员8h内手指移动的距离长达25.7km。然而,QWERTY键盘今天仍是计算机键盘事实的标准。

2. 鼠标的使用

鼠标的操作主要有以下5个动作。

(1)定点:移动鼠标并将鼠标指针指向某一对象。

(2)单击:将鼠标定点到某一对象处,按下并放开鼠标左键一次。

(3)双击:将鼠标定点到某一对象处,快速按下再放开鼠标左键两次。

(4)右击:将鼠标定点到某一对象处,按下并放开鼠标右键一次,出现快捷方式菜单。

(5)拖曳:按下鼠标左键,拖动所选择的对象至目标位置,然后松开鼠标左键。

这些操作在不同的软件中有不同的作用,需要根据软件的使用说明加以学习和掌握。

鼠标滚轮使用小技巧:

(1)自动滚屏。如果阅读的文章特别长,可以在文章界面按下鼠标滚轮,鼠标箭头就会变成4个箭头,然后移动鼠标,界面就会跟着鼠标移动的方向向上或者向下自动滚动,而且鼠标移动的位置距离按下鼠标的位置越远,滚屏速度会越快。

(2)切换文件夹视图。在浏览文件的时候,可以通过按住Ctrl键,然后滚动滚轮的方法来改变文件夹的视图。

(3)新建和关闭网页标签。在网页中,用鼠标滚轮单击链接,就可以直接打开一个新的网页标签;在网页标签上单击滚轮即可关闭该网页标签。

(4)缩放网页。在浏览器里,按住Ctrl键,然后向前或向后滚动鼠标滚轮,就可以放大或缩小网页。

1.1.4 计算机硬件维护技巧

1. BIOS 设置简介

基本输入输出系统(Basic Input/Output System,BIOS)是计算机中最基础、最重要的程序。BIOS 是一组固化到主板上一个 ROM 芯片中的程序,它保存着计算机最重要的基本输入输出程序、系统设置信息、开机加电自检程序和系统启动自举程序等。计算机接通电源后,首先启动 BIOS 程序,对计算机的硬件系统进行自检,如图 1-22 所示。自检完成后,再依次从硬盘或光驱寻找操作系统进行启动,然后将控制权交给操作系统。

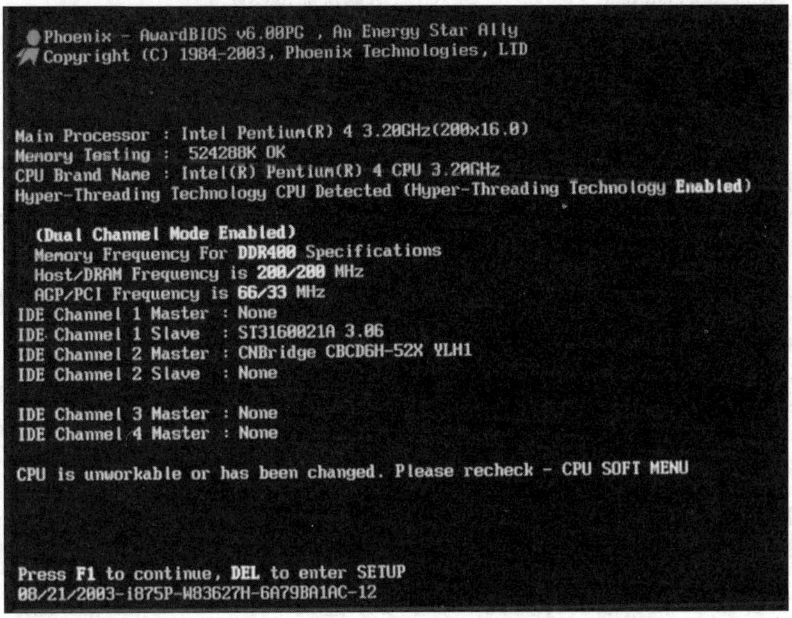

图 1-22 BIOS 开机自检界面

在安装操作系统前,需要对 BIOS 进行相关的设置,才能保证计算机硬件系统的正常运行。在计算机开机后进行硬件自检时,根据系统提示按下相应键(通常是 Delete 键,不同类型的主板进入 BIOS 程序的方法有所不同),即可进入 BIOS 程序设置界面。

进入 BIOS 设置程序后,会显示设置选项的英文界面,其对应的中文含义如表 1-1 所示。

表 1-1 BIOS 设置选项的中文含义

英　　文	中　　文
Standard CMOS Features	标准 CMOS 设定(包括日期、时间、硬盘软驱类型等)
Advanced BIOS Features	高级 BIOS 设置(包括所有特殊功能的选项设置)
Advanced Chipset Features	高级芯片组设置(与主板芯片特性有关的特性功能)

英　　文	中　　文
Integrated Peripherals	外部集成设备调节设置（如串口、并口等）
Power Management Setup	电源管理设置（如电源与节能设置等）
PnP/PCI Configurations	即插即用与 PCI 设置（包括 ISA、PCI 总线等设备）
PC Health Status	系统硬件监控信息（如 CPU 温度、风扇转速等）
Genie BIOS Setting	频率和电压控制
Load Fail-safe Defaults	载入 BIOS 默认安全设置
Load Optimized Defaults	载入 BIOS 默认优化设置
Set Supervisor Password	管理员口令设置
Set User Password	普通用户口令设置
Save & Exit Setup	保存退出
Exit Without saving	不保存退出

1）标准 CMOS 设置

在 BIOS 设置主页面中，通过方向键选中 Standard CMOS Features 选项，按 Enter 键进入标准 CMOS 设置页面，可对计算机日期、时间、软驱、光驱等方面的信息进行设置。

（1）设置系统日期和时间。在标准 CMOS 设置界面中，通过按方向键移动光标到 Date 和 Time 选项上，然后按翻页键 Page Up/Page Down 或＋/－键，即可对系统的日期和时间进行修改。

（2）IDE 接口和硬盘类型设置。IDE 接口设置主要是对 IDE 设备的数量、类型和工作模式进行设置。计算机主板中一般有两个 IDE 接口插槽，一条 IDE 数据线最多可以接两个 IDE 设备，所以在一般的计算机中最多可以连接 4 个 IDE 设备。IDE 接口设置中各项的含义如下。

- IDE Primary Master：第一组 IDE 插槽的主 IDE 接口。
- IDE Primary Slave：第一组 IDE 插槽的从 IDE 接口。
- IDE Secondary Master：第二组 IDE 插槽的主 IDE 接口。
- IDE Secondary Slave：第二组 IDE 插槽的从 IDE 接口。

选择一个 IDE 接口后，即可通过 Page Up/Page Down 或＋/－键来选择硬盘类型：Manual、None 或 Auto。其中，Manual 表示允许用户设置 IDE 设备的参数；None 则表示开机时不检测该 IDE 接口上的设备，即屏蔽该接口上的 IDE 设备；Auto 表示自动检测 IDE 设备的参数。建议用户使用 Auto，以便让系统能够自动查找硬盘信息。

（3）设置显示模式（Video/Halt On）。Video 项是显示模式设置，一般系统默认的显示模式为 EGA/VGA，不需要修改。Halt On 项是系统错误设置，主要用于设置计算机在开机自检中出现错误时应采取的对应操作。

（4）内存显示。该部分共有 3 个选项：Base Memory（基本内存）、Extended Memory

（扩展内存）和 Total Memory（内存总量），这些参数都不能修改。

完成标准 CMOS 设置后按 Esc 键可返回 BIOS 设置主界面。

2）高级 BIOS 设置

在 BIOS 设置主页面中选择 Advanced BIOS Features 项，进入高级 BIOS 设置页面。在此可以设置病毒警告、CPU 缓存、启动顺序以及快速开机自检等信息。

（1）病毒警告（Virus Warning）。开启（Enabled）此项功能可对 IDE 硬盘的引导扇区进行保护。打开此功能后，如果有程序企图在此区中写入信息，BIOS 会在屏幕上显示警告信息，并发出蜂鸣报警声。此项设定值有 Disabled 和 Enabled。

（2）设置 CPU 缓存。设置 CPU 内部的一级缓存和二级缓存，此项设定值有 Disabled 和 Enabled。打开 CPU 高速缓存有助于提高 CPU 的性能，因此一般都设定为 Enabled。

（3）加快系统启动。如果将 Fast Boot 项设置为 Enabled，系统在启动时会跳过一些检测项目，从而可以提高系统启动速度。此项设定值有 Disabled 和 Enabled。

（4）调整系统启动顺序。启动顺序设置一共有 4 项：First Boot Device（第一启动设备）、Second Boot Device（第二启动设备）、Third Boot Device（第三启动设备）和 Boot Other Device（其他启动设备）。其中每项可以设置的值有 Floppy、IDE-0、IDE-1、IDE-2、IDE-3、CD-ROM、SCSI、LS120、ZIP 和 Disabled，系统启动时会根据启动顺序从相应的驱动器中读取操作系统文件，如果从第一设备启动失败，则读取第二启动设备，依此类推。如果设置为 Disabled，则表示禁用此设备。另外，Boot Other Device 项表示使用其他设备引导。如果将此项设置为 Enabled，则允许系统在上述设备引导失败之后尝试从其他设备引导。

（5）其他高级设置。Security Option 项用于设置系统对密码的检查方式。如果设置了 BIOS 密码，且将此项设置为 Setup，则只有在进入 BIOS 设置时才要求输入密码；如果将此项设置为 System，则在开机启动和进入 BIOS 设置时都要求输入密码。OS Select For DRAM＞64MB 项是专门为 OS/2 操作系统设计的，如果计算机用的是 OS/2 操作系统，而且 DRAM 内存容量大于 64MB，就将此项设置为 OS/2，否则将此项设置为 Non-OS2。Video BIOS Shadow 用于设置是否将显卡的 BIOS 复制到内存中，此项通常使用其默认值。

3）载入/恢复 BIOS 默认设置

当 BIOS 设置比较混乱时，用户可通过 BIOS 设置程序的默认设置选项进行恢复。其中，Load Fail-Safe Defaults 表示载入安全默认值，Load Optimized Defaults 表示载入高性能默认值。

在 BIOS 设置程序主界面中，将光标移到 Load Optimized Defaults 选项上，按 Enter 键，屏幕上提示是否载入最优化设置，输入 Y 后再按 Enter 键，这样 BIOS 中的众多设置选项都恢复成默认值了。

如果在最优化设置时计算机出现异常，可以用 Load Fail-Safe Defaults 选项来恢复 BIOS 的默认值，该项是最基本、最安全的设置，在这种设置下一般不会出现问题，但计算机的性能也可能得不到最充分的发挥。

4）BIOS 密码设置

BIOS 中设置密码有两个选项，其中 Set Supervisor Password 项用于设置超级用户密码，Set User Password 项则用于设置用户密码。超级用户密码是为防止他人修改 BIOS 内容而设置的，当设置了超级用户密码后，每一次进入 BIOS 设置时都必须输入正确的密码，否则不能对 BIOS 的参数进行修改。而用户输入正确的用户密码后可以获得使用计算机的权限，但不能修改 BIOS 设置。

（1）设置超级用户密码。在 BIOS 设置程序主界面中将光标定位到 Set Supervisor Password 项，按 Enter 键后，弹出一个输入密码的提示框，输入完毕后按 Enter 键，系统要求再次输入密码以便确认，再次输入相同密码后按 Enter 键，超级用户密码便设置成功。

BIOS 密码最长为 8 位，输入的字符可以为字母、符号、数字等，字母要区分大小写。

（2）设置用户密码。BIOS 设置程序主界面中 Set User Password 项用于设置用户密码，其设置方法与设置超级用户密码完全相同。

5）保存与退出 BIOS 设置

在 BIOS 设置程序中通常有两种退出方式，即存盘退出（Save & Exit Setup）和不保存设置退出（Exit Without Saving）。

（1）存盘退出。如果 BIOS 设置完毕后需要保存所作的设置，则在 BIOS 设置主界面中将光标移到 Save & Exit Setup 项，按 Enter 键，就会弹出询问是否保存设置并退出的对话框。此时按 Y 键确认即可保存设置并退出 BIOS 设置程序。按 Esc 键则返回 BIOS 设置程序主界面。

（2）不保存设置退出。如果不需要保存对 BIOS 所作的设置，则在 BIOS 设置程序主界面中选择 Exit Without Saving 项，此时将弹出 Quit Without Saving 的对话框，按 Y 键确认退出即可。

【实验 1-3】 设置计算机的第一启动设备为光驱，并设置超级用户密码。

【步骤 1】打开计算机电源，进行开机自检，按 Delete 键进行 BIOS 设置界面。

【步骤 2】选择高级 BIOS 设置项，设置 First Boot Device（第一启动设备）的值为 CD-ROM。

【步骤 3】在 BIOS 设置程序主界面中将光标定位到 Set Supervisor Password 项，按 Enter 键后，弹出一个输入密码的提示框，输入完毕后按 Enter 键，再次输入相同密码后按 Enter 键，超级用户密码设置成功。

【步骤 4】在 BIOS 设置主界面中将光标移到 Save & Exit Setup 项，按 Enter 键，弹出是否保存退出的对话框。此时按 Y 键确认，即可保存设置并退出 BIOS 设置程序。

2. 硬盘的使用与维护

硬盘是计算机的重要组成部分，相对于计算机其他组成部分来说，硬盘作为存储和读取数据的设备，有着更加重要的意义。与此同时，硬盘也是比较容易出现问题的地方。虽然从成本上来看硬盘并不是最贵的部件，但是由于它是存储数据的地方，硬盘的价值不能仅仅用价格来表现，即所谓"硬盘有价，数据无价"。下面介绍不同种类硬盘的维护方法。

1）机械硬盘

机械硬盘的核心部分包括盘体、主轴电机、读写磁头、寻道电机等。由于硬盘是精密的机械结构，所以震动是其致命危险。机械硬盘一旦震动较强烈的话就会出现读写异常，甚至造成盘片或者磁头物理性损伤，后果相当严重。所以在日常使用中需要格外注意，硬盘在机箱内要平稳固定，同时机箱也要平稳放置，避免震动对硬盘造成损伤，不要在硬盘读写时挪动机箱。

此外，硬盘也不耐高温，过高的温度很容易引发硬盘故障。所以机箱一定要有良好的通风，避免空气流通不畅。同时避免长时期连续使用，尤其是在夏天非空调环境下。

过于干燥的环境也会对硬盘造成损害。干燥的环境下容易产生静电，静电会对硬盘造成损害。此外电压不稳、灰尘环境、强磁场环境都会对硬盘造成不同程度的损害。

在操作方面，应避免频繁地读写数据，虽然从理论上来说，机械硬盘在读写上是没有寿命限制的，但是过于频繁的操作会加快其老化。同时，要避免频繁的碎片整理，否则不仅不能保证硬盘良好工作，还会加速硬盘老化。更不要在硬盘进行读写时切断电源。

2）固态硬盘

与机械硬盘相同的是，固态硬盘也不耐高温以及电压不稳，过高的温度和不稳定的电压可能直接损伤固态硬盘的芯片，造成不可逆的数据丢失。

与机械硬盘不同的是，固态硬盘由于不是机械结构，所以震动、灰尘以及强磁场环境等对其没有影响。

此外，由于固态硬盘有写入寿命限制，所以尽量避免在固态硬盘上进行频繁的写操作。同时不要进行磁盘碎片整理，也不要在固态硬盘上存满数据。

3）移动硬盘

移动硬盘是非常脆弱的，其中的资料如果保存不当则极易丢失。移动硬盘的主体结构是和机械硬盘基本一致的。所以机械硬盘的维护方法同样适用于移动硬盘。

此外，由于移动硬盘是接在 USB 口上的，而计算机电源及 USB 线的质量有区别，有时会出现供电不足，导致移动硬盘不能正常工作，这对移动硬盘电机的损害是非常大的，因此需要格外注意。

在日常使用计算机的过程中，还可以采用软件的方式来实时检测硬盘状况，从而预防数据丢失等情况的出现。

1.1.5 笔记本计算机的选购与使用

笔记本计算机与台式计算机有类似的结构，而且体积小，重量轻，携带方便，是移动学习、移动办公的首选。

1. 笔记本计算机的选购

目前市场上有各种品牌的笔记本计算机，每一款都宣称有各种各样的优势，让消费者难以选择。其实，只要把握自己的应用需求，就能够挑选到合适的笔记本计算机。

（1）多用途。假如购买笔记本计算机是为了看视频、玩游戏、处理工作等，用途并不集中在某一方面,最好各种应用都能适应,那么像低端的 15in 或 13in 入门级机型是最好的选择,售价一般为 2500～5000 元。

(2)商务。商务人士购买笔记本计算机是为了处理文档、表格等,可以选购商务机型,这种机型比较耐用,手感很好,容易携带,屏幕像素高,价格为 4000～7000 元。

(3)游戏。年轻人购买笔记本计算机主要是为了玩高端游戏,对性能的要求很高,处理器、显卡、屏幕分辨率等都需要是最好的。这类产品价格比较高,一般在 7000 元以上。

(4)媒体工作者。从事媒体工作的人需要创意,经常要打开各种各样的软件,编辑视频、照片等,所以要求处理器比较强大,有独立显卡可以支持各种大型图像处理软件运行,这种机型价格在 4000 元以上。

(5)品牌。目前很多厂商都生产笔记本计算机,选择知名品牌比较稳妥,因为知名品牌的售后服务比较完善,笔记本计算机出现问题时可以得到妥善的处理。索尼、宏碁、苹果、惠普、三星、联想、华硕等都是目前笔记本计算机中比较知名的品牌。

(6)类型。目前市场上的笔记本计算机产品丰富多样,还有平板/笔记本计算机二合一等类型,可以满足人们日常各种使用需求,给人们带来不同的体验,可以根据自己的喜好进行选择。

要选择合适的笔记本计算机并不难,只要从自身的立场出发,根据实际应用需要及个人经济实力,就能够选择一款适用的笔记本计算机。

2. 笔记本计算机使用注意事项

笔记本计算机属于精密设备,需要仔细而正确地使用。尽管笔记本计算机的设计以及测试保证了它在普通环境下的耐用性和可靠性,仍然需要掌握一些正确的使用方法及注意事项。

(1)严禁挤压。要避免笔记本计算机受到撞击或从高处掉落,也不要把重物放在上面。优质的笔记本计算机包会为笔记本计算机提供安全的保护,要注意选配的包大小要合适,如果包内空间过小,内部的压力可能会损坏笔记本计算机。要注意的是,计算机放在包里以后,一定要把包的拉链拉上,打开拉链后一定要将计算机取出来,否则拎起包时可能会造成计算机的意外摔坏。

(2)呵护液晶屏。平时要注意避免液晶屏划伤、弯曲、击打或重压,不要在液晶屏和键盘之间或键盘下面放置任何物体,移动笔记本计算机时不要只握住液晶屏,一定要握住键盘部分。

(3)外接光驱、硬盘插拔要轻柔。安装光驱的时候,不要触摸光驱的中心部位。拿光盘时也不要触摸光盘表面,扣住光盘边缘即可。当光驱、硬盘等设备从笔记本计算机中取出时,不要挤压、摔打或撞击这些设备。不使用外置硬盘、光驱时,将这些设备放置在合适的包装内。不要在光盘上贴标签,否则标签可能会脱落并堵住光驱。

(4)慎装软件。笔记本计算机主要用于移动办公,在笔记本计算机上应该只安装自己很熟悉的、没有问题的软件,不要在笔记本计算机上试装一些没有把握的软件。笔记本计算机上的软件不要装得太杂,否则容易引起冲突或各种问题、隐患。另外,笔记本计算机更应该谨防病毒,因为在一些场合下,别人可能要用一下你的计算机。

（5）保存驱动程序。笔记本计算机的硬件都有专门的驱动程序，因此要做好驱动程序的备份和保存，驱动程序丢失后要找齐是比较麻烦的。

（6）注意使用环境。不要将笔记本计算机裸露放置在剧烈颠簸的车辆中。一般说来，不要将笔记本计算机放置在高于35℃或低于5℃的地方，也不要将笔记本计算机放置在距离强磁场设备过近的范围内，强磁场设备包括马达、磁铁、电视机、冰箱或大型音响设备。也不要将笔记本计算机长期摆放在阳光直射的窗户下，经常处于阳光直射下容易加速其外壳老化。

（7）定期保养。使用计算机时，养成良好的使用习惯，可以延长笔记本计算机的使用寿命。要了解笔记本计算机维护的常识，定期清洁，定期查杀病毒，掌握常见故障的处理方法，积累尽可能多的使用经验。

1.2　计算机软件的使用与维护

1.2.1　操作系统的使用与维护

操作系统是计算机系统的关键组成部分，是计算机软件系统中最重要的系统软件，操作系统稳定、可靠地工作是其他应用程序正常运行的前提。操作系统的种类很多，这里以目前个人计算机最常用的 Windows 操作系统为例，介绍操作系统的使用和维护常识。

1. Windows 操作系统维护常识

Windows 是一个非常开放，同时也是非常脆弱的系统，使用中稍有不慎就可能会导致系统受损，甚至使整个计算机系统"罢工"。以下根据实践中的使用经验，介绍几种可以协助普通的用户对 Windows 进行维护的方法。

（1）定期对磁盘进行碎片整理和磁盘文件扫描。

一般来说，可以使用 Windows 系统自身提供的"磁盘碎片整理"工具来对磁盘文件进行优化，对计算机磁盘在长期使用过程中产生的碎片和凌乱文件重新整理，可提高计算机的整体性能和运行速度。此外，还可以使用 Windows 的"磁盘清理"工具对磁盘中的各种无用文件进行扫描，安全地删除系统各路径下存放的临时文件、无用文件、备份文件等，充分释放磁盘空间。这些工具的使用方法可参阅第 2 章的相关介绍。

（2）维护系统注册表。

Windows 的注册表是控制系统启动、运行的最底层设置。如果用户经常安装/卸载应用程序，这些应用程序在系统注册表中添加的设置通常并不能够彻底删除，时间长了会导致注册表变得非常大，系统的运行速度就会受到影响。目前市面上流行的专门针对 Windows 注册表的自动除错、压缩、优化工具非常多，Norton Utilities 提供的 Windows Doctor 是最好的，它不但提供了强大的系统注册表错误设置的自动检测功能，而且提供了自动修复功能。使用该工具，即使用户对系统注册表一无所知，也可以非常方便地进行操作，只须单击程序界面中的 Next 按钮，就可完成系统注册表的修复。

（3）经常性地备份系统注册表。

对系统注册表进行备份能够保证 Windows 系统稳定运行，是维护系统、恢复系统的最简单、最有效的方法。系统的注册表信息保存在 Windows\system32\config 文件夹下，其文件名是 system.dat 和 user.dat。这两个文件具有隐含和系统属性。可以使用 regedit 命令的导出功能直接将这两个文件复制到备份文件路径下，当系统出错时再将备份文件导入 Windows 路径下，覆盖源文件，即可恢复系统。

（4）清理 system 路径下无用的 dll 文件。

这项维护工作是影响系统运行速度的一个至关重要的因素。应用程序安装到 Windows 中后，通常会在 Windows 的安装路径下的 system 文件夹中复制一些 dll 文件。而当用户将相应的应用程序删除后，其中的某些 dll 文件通常会保留下来。当该路径下的 dll 文件不断增加时，将在很大程度上影响系统整体的运行速度。对于普通用户来讲，手工删除 dll 文件是非常困难的。

针对这种情况，建议使用 Clean System Directory 工具自动扫描并删除 dll 文件，只要在程序界面中选择要扫描的驱动器，然后单击界面中的 start scanning 按钮就可以了，程序会自动分析相应磁盘中的文件与 system 路径下的 dll 文件的关联，然后给出与所有文件都没有关联的 dll 文件列表，此时可单击界面中的 ok 按钮进行删除和自动备份。

（5）使用病毒检测工具防止病毒入侵。

病毒扫描涉及系统安全维护，如果经常接触数据交换，使用这种工具是非常必要的。在病毒防御软件方面，推荐使用奇虎 360 防病毒软件——360 安全卫士，这款软件是免费的，并且可以在线升级病毒库，第 6 章详细介绍了该软件的安装和使用方法。

（6）使用 Windows 辅助工具优化系统。

Windows 是一个非常庞大的系统，它对 CPU、内存的要求日益提高，同时现在的应用程序也越做越大，这是导致系统启动速度不是很快的原因。现在已经有专门进行 Windows 及其应用程序启动加速的工具，这方面最具代表性的产品是 Norton Utilities 的 Speed Start，这是一个非常好的自动优化系统运行的在线工具。此外，现在还有很多提供 Windows 增强功能的共享软件，这些工具通常都非常小，但是它们在很大程度上填补了 Windows 在这方面的空白，如提供增强的系统鼠标右键菜单、系统桌面、任务条、快捷菜单、鼠标功能等。

2. Windows 操作系统的优化

由于 Windows 本身的自动化程度已经很高，原则上已经不需要用户对其进行优化设置。但是我们在使用过程中还是总结出一些经验，这对于提高系统的运行速度也是有效的，其中包括以下一些要点：

（1）尽量不在 autoexec.bat 和 config.sys 文件中加载驱动程序，因为 Windows 可以很好地提供对硬件的支持，如果必要的话，删除这两个文件也没有问题。

（2）定期删除不再使用的应用程序。当系统中安装了过多的应用程序时，对系统的运行速度是有影响的。如果一个应用程序不再被使用了，就应该及时将其删除。对于删除操作，一般可以使用应用程序自身提供的卸载（Uninstall）程序。

（3）删除系统中不再使用的字体。

（4）如果显卡的速度不是很快，不要使用过高的显示设置，更不要使用过高的显示刷新频率，一般刷新频率设置为 75Hz 较适宜。

（5）关闭系统提供的 CD-ROM 自动播放功能。要关闭该功能，可以在"系统属性"对话框中的"设备管理"中找到相应的选项并进行设置。

（6）留意生产厂商发布的与自己的计算机有关的最新硬件驱动程序，并及时地安装到系统中。新版驱动程序会修复以前版本的一些问题，提升硬件的速度和性能，并且可能加入一些新的特性，这通常是免费提高系统性能的有效方法。

3. 重装操作系统的好处

许多人不知道什么时候需要重装操作系统，也不知道重装操作系统的好处。一般来说，当操作系统的运行速度变慢、被病毒侵袭而无法清除、频繁死机或崩溃的时候，就需要重新安装操作系统。下面是重装操作系统的一些好处：

（1）清除木马病毒。重装系统时，大部分用户使用的是 FORMAT（格式化）命令，FORMAT 会清空操作系统盘符数据，同时也会清除木马病毒。

（2）提高系统稳定性。纯净的操作系统稳定性最好。随着用户加载各种应用、驱动程序，特别是设计有缺陷、错误很多的应用软件，会对系统的安全稳定性带来隐患，其表现是系统各种错误提示增多。重装系统可以解决这个问题。

（3）提高系统运行速度。系统使用较长一段时间后，内置的软件、冗余注册表值、临时数据都会减慢操作系统运行速度，重装系统是直接有效的提速方式。

（4）清理系统垃圾。长年累月地使用系统，会造成数据堆积过多。重装系统需要将数据清空，重新复制系统文件，原有系统中的各种垃圾文件自然就被清理了。

（5）消除数据碎片。重装系统有利于提高硬盘空间的利用率，通过格式化硬盘数据，抹去了长期运行遗留在硬盘上的数据碎片，从而延长硬盘寿命。

（6）修复缺失的系统文件。有相当多的程序失效是原系统文件丢失、受损造成的。利用重装系统的机会复制系统文件，可以修复系统文件受损而造成的故障。

（7）系统崩溃时的唯一选择。系统崩溃时，唯一能做的是重新安装操作系统。

（8）还原用户操作习惯。假如用户习惯了浏览器操作方式，有一款工具把浏览器操作恶意修改了，就会给用户的使用带来麻烦。重装系统可以解决这个问题。

（9）还原用户喜爱的版本。如果用户已经习惯了一个操作系统版本，而当前使用的计算机安装的并不是自己熟悉的版本，就可以通过重装系统来解决。

4. 重装操作系统的注意事项

在重装操作系统时要注意以下几个问题：

（1）**重要数据要备份**。重装系统前，首先应该想到的是备份自己的数据。这时一定要静下心来，仔细列出硬盘中需要备份的资料，把它们一项一项写在纸上，然后逐一对照进行备份。如果硬盘不能启动，需要考虑使用其他启动盘启动系统后再复制数据，或将硬盘挂接到其他计算机上进行备份。为了避免出现硬盘数据不能恢复的情况发生，应养成每天备份重要数据的习惯。

（2）格式化磁盘时要注意。如果系统感染了病毒，最好不要只格式化 C 盘，因为病毒也可能存在于硬盘的其他分区中，如果只格式化 C 盘，新系统很可能再次被硬盘其他分区中的病毒所感染，从而导致系统再次崩溃。因此，在不知道计算机中的是何种病毒的情况下，最好全盘格式化。

（3）系统软件要准备好。重装操作系统之前，先将要用的安装光盘和工具软件准备好。例如，如果需要对硬盘重新分区，需要准备 DM 软件来快速分区和格式化。在安装系统之前，要对系统磁盘进行格式化，再重新安装操作系统。需要一张能进入 DOS 的系统启动盘，现在系统安装光盘都具有这个功能。再有就是准备系统安装盘，最好多准备两张，在有意外情况发生时可以使用备份光盘。

（4）安全防护要做好。重新装好操作系统及各种驱动程序后，要先安装杀毒软件及防火墙软件，再连接局域网或互联网，最好不要马上就连接到网络，以防止再次感染病毒。另外，要把所有系统补丁都打好，堵住系统漏洞。

（5）系统备份要记牢。建议使用 GHOST 软件定期对系统进行备份，当系统出问题后只须恢复系统即可。

5．使用 GHOST 软件备份与还原系统

GHOST 是一款优秀的硬盘备份还原工具。其最主要的特点是可以把整个分区或者整个硬盘所有的文件备份生成一个 gho 文件，利用生成的 gho 文件，可以恢复整个分区或者整个硬盘的数据，可以实现硬盘分区到分区或者硬盘到硬盘的数据映像复制。GHOST 的速度非常快，通常只需要几分钟就可能还原整个系统，比安装系统效率要高得多。

GHOST 的备份还原是以硬盘的扇区为单位进行的，也就是说可以将一个硬盘上的物理信息完整复制，而不仅仅是数据的简单复制。新版本的 GHOST 包括 DOS 版本和 Windows 版本，建议使用 DOS 版本的 GHOST 软件备份 Windows 操作系统。由于 GHOST 是按扇区进行复制的，所以在操作时一定要小心，不要把目标盘（分区）弄错了，否则会把目标盘（分区）的数据全部抹掉。

1）分区备份

使用 GHOST 进行系统备份，有整个硬盘（Disk）和分区硬盘（Partition）两种方式。在菜单中选择 Local（本地）项，在右面弹出的菜单中有 3 个子项，其中 Disk 表示备份整个硬盘（即克隆），Partition 表示备份硬盘的单个分区，Check 表示检查硬盘或备份的文件，查看是否可能因分区、硬盘被破坏等造成备份或还原失败。对于个人用户，分区备份在保存系统数据，特别是在恢复和复制系统分区时具有实用价值。

执行 Local→Partition→To Image 命令，弹出硬盘选择窗口，开始分区备份操作。单击该窗口中白色的硬盘信息条，选择硬盘，再选择要操作的分区（若没有鼠标，可用键盘进行操作：用 Tab 键进行切换，用回车键进行确认，用方向键进行选择）。在弹出的窗口中选择备份文件的保存路径并输入备份文件名称，注意备份文件的名称带有 gho 后缀名。接下来，程序会询问是否压缩备份数据，并给出 3 个选择：No 表示不压缩，Fast 表示压缩

比例小而执行备份速度较快,High 表示是压缩比例高但执行备份速度相当慢。最后单击 Yes 按钮即开始进行分区硬盘的备份。

2) 硬盘克隆与备份

硬盘克隆就是对整个硬盘的备份和还原。执行 Local→Disk→To Disk 命令,在弹出的窗口中选择源硬盘(第一个硬盘),然后选择要复制到的目标硬盘(第二个硬盘)。注意,可以设置目标硬盘各个分区的大小,GHOST 可以自动对目标硬盘按设定的分区数值进行分区和格式化。单击 Yes 按钮开始执行。

GHOST 还提供了一项硬盘备份功能,就是将整个硬盘的数据备份成一个文件保存在硬盘上(执行 Local→Disk→To Image 命令),然后就可以随时还原到源硬盘或其他硬盘上,这对安装多个系统很方便。其使用方法与分区备份相似。

3) 备份还原

如果硬盘中备份的分区数据受到损坏,用一般数据修复方法不能修复,或者系统被破坏后不能启动,都可以用备份的数据进行完全的还原而无须重新安装程序或系统。当然,也可以将备份还原到另一个硬盘上。

要恢复备份的分区,就在界面中执行 Local→Partition→From Image 命令,在弹出的窗口中选择还原的备份文件,再选择还原的硬盘和分区,单击 Yes 按钮即可。

1.2.2　驱动程序的使用与维护

驱动程序一般指的是设备驱动程序(device driver),是一种可以使计算机和设备进行通信的特殊程序。驱动程序相当于设备的接口,操作系统只有通过这个接口才能控制设备的工作,假如某设备的驱动程序未能正确安装,便不能正常工作。因此,驱动程序被称作"硬件的灵魂"。

在安装新硬件时,系统会要求安装这个硬件的驱动程序。在 Windows 系统中,需要安装主板、光驱、显卡、声卡等一套完整的驱动程序。如果需要外接别的硬件设备,则还要安装相应的驱动程序。例如,外接游戏硬件要安装手柄、方向盘、摇杆、跳舞毯等的驱动程序,外接打印机要安装打印机驱动程序,上网或接入局域网要安装网卡、调制解调器甚至 ISDN、ADSL 的驱动程序。

驱动程序一般可通过以下途径得到:购买的硬件附带驱动程序,Windows 系统自带大量驱动程序,从 Internet 下载驱动程序。最后一种途径往往能够得到最新的驱动程序。供 Windows 使用的驱动程序包通常由一些 vxd(或 386)、drv、sys、dll 或 exe 等文件组成,在安装过程中,大部分文件都会被复制到 Windows\system 目录下。

1. 驱动程序安装顺序

应按照以下顺序安装驱动程序:

(1) 安装操作系统后,首先应该装上操作系统的 Service Pack(SP)补丁。驱动程序直接面对的是操作系统与硬件,所以首先应该用 SP 补丁解决操作系统的兼容性问题,这样才能确保操作系统和驱动程序的无缝结合。

（2）安装主板驱动程序。主板驱动程序主要用来开启主板芯片组内置功能及特性，主板驱动程序里一般是主板识别和管理硬盘的 IDE 驱动程序或补丁，例如 Intel 芯片组的 INF 驱动程序和 VIA 的 4in1 补丁等。如果还包含 AGP 补丁，一定要先安装完 IDE 驱动程序再安装 AGP 补丁，这一步很重要，也是造成很多系统不稳定的直接原因。

（3）安装 DirectX 驱动程序。这里一般推荐安装最新版本，安装新版本的 DirectX 的意义并不仅是在显示部分。

（4）安装显卡、声卡、网卡、调制解调器等插在主板上的板卡类驱动程序。

（5）安装打印机、扫描仪、读写机等外设驱动程序。

这样的安装顺序就能使系统文件合理搭配，协同工作，充分发挥系统的整体性能。

另外，显示器、键盘和鼠标等设备也有专门的驱动程序，特别是一些品牌比较好的产品。虽然这些设备不安装驱动程序也可以被系统正确识别并使用，但是安装专门的驱动程序能增加一些额外的功能并提高稳定性和性能。

2. 驱动程序的安装过程

下面以网卡驱动程序的安装为例，介绍驱动程序安装的一般过程。

【实验 1-4】 安装网卡驱动程序。

【步骤 1】右击桌面上的"我的电脑"，在弹出的快捷菜单中选择"管理"命令，进入"计算机管理"界面，如图 1-23 所示。

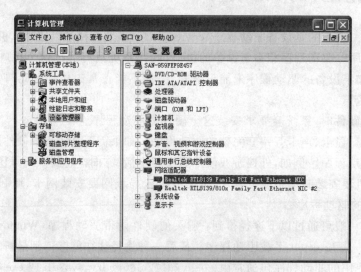

图 1-23 "计算机管理"界面

【步骤 2】右击系统中安装的网络适配器（网卡），在弹出的快捷菜单中选择"更新驱动程序"命令，进入"硬件更新向导"界面，如图 1-24 所示。

【步骤 3】选择"否，暂时不"，单击"下一步"按钮，进入硬件更新向导界面，同时将光盘放入光驱中，如图 1-25 所示。

【步骤 4】单击"下一步"按钮，系统开始安装驱动程序。安装结束后，单击"完成"按钮，如图 1-26 所示。

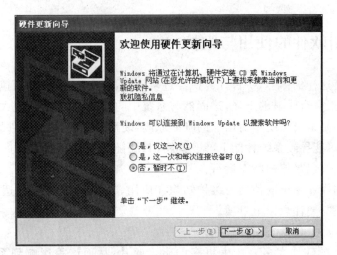

图 1-24　进入硬件更新向导

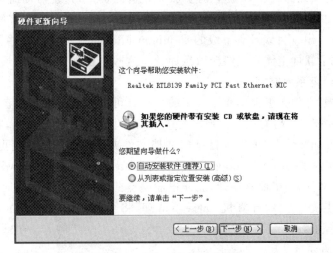

图 1-25　从光盘自动安装软件

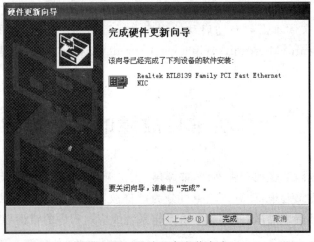

图 1-26　驱动程序安装完成

1.2.3　应用软件的使用与维护

你也许会有这样的体会,一台计算机经过格式化,刚安装好系统时,速度很快,但使用一段时间,性能就会有明显的下降,这固然与系统中的软件增加、负荷变大有关系。但是,添加新软件并不是造成系统负荷增加的唯一原因,硬盘碎片的增加,软件删除留下的无用注册文件,都有可能导致系统性能下降。其实,只要随时对计算机系统进行合理的维护,就可使计算机始终以最佳的状态运行。

前面介绍的操作系统的使用与维护知识在应用软件的维护上同样适用。此外,应用软件在使用中还需要注意以下事项。

(1) 尽量不要在 C 盘上安装软件。

因为 C 盘上的软件太多会产生更多的磁盘碎片,从而严重影响到系统的运行。另外,这些软件连同系统都放在 C 盘上也会加大硬盘的负荷,并且启动时也会较慢。还要随时注意 C 盘上的空间使用量,因为即便用户不在 C 盘上安装软件,有些软件还是会向C 盘上的 program files 目录及其下级的 Common Files 目录里安装一些公用文件。而且有些文件在卸载了软件主体后仍然滞留在原处。这些滞留文件非常麻烦,如果不手动清除,会大量占用 C 盘系统空间。

在"我的文档"文件夹里也不要放太多的文件。可以把它挪到其他盘上去,具体操作步骤:在桌面上右击"我的文档",在弹出的快捷菜单中选择"属性"命令,在"我的文档 属性"对话框中,"目标文件夹"里输入自己的文档文件夹的地址。之后便可以把 C 盘上的my documents 删除了。c:\windows\temporary internet files 和 c:\windows\temp 文件夹内都是临时文件,一定要常清理,保证里面是空的。前者是网络临时文件,后者是程序临时文件,尤其是上网的计算机,如果不清理,将会疯狂抢占 C 盘的存储资源,导致Windows 系统特别慢。

(2) 关闭不需要自动启动的程序。

一些软件在安装后会出现伴随系统启动而自动启动的功能,这些软件会大量抢占内存资源,甚至造成计算机不能正常启动。应随时留意 msconfig. exe 文件,在里面的"启动"选项卡中可以关闭不需要自动启动的程序。或者访问注册表,在 HKEY_LOCAL_MACHINE\Software\Microsoft\Windows\CurrentVersion\Run 主键下删除不必要的启动项。

1.3　计算机常见故障的诊断与维修

计算机发生故障的表现多种多样,如黑屏、无法开机、不能启动系统、软件不能用、显示错误代码等。归结起来,计算机故障可分为硬件故障和软件故障两大类。硬件故障是由硬件错误或损坏造成的,软件故障是由操作系统或应用程序的错误导致的。

1.3.1 计算机故障的原因

1. 硬件故障原因

1）硬件本身原因

硬件本身的生产工艺粗糙、制作材料不合格、规格尺寸不符合国际标准等都可能引发故障。不合格的硬件常常发生印制电路板板卡上元件焊点的虚焊和脱焊、插接卡设备之间接触不良、连接导线短路和断路等故障。

2）人为因素

操作不当也是造成硬件故障的主要原因，例如带电插拔设备、设备之间插接方式不正确、随意修改 BIOS 参数设置等均可导致硬件故障。

3）环境因素

环境因素包括温度、湿度、灰尘、静电、供电质量等方面。电子器件在工作中会发热，CPU、显卡芯片、主板芯片组都是"发热大户"，若机箱内风扇积满灰尘，散热环境不好，聚集的热量超过电子元器件和集成电路的耐热范围，就会导致部件损毁或过压短路。灰尘的沉积会影响信号的传递，阻碍元器件热量的散发，容易引发短路或接触不良。电子元器件和集成电路在通电时都会产生静电，静电的放电电压往往很大，容易导致元器件被击穿。电流电压突然变大或变小，供电不稳定，容易导致电子器件损坏。图 1-27 所示为各种因素导致硬件故障的大致比例。

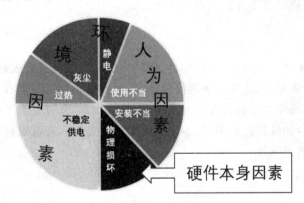

图 1-27　导致各种硬件故障的因素的比例

2. 软件故障原因

软件故障主要包括 Windows 系统错误、应用程序错误、网络故障和安全故障。

1）Windows 系统错误

安装系统的过程不正确或安装了盗版的 Windows 软件，误删除文件或强行关机等不当操作造成系统损坏，非法程序造成系统文件丢失。要修复此类故障，只要将删除或损坏的文件恢复，或重新安装 Windows 系统即可。

2）应用程序错误

软件版本与当前操作系统不兼容,软件版本与当前硬件配置不兼容,软件版本与当前运行环境配置不兼容,缺少运行环境文件,应用程序本身存有错误,这些都可能造成系统不能运行、系统死机、某些文件被改动和丢失等故障。

3）网络故障

网络连接和网络软件是产生网络故障的两个方面。网络连接导致的故障主要是网络的硬件连接设备(如网卡、网线、交换机、路由器)以及网络连接方式的问题。网络软件导致的故障主要是网络协议的执行、网络设备的配置和网络设置等问题。

4）安全故障

计算机安全故障主要有软件的安全漏洞、隐私泄露、感染病毒、黑客攻击、木马侵入等。

1.3.2　计算机故障的诊断方法

计算机故障是由于软硬件的某一部分不能正常工作引起的,诊断时以"先外后内,先软后硬"为原则。"先外后内"即先检查计算机的外部设备,如键盘、显示器以及它们的连线与接口等有无故障,再检查主机有无故障。"先软后硬"即先判断是否为软件故障,例如软件不兼容、系统注册表损坏、CMOS 参数设置不当等,若软件环境正常,再检查硬件设备。

诊断软硬件故障的常用方法有以下几种。

1. 观察法

面对故障,需要从自然环境、硬件环境、软件环境几个方面进行观察。观察自然环境,即观察温度、湿度、供电、灰尘等。观察硬件环境,如计算机内部是否有火花、声音异常、插头松动、电缆损坏,插件板上的元件是否发烫、烧焦或损坏,管脚是否断裂、接触不良、虚焊等。观察软件环境,如软件的种类、版本以及驱动的状态等。还需观察操作者的操作习惯和过程,检查操作的正确性。

2. 最小系统法

最小系统法就是去掉系统中的其他硬件设备,只保留主板、内存、显卡 3 个最基本的部件,然后开机观察是否还有故障。如果故障仍然存在,则可排除其他硬件的问题;如果没有故障,则逐个添加其他硬件,查看在添加哪个硬件后出现故障。

3. 逐步添加/去除法

逐步添加法以最小系统法为基础,每次只向系统添加一个部件或软件,来检查故障现象是否消失或发生变化,以此来判断并定位故障来源。根据实际情况,也可以用逐步去除法,即每次拆除一个部件或卸载一个软件来诊断故障来源。

4．替换法

替换法指用好的硬件替换可疑的硬件，若故障消失，说明原来的硬件有问题。

5．程序诊断法

利用系统自带的诊断程序或专用的软件来对计算机的软硬件进行测试，根据测试生成的报告找出故障。专用软件，如 HD Tune 或者在 DOS 下使用 MHDD 软件，可以检测硬盘的主要性能以及当前的使用状态，并能扫描磁盘表面。另外，检测内存的软件有MeMTest，检测硬件整体兼容性的软件有 PCMark，检测显卡的软件有 3D Mark 软件，等等。

6．安全模式法

安全模式是为了在操作系统出现异常的时候进行故障排查和修复而设立的。在开机后、Windows 系统启动之前按 F8 键或 Ctrl 键，会进入"高级启动选项"菜单，有 3 种安全模式可以选择，见图 1-28。

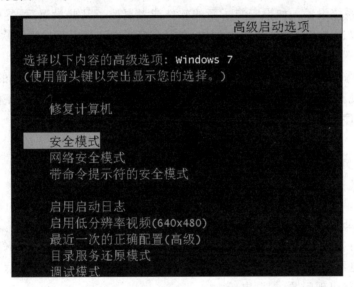

图 1-28 "高级启动选项"菜单界面

当选择"安全模式"进入系统时，系统只调用一些最基本的文件和驱动程序，只使用少量设备，且不加载启动组中的任何内容，启动后不能与网络接通。

"网络安全模式"与"安全模式"基本相同，只是加载了网络驱动程序。

"安全模式"的作用有以下方面：

（1）删除顽固文件。在 Windows 正常模式下删除一些文件或者清除回收站时，系统可能会提示"文件正在被使用，无法删除"，这时可以在安全模式下将其删除。这是因为在安全模式下，Windows 会自动释放这些文件的控制权。

（2）修复系统故障。如果 Windows 运行不太稳定或者无法正常启动，可以重新启动计算机并切换到安全模式,进入系统后再重新启动计算机,看看故障能否消失。如果是由于注册表的问题而引起的系统故障,这是很有效的解决方式,因为 Windows 在安全模式下启动时可以自动修复注册表问题。

（3）彻底查杀病毒。在正常 Windows 模式下,由于一些杀毒软件更新滞后,不能查杀一些病毒,可以启动安全模式查杀,这时系统只会加载必要的驱动程序,这样就可以把病毒彻底清除。

（4）还原系统。如果当前的计算机不能启动,只能进入安全模式,则进入系统后右击"计算机"图标,在弹出的快捷菜单中执行"属性"→"系统保护"→"系统还原"命令,打开系统还原向导,然后选择"恢复我的计算机到一个较早的时间"选项,单击"下一步"按钮,在日历上单击黑体字显示的日期,选择系统还原点,单击"下一步"按钮,即可进行系统还原。

（5）卸载不正确的驱动程序。一般的驱动程序可以通过驱动程序自带的卸载功能来卸载,但是显卡和硬盘的 IDE 驱动程序如果装错了,有可能一进入界面就死机,一些主板的补丁也是如此。这时可以进入安全模式来卸载,方法如下:打开"设备管理器",找到要卸载驱动程序的设备,右击后选择快捷菜单中的"属性"命令,在弹出的"属性"对话框中切换到"驱动程序"选项卡,单击"卸载"按钮。

（6）恢复系统设置。如果安装了新的软件或者更改了某些设置后,导致系统无法正常启动,则可以进入安全模式解决。例如,在安全模式中卸载引起故障的软件系统;又如,显示分辨率设置超出显示器显示范围,导致了黑屏,进入安全模式后就可以改变回来。

（7）查出恶意的自启动程序或服务。如果计算机出现一些莫明其妙的错误,例如上不了网,按常规又查不出问题,可选择"网络安全模式"重启系统,如果可以上网,则说明是某些自启动程序或服务影响了网络的正常连接。

1.3.3　计算机硬件故障诊断与维修实例

故障现象:一台计算机一直使用正常,最近每次开机时总是要按 F1 键才能继续启动,修改过 BIOS 设置,但下次开机时还是要按 F1 键才能继续。

故障分析:这是比较常见的故障。主板上的 CMOS 电路中保存了 BIOS 设置的相关信息,如果供电不足,就会导致信息丢失,从而在开机时出现按 F1 键提示。也有可能是主板上相关电路出现问题,如漏电等。

故障排除:在主板上找到 CMOS 电池插座,将插座上用来卡住供电电池的卡扣压向一边,CMOS 电池会自动弹出,将电池取出,更换一个新电池。若问题依旧或很快又出现相同问题,则更换主板或送修。这种故障一般不影响计算机的正常使用。

故障现象:一台使用时间较长的计算机出现系统时间变慢现象,多次校准,但过不久便又会慢很多。

故障分析:系统时间变慢,可能是主板 COMS 电池没电了,也可能是时钟电路不稳定或已经损坏。

故障排除:

【步骤 1】更换一个新 COMS 电池,故障依旧。

【步骤2】检查主板,发现主板电池旁边的电容损坏,该电容是主板时钟电路上的一个元件。用无水酒精清洁剂小心擦拭电池附近的时钟电路,仍有故障。

【步骤3】更换电容和石英晶体后故障排除。

故障现象:计算机开机后一直发出"滴,滴,滴……"的长鸣,显示器无任何显示。

故障分析:开机没有进入自检,说明硬件有问题,根据报警声音的长短可以判断这是内存故障。关机后拔下电源,打开机箱并卸下内存条,仔细观察,发现内存条的金手指表面覆盖了一层氧化膜,而且主板上有很多灰尘。这表明内存条的金手指发生了氧化,导致内存条的金手指和主板的插槽接触不良,灰尘也是导致原件接触不良的常见因素。

故障排除:

【步骤1】关闭电源,打开机箱,取下内存条,用毛刷或风扇清理主板上的内存插槽。

【步骤2】用橡皮轻轻擦拭内存条的金手指,将内存条插回主板的内存插槽中。在插入的过程中,双手拇指用力要均匀,将内存条压入到主板的内存插槽中,当听到"啪"的一声时,表示内存条已经完全插入内存插槽。

【步骤3】接通电源并开机测试,计算机成功进入自检并启动操作系统,故障排除。

故障现象:一台计算机开机,显示器没有显示,主机没有自检声音,无法启动。

故障分析:这一现象应属于计算机硬件问题,可能的故障如下:

(1)显卡故障,例如独立显卡从主板插槽中松脱,或者长时间使用,灰尘较多,造成显卡与插槽接触不良。

(2)内存故障,例如内存与主板插槽接触不好,安装内存时用力过猛或方向错误,造成内存插槽内的簧片变形,致使内存插槽损坏。

(3)CPU故障,例如CPU损坏,CPU插座缺针或松动。

(4)主板BIOS程序损坏。主板的BIOS负责主板的基本输入输出的硬件信息,管理计算机的引导启动过程。如果BIOS损坏,就会导致计算机无法启动。

(5)主板上的元器件故障,如电容、电阻、电感线圈和芯片故障。

故障排除:

【步骤1】断开计算机电源,打开主机箱,将内存条、显卡拔下来,检查金手指有无氧化层,若有,则使用橡皮擦拭金手指,去除氧化层。

【步骤2】将内存、显卡重新插入插槽,并检查是否插紧。开机后显示器有显示,自检通过,故障排除。

故障现象:一台计算机开机自检时显示"HDD controller failure, press F1 to resume",无法启动。

故障分析:根据故障提示,应是硬盘损坏、供电不足或硬盘数据线接触不良。

故障排除:

【步骤1】开机按Del键进入BIOS程序,选择Standard CMOS Features选项检查硬盘参数,发现BIOS没有检测到硬盘。

【步骤2】关闭电源,打开机箱,检查硬盘的安装以及硬盘的电源线和数据线的连接,没有异常。

【步骤3】打开电源,能听到硬盘电机的转动声,说明硬盘的供电正常。

【步骤 4】用替换法依次检查硬盘的接口和数据线,均完好。怀疑是硬盘的控制电路损坏。

【步骤 5】打开硬盘,更换同型号的硬盘电路板,开机测试,计算机正常启动。

故障现象:华硕 A7A266 主板上原来安装了一条 1GB DDR 内存,后来添加了一条品牌和规格相同的内存,但计算机无法启动。

故障分析:根据故障现象的描述,添加内存前计算机工作正常,所以推断故障可能是升级内存引起的。造成此故障的可能原因如下。

(1) 内存损坏。

(2) 内存接触不良。

(3) 主板与内存不兼容。

故障排除:

【步骤 1】分别使用原来的内存和新内存启动系统,都能正常工作,排除内存硬件故障。

【步骤 2】查找主板问题。查看说明书和相关文档,发现华硕 A7A266 主板在默认情况下,只给内存提供 2.5V 电压,这导致了两条 DDR 内存供电不足,根据说明书,调整有关跳线,故障解决。

故障现象:使用中发现 CPU 的温度过高。为了让 CPU 更好地散热,在芯片表面和散热片之间涂了很多硅胶,可是 CPU 的温度没有降低,反而升高了。

故障分析:涂抹硅胶的作用是让 CPU 表面和散热片能完全接触,充分填充细微的缝隙,以提升热量的传导效果。涂抹过多,反而不利于热量传导,并且硅胶很容易吸附灰尘,硅胶和灰尘的混合物会大大影响散热效果。另外,硅胶涂抹太多,装上散热片后容易将硅胶挤出,若粘到 CPU 插座上,会导致 CPU 故障。

可以进入 BIOS 设置程序查看 CPU 的温度,在 PC health status 下面有 CPU Temperature,显示 CPU 的实时温度,见图 1-29。CPU 的温度一般不应超过 70℃。

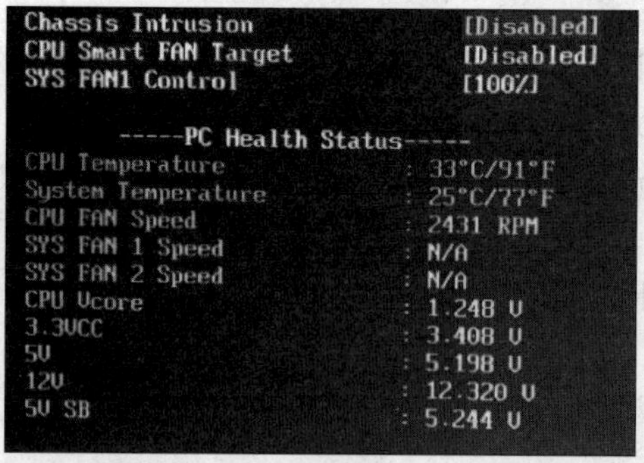

图 1-29　BIOS 界面中显示 CPU 的实时温度

故障排除:将散热片拆下后,将 CPU 表面和散热器的接触面擦干净,在 CPU 表面涂上薄薄的一层硅胶后,将散热片按正确方法安装好。

故障现象:一台计算机玩游戏时很卡,因此将显卡升级,但是显卡驱动程序却安装不上。查看设备管理器,显卡上显示了一个黄色叹号。

故障分析：无法安装驱动程序，但不影响开机，说明系统可以检测到显卡，但无法识别显卡。进入 BIOS 设置，在 Chipset Features Setup 选项中将 Assign IRQ To VGA 设置为 Enable，系统即可检测到显卡。

这个故障可能是显卡本身的故障，例如显卡安装不到位、资源冲突或显卡与主板不兼容。

故障排除：

【步骤1】关机后打开机箱，查看显卡的金手指是否完全插入显卡槽。显卡安装没有问题。

【步骤2】开机查看设备管理器，显卡上没有资源冲突。

【步骤3】用替换法检测显卡，将它安装在另一台计算机上，一切正常，说明显卡没有故障。

【步骤4】在故障机上更换了同型号的其他显卡，可以安装驱动程序，开机正常。

判断应该是显卡与主板不兼容，造成驱动无法安装。

故障现象：一台正常使用的计算机突然显示网络线缆没有插好，而网卡的 LED 却是亮的。重启了网络连接后，正常工作了一段时间，同样的故障又出现了，而且提示找不到网卡。打开设备管理器，多次刷新也找不到网卡。

故障分析：网卡频繁丢失的可能原因如下。

(1) 网卡与主板接触不良。

(2) 网卡损坏。

(3) 网卡驱动程序错误。

(4) 操作系统错误。

(5) 主板故障。

故障排除：打开机箱更换 PCI 插槽，故障依旧。使用替换法将网卡卸下，插入另一台正常运行的计算机，一切正常，说明网卡是好的，因此导致无法发现网卡的原因应该与操作系统或主板有关。重新安装操作系统，并安装系统安全补丁，从网卡的官方网站下载最新的网卡驱动程序。若仍然不能排除故障，则是主板的问题。先为主板安装驱动程序，重新启动系统，若故障依旧，就需要更换主板了。

1.3.4　计算机软件故障诊断与维修实例

故障现象：计算机启动时出现蓝屏故障，无法正常使用。蓝屏提示信息为

```
**STOP:0X000000D1{0X00300016,0X00000002,0X00000001,0XF809C8DE}
***ALCXSENS.SYS-ADDRESS F809C8DE BASE AT F8049000, DATESTAMP 3F3264E7
```

故障分析：蓝屏又叫蓝屏死机，屏幕呈现蓝色，并显示相应的错误信息和故障提示，是 Windows 系统无法从系统错误中恢复过来时为保护计算机数据文件不被破坏而强制显示的屏幕图像。软硬件故障、驱动程序问题、网络故障、病毒入侵等都可能产生蓝屏。根据蓝屏故障代码 0X000000D1 判断，这可能是显卡驱动程序故障或内存故障引起的。

故障排除：

【步骤1】关闭电源，打开机箱，清洁内存、显卡及主板插槽中的灰尘。通电启动计算

机,故障依旧。

【步骤 2】用替换法检查内存和显卡,都是正常的。

【步骤 3】怀疑显卡驱动程序的故障。开机进入安全模式,将显卡驱动程序删除,安装新下载的显卡驱动程序。

【步骤 4】重启计算机,故障消失。

可见,这是由显卡驱动程序问题引起的蓝屏故障。

故障现象:安装软件时,系统提示无法注册,反复重启计算机都不行。

故障分析:可能是注册表发生错误导致的问题。注册表是 Windows 系统内部的一个数据库,记录了应用程序和计算机系统的全部配置信息,如系统设置信息、硬件配置信息、驱动程序参数和设置信息。注册表中的信息直接控制着 Windows 的启动、硬件驱动程序的装载以及一些 Windows 应用程序的运行,在整个 Windows 系统中起着核心作用。注册表出现错误,将导致系统不能启动、软件不能安装、硬件无法识别的结果。

故障排除:修复注册表。这里介绍两种修复注册表的方法。

方法 1:

【步骤 1】重启计算机,启动时按 F8 键,选择"安全模式"进入系统。

【步骤 2】进入 C 盘,打开 windows\system32\config\RegBack 文件夹。

【步骤 3】将该文件夹中的文件复制到 C 盘 windows\system32\config 文件夹下。重新启动计算机,故障排除,软件顺利安装。

方法 2:

在注册表完好时,先备份注册表文件,出现故障后,利用备份还原注册表文件。

备份注册表的步骤如下:

【步骤 1】按 Win+R 键,弹出"运行"对话框,在对话框输入 regedit,单击"确定"按钮,注册表编辑器被打开,如图 1-30 所示。

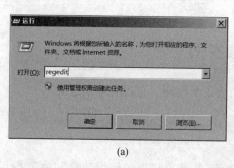
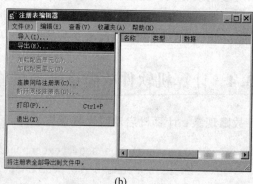

(a)　　　　　　　　　　(b)

图 1-30　运行 regedit 命令,打开注册表编辑器

【步骤 2】在打开的窗口中执行"文件"→"导出"命令。在弹出的"导出注册表"对话框中,选择保存位置,输入文件名。在"导出范围"中选择"全部"可备份整个注册表,选择"所有分支"将只保存选中的部分。单击"保存"按钮,即保存了一个.reg 文件,如图 1-31所示。

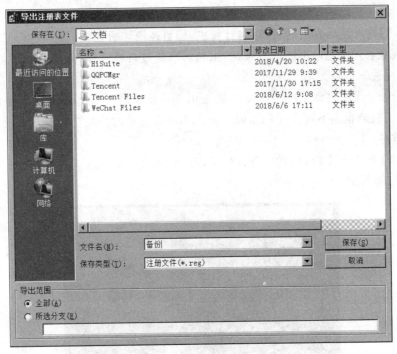

图 1-31　保存注册表文件备份

（2）还原注册表的步骤如下：

【步骤 1】进入注册表编辑器后，执行"文件"→"导入"命令，弹出"导入注册表文件"对话框，如图 1-32 所示。

图 1-32　导入注册表

【步骤2】选择以前保存的.reg文件,单击"打开"按钮。

【步骤3】导入注册表之后,再重启计算机,即可还原注册表。

故障现象:开机之后不能进入系统,虽然可以通过自检过程,但是接下来就停留在启动画面,不再往下进行。

故障分析:无法启动系统的故障一般是由于系统文件被破坏或注册表损坏造成的。另外,硬盘的故障也是不可排除的原因。首先用系统自带的修复功能修复系统。

故障排除:

【步骤1】重启计算机,启动时按F8键,进入"高级启动选项"界面,选择"修复计算机",如图1-33所示。

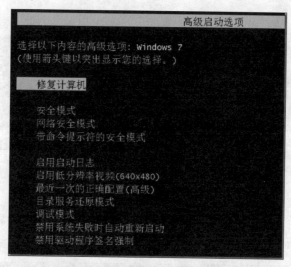

图1-33 "高级启动选项"界面

【步骤2】在弹出的"系统恢复选项"对话框中选择"启动修复"选项,便开始进行扫描并查找问题,修复工具会尝试自动修复系统文件,如图1-34所示。

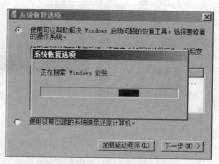

图1-34 "系统修复选项"对话框

【步骤3】修复完毕后重启计算机,恢复正常。

故障现象:保存在磁盘中的Word文档无法打开。

故障分析:Word文档无法打开,可能是Word文档损坏或者文档与Office软件不兼容引起的。Word 2007 具有 Word 文档修复功能,可尝试选择"打开并修复"命令解决这一问题。

故障排除:

【步骤 1】运行 Word 2007 程序,执行"文件"→"打开"命令。

【步骤 2】在弹出的"打开"对话框中选择要修复的文档,然后单击"打开"按钮右边的箭头,并在弹出的菜单中选择"打开并修复"命令,如图 1-35 所示。Word 程序会修复损坏的文档并打开它。

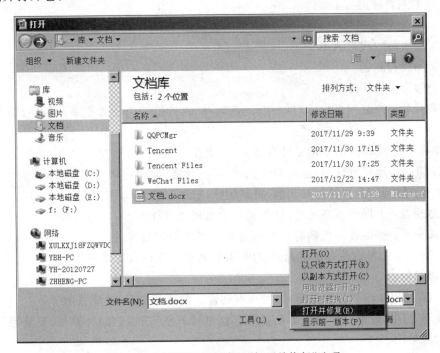

图 1-35 "打开"对话框中的"打开并修复"选项

故障现象:保存在磁盘中的 Excel 文档无法打开。

故障分析: Excel 文档无法打开,可能是 Excel 文档损坏或者文档与 Office 软件不兼容引起的。Excel 2007 具有检查并修复损坏的 Excel 文档的功能。

故障排除:

【步骤 1】运行 Excel 2007 程序,执行"文件"→"打开"命令。

【步骤 2】在弹出的"打开"对话框中选择要修复的文档,然后单击"打开"按钮右边的箭头,并在弹出的菜单中选择"打开并修复"命令。

【步骤 3】弹出如图 1-36 所示的对话框,可以单击"修复"按钮或"提取数据"按钮来修复受损的文档内容。

故障现象:一台装有 Windows 7 系统的计算机,不上网使用时运行正常,但上网打开网页时计算机就会死机。打开 Windows 任务管理器,发现 CPU 的使用率为 100%,如果结束 IE 浏览器任务,计算机又可恢复正常。

故障分析:根据故障现象分析,此死机故障应该是软件方面的原因引起的。可能造

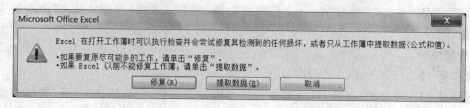

图 1-36　修复 Excel 文档对话框

成此故障的主要原因如下。

（1）IE 浏览器损坏。

（2）网卡与主板接触不良。

（3）网线有问题。

（4）感染木马病毒。

故障排除：修复网络故障时，一般先查病毒，再排除网络硬件设备故障，最后检查网络软件是否有问题。

【步骤 1】用最新版的杀毒软件查杀病毒，未发现病毒。

【步骤 2】将计算机联网，运行 QQ 软件，未有异常，说明网络硬件方面无故障。

【步骤 3】怀疑 IE 浏览器有问题，将其删除，重新安装新版 IE 浏览器后，故障消失。

故障现象：上网更新系统后，计算机经常出现死机故障。

故障分析：感染计算机病毒后死机是最常见的故障现象之一，当计算机开机后出现死机故障时，应先考虑是病毒方面的原因，并检查系统文件有无损坏。

故障排除：

【步骤 1】用杀毒软件查杀病毒，发现有病毒。清除病毒后，故障依旧。

【步骤 2】用"最近一次的正确配置"或"修复计算机"选项启动计算机，恢复系统注册表后，故障依旧。

【步骤 3】重新安装操作系统，故障排除。

提示：计算机感染病毒后，如果清除病毒后仍旧出现死机现象，说明病毒损坏了系统文件，这时就需要修复系统才可以解决故障。

故障现象：某局域网网关设置为 172.17.32.1，各个计算机设置为不同的静态 IP 地址。最近突然出现 IP 地址与硬件冲突问题，系统弹出"网络错误"的提示"Windows 检测到 IP 地址冲突"，如图 1-37 所示。出现错误提示后，就无法上网。

图 1-37　"网络错误"提示信息

故障分析：IP 地址是互联网计算机能相互连接和访问的唯一标识，在网络中不能重复。计算机启动过程中，当加载网络服务时，系统会把当前的计算机名和 IP 地址在网络上注册，如果网络上已经有了相同的 IP 地址，就会提示 IP 地址冲突。而在使用静态 IP 地址时，如果计算机数目比较多，IP 地址冲突是经常发生的事情，此时重新设置 IP 地址即可排除故障。

故障排除：

重新设置静态 IP 地址的步骤如下：

【步骤 1】在任务栏右侧的网络连接图标上右击，在弹出的快捷菜单中选择"打开网络和共享中心"命令，如图 1-38 所示。

【步骤 2】在弹出的窗口的左侧边栏中选择"更改适配器设置"超链接，便弹出"网络连接"窗口，如图 1-39 所示。选择"本地连接"图标并且右击，在弹出的快捷菜单中选择"属性"命令。

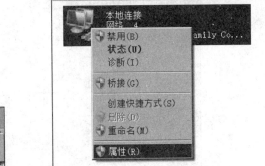

图 1-38 "打开网络和共享中心"命令　　　　图 1-39 "网络连接"窗口

【步骤 3】在打开的"本地连接 属性"对话框中选中"Internet 协议版本 4(TCP/IPv4)"复选框，单击下方的"属性"按钮，如图 1-40 所示。

【步骤 4】弹出"Internet 协议版本 4(TCP/IP)"对话框，在"IP 地址"文本框中重新输入一个未被占用的 IP 地址，单击"确定"按钮即可完成设置，如图 1-41 所示。

更改 IP 地址后，网络连接恢复正常。

如果使用的是自动获得 IP 地址方式，可以选择图 1-41 中的"自动获得 IP 地址"和"自动获得 DNS 服务器地址"单选按钮，即可重新获取 IP 地址。

故障现象：某局域网中有一台计算机名为 B076，可以访问网上其他计算机的共享文件，而这台计算机的共享文件却不能被网上其他用户访问，当其他用户在自己的计算机的地址栏中直接输入该计算机名进行访问时，弹出系统提示"\\B076 无法访问"的信息。

故障分析：上网的计算机能够互相访问，必须符合以下设置。

(1) 它们必须在同一个工作组、同一个网络段上，例如都为 172.17.33.X($2 \leqslant X \leqslant$

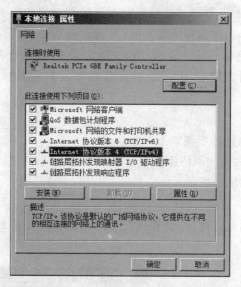

图 1-40 "本地连接 属性"对话框

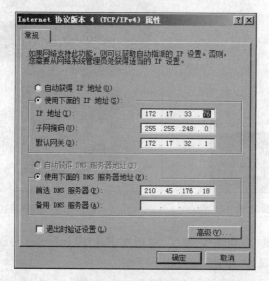

图 1-41 更改 IP 地址

255)。

(2) 防火墙软件的开启可能对网络上的访问有一定影响,因此,将 Windows 防火墙关闭。

(3) 所有入网的计算机都要开启来宾账户,默认账户名为 guest。同时,在 Windows 安全设置中有一项"拒绝从网络访问这台计算机",必须从中删除 Guest 账户。

故障排除:

(1) 检查故障机 B076 的工作组名与访问机是否同名。

【步骤 1】在故障机的系统桌面上右击"计算机"图标,在弹出的快捷菜单中选择"属性"命令,弹出"系统"窗口,如图 1-42 所示。

图 1-42 "系统"窗口

【步骤 2】单击"高级系统设置"链接,弹出"系统属性"对话框,在其中选择"计算机名"选项卡,即能看到本机的工作组名是 WORKGROUP,如图 1-43 所示。

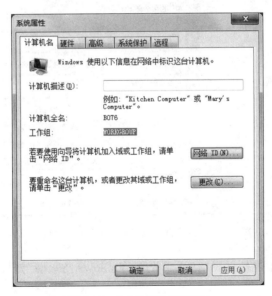

图 1-43 "系统属性"对话框

【步骤 3】若工作组与访问机不同名,可选择"更改"按钮,弹出"计算机名/域更改"对话框,如图 1-44 所示。

【步骤 4】在窗口的"工作组"文本框中输入要更改的工作组名称,再单击"确定"按钮。

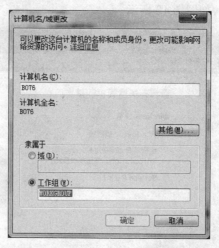

图 1-44 "计算机名/域更改"对话框

（2）关闭系统的防火墙设置。

【步骤 1】打开"控制面板"，双击"Windows 防火墙"，弹出如图 1-45 所示的对话框。

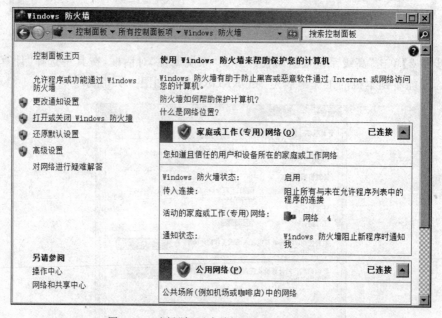

图 1-45 选择"打开或关闭 Windows 防火墙"

【步骤 2】在对话框左侧选择"打开或关闭 Windows 防火墙"链接，弹出如图 1-46 所示的对话框。

【步骤 3】两个选项都选择"关闭 Windows 防火墙"单选按钮，单击"确定"按钮。

（3）启用该机的 guest 来宾账户①，并设置允许 guest 从网络访问本机。

---

① "帐户"的规范写法为"账户"。在本书正文中，均采用后一种写法。

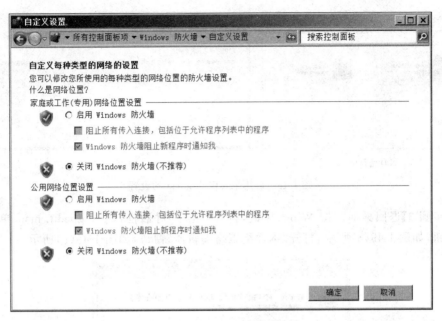

图 1-46　关闭 Windows 防火墙

【步骤 1】回到"控制面板",单击"用户账户"链接。在打开的"用户账户"窗口中再选择"管理其他账户"链接,如图 1-47 所示。

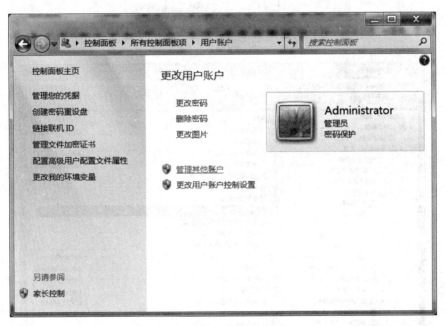

图 1-47　"用户账户"窗口

【步骤 2】弹出图 1-48(a)所示的"管理账户"界面,可以看到来宾账户没有启用,单击 Guest,弹出图 1-48(b)所示的"启用来宾账户界面",再单击"启用"按钮。

 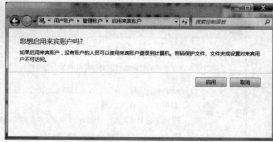

(a) 选择Guest   (b) 启用Guest

图 1-48   启用来宾账户 guest 的设置

【步骤3】退回桌面。按 Win＋R 键,打开"运行"对话框,输入 gpedit. msc,单击"确定"按钮,如图 1-49(a)所示,打开"本地组策略编辑器"窗口,如图 1-49(b)所示。

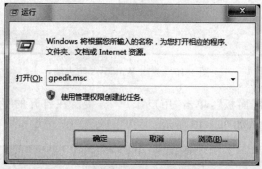

(a) "运行"对话框

(b) "本地组策略编辑器"窗口

图 1-49   运行 gpedit. msc,打开"本地组策略编辑器"窗口

【步骤 4】在左窗格单击"Windows 设置",然后在右窗格依次双击"安全设置"→"本地策略"→"用户权限分配"。找到"拒绝从网络访问这台计算机",在 Guest 上双击,弹出如图 1-50 所示的对话框。

图 1-50 "拒绝从网络访问这台计算机属性"对话框

【步骤 5】选择 Guest,将其删除。

完成以上操作后,再次访问 B076,已经可以正常访问了,如图 1-51 所示。

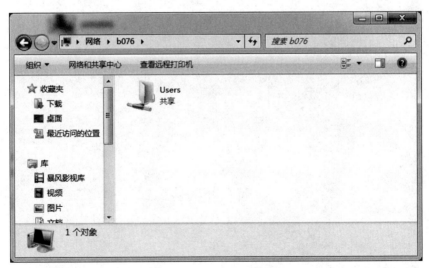

图 1-51 在网上正常访问 B076

本 章 小 结

  随着计算机在人们工作、生活中的应用,有必要掌握一定的计算机使用常识和故障排除方法。通过本章学习,应当了解计算机的基本性能指标、维护常识,熟悉计算机配件的选购与组装方法,熟悉常见软硬件故障的判断和排除方法,掌握 BIOS 的设置方法,掌握操作系统的备份和重装方法,掌握驱动程序的安装和更新方法,熟练掌握键盘、鼠标的使用方法。

第 2 章

操作系统的使用

操作系统是计算机软件系统中最主要、最基本的系统软件,具有直接控制和管理计算机硬件和软件资源、合理组织计算机工作流程的功能。它是用户和计算机之间的桥梁,是软件和硬件之间的接口。操作系统是方便用户充分、有效地利用计算机资源的程序集合,其他软件都是在操作系统的管理和支持下运行的。

本章以图解的方式介绍 Windows 7 的安装过程,然后详细讲述操作系统的基本知识与操作,内容包括:如何利用资源管理器对文件和文件夹进行管理,如何利用控制面板对计算机系统进行合理的设置与维护,以及任务管理器和附件中常用工具的使用。

2.1 Windows 7 操作系统简介

操作系统(Operating System,OS)是用来控制和管理计算机的软硬件资源,合理地组织计算机工作流程,并方便用户充分、有效地使用计算机的程序集合,是直接运行在裸机上的最基本的系统软件。操作系统的功能主要包括处理器管理、存储器管理、设备管理、文件管理、作业管理等。

Windows 是由微软公司开发的基于图形用户界面的操作系统,Windows 家族产品繁多,Windows 7 是微软操作系统一次重大的革命创新。作为新一代的操作系统,Windows 7 具有以往操作系统所不可比拟的新特性,给用户带来了不一般的全新体验。Windows 7 在功能、安全性、个性化、可操作性、功耗等方面都有很大的改进,目前主流计算机都可以流畅地运行它。

2.1.1 Windows 7 操作系统的安装

安装 Windows 7 操作系统之前,要了解计算机的配置,如果配置太低,会影响系统的性能或根本不能成功安装。Windows 7 操作系统对计算机硬件的要求如下。

- CPU:1GHz 或更快的 32 位或 64 位处理器。
- 内存:1GB 物理内存(基于 32 位)或 2GB 物理内存(基于 64 位)。
- 硬盘:16GB 可用硬盘空间(基于 32 位)或 20GB 可用硬盘空间(基于 64 位)。

- 显卡：支持 WDDM 1.0 或以上的 DirectX 9 显卡。
- 其他设备：CD/DVD 驱动器或 U 盘作为引导盘。

Windows 7 操作系统提供两种安装方式：升级安装、自定义安装。升级安装可以将用户当前使用的 Windows 版本替换为 Windows 7 操作系统，同时保留系统中的文件、设置和程序。自定义安装将用户当前使用的 Windows 版本替换为 Windows 7 操作系统，不保留原系统中的文件、设置和程序。

Windows 7 操作系统的安装可以用光盘也可以用 U 盘，不同安装盘的安装方法也不一样。下面介绍用光盘安装 Windows 7 操作系统的步骤。

【步骤 1】设置光驱引导。将光盘放入光驱以后重新启动，启动过程中按 F12 键。选择 CD/DVD：3M-TSSTcorpDVD-ROM TS-H3，如图 2-1 所示，按回车键。光驱引导起来后，会出现如图 2-2 所示的界面。

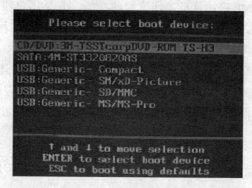

图 2-1　设置光驱引导

图 2-2　加载文件

【步骤 2】文件加载完成后，将出现如图 2-3 所示的界面，在该界面中，用户可选择要安装的语言、时间和货币格式以及键盘和输入方法。

【步骤 3】单击"下一步"按钮，打开如图 2-4 所示的界面。在这个界面中，单击"现在安装"。

【步骤 4】勾选"我接受许可条款"复选框，如图 2-5 所示，单击"下一步"按钮。

【步骤 5】选择"自定义（高级）"安装，如图 2-6 所示。

图 2-3 选择语言和其他首选项

图 2-4 开始安装界面

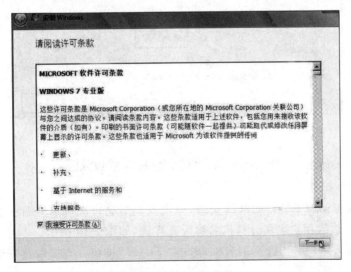

图 2-5 接受许可条款

图 2-6　选择安装类型

【步骤 6】在选择安装位置界面,硬盘要先进行格式化及分区操作。然后选择 C 盘安装 Windows 7 操作系统,如图 2-7 所示,单击"下一步"按钮,系统开始安装。

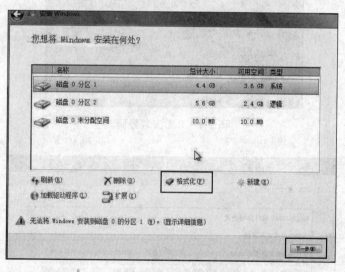

图 2-7　选择 C 盘

【步骤 7】进入如图 2-8 所示的界面,开始复制和展开 Windows 文件。完成后会重启,更新注册表设置,如图 2-9 所示。

【步骤 8】接着回到安装界面继续安装,完成安装后会再次重启并对主机进行一些检测,完成检测后,进入用户名和计算机名称设置界面,如图 2-10 所示。

【步骤 9】输入用户名和计算机名称,单击"下一步"按钮。直接跳过安装密钥的输入这一步。

【步骤 10】完成安装,进入桌面环境,如图 2-11 所示。

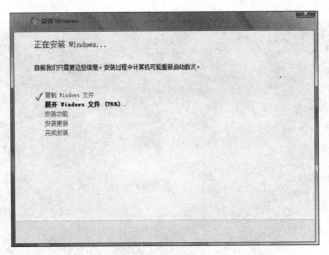

图 2-8　解压系统文件

图 2-9　更新注册表设置

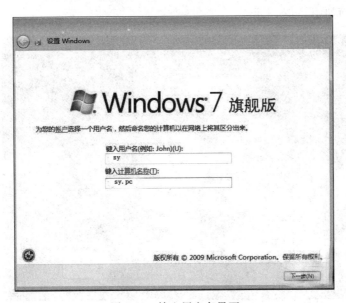

图 2-10　输入用户名界面

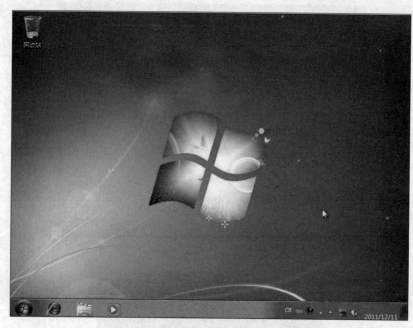

图 2-11　完成安装

2.1.2　Windows 7 的桌面

桌面是指用户登录到 Windows 7 操作系统后看到的第一个界面。桌面主要包括桌面背景、桌面图标、"开始"按钮、任务栏等,桌面背景可以根据用户的喜好进行设置。Windows 7 桌面如图 2-12 所示。

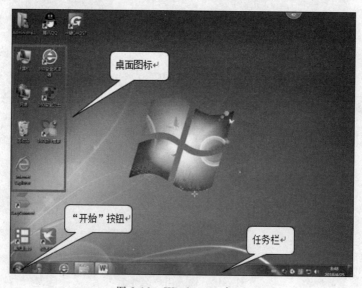

图 2-12　Windows 7 桌面

【实验 2-1】   快速显示桌面。

在 Windows 7 操作系统中,没有以前版本的"显示桌面"按钮,因为它已"进化"成 Windows 7 任务栏最右侧的一小块半透明的区域。当桌面上打开的窗口比较多时,可以利用这个透明区域快速显示桌面。

操作步骤:

【步骤 1】将鼠标悬停在任务栏的右端,所有打开的窗口将变成透明,只留下轮廓,可以看到桌面上的所有东西,快捷地浏览桌面的情况,如图 2-13 所示。当鼠标离开后显示即恢复原状。

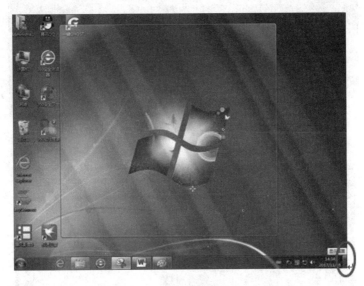

图 2-13   将鼠标悬停在任务栏的右端

【步骤 2】单击该按钮,所有打开的窗口最小化,整个桌面显示出来。再次单击该按钮,所有最小化窗口全部复原,桌面立即恢复原状。

提示:在任务栏上右击,在弹出的快捷菜单中选择"属性"命令,在"开始"选项卡中可以对"开始"菜单的外观和行为进行设置,在"任务栏"选项卡中可以对任务栏的外观、按钮进行设置。

桌面图标是排列在桌面上的一系列图片,主要包括系统图标和快捷图标。用户第一次登录 Windows 7 操作系统时,会发现桌面上没有显示"计算机""用户的文件""网络"等常用的系统图标。在默认的状态下,Windows 7 操作系统安装之后桌面上只保留了回收站的图标。因此,为了用户操作方便,需要在桌面上添加这些系统图标。

【实验 2-2】   在桌面上添加系统图标。

操作步骤:

【步骤 1】在桌面上右击,弹出快捷菜单,如图 2-14 所示。

【步骤 2】选择"个性化"命令,打开"个性化"窗口,如图 2-15 所示。

【步骤 3】单击"个性化"窗口左侧的"更改桌面图标"选项,打开"桌面图标设置"对话框。在 Windows 7 操作系统中,Windows XP 系统下"我的电脑"和"我的文档"已相应改

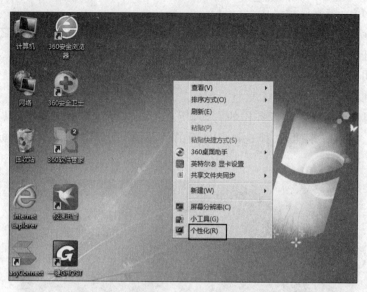

图 2-14 Windows 7 桌面右键快捷菜单

图 2-15 "个性化"窗口

名为"计算机"和"用户的文件"。因此在这里勾选相应选项,如图 2-16 所示,桌面上便会显示这些图标。

"开始"菜单是计算机程序、文件夹和设置的主门户,集成了 Windows 7 操作系统中大部分的应用程序和系统设置工具。单击"开始"按钮,弹出"开始"菜单,如图 2-17 所示。在 Windows 7 操作系统中,"开始"菜单由固定程序列表、常用程序列表、所有程序列表、启动菜单、搜索框、关闭按钮等组成。

图 2 16 "桌面图标设置"对话框

图 2-17 "开始"菜单

Windows 7 操作系统的"开始"菜单中加入了强大的搜索功能,这就是搜索框。利用"开始"菜单的搜索框,不仅可以搜索系统中的程序,还可以搜索系统中的任意文件。搜索框还能取代"运行"对话框,在搜索框中输入程序名,可以启动程序。在搜索框中输入内容,即使只有一个字母,系统也会立即搜索,随着输入的搜索内容的增加,搜索结果会自动调整,越来越精确。

【实验 2-3】 在搜索框中输入 calc 命令,启动计算器程序。

操作步骤:

【步骤 1】单击"开始"按钮,在搜索框中输入 calc 命令,如图 2-18 所示。

【步骤 2】按回车键启动计算器程序,打开如图 2-19 所示的"计算器"窗口。

图 2-18　输入 calc 命令

图 2-19　"计算器"窗口

"开始"菜单中的跳转列表(Jump Lists)是 Windows 7 新增的功能,它可以为每个程序提供快捷的打开方式。在 Windows XP 的"开始"菜单的"文档"菜单项中,系统会将最近打开的文档的快捷方式都列出来。在 Windows 7 中,这个功能融入于每一个程序中,使操作更加方便。

【实验 2-4】 跳转列表的使用。①通过跳转列表打开文档;②将文档锁定到跳转列表;③将文档从跳转列表中解锁;④从跳转列表中删除文档。

操作步骤:

【步骤 1】先用记事本程序创建 3 个空的文本文件,分别命名为 a1. txt、a2. txt、a3. txt,保存在 D 盘。

【步骤 2】打开"开始"菜单,"记事本"程序显示在"开始"菜单的常用程序列表中。将鼠标定位在菜单项"记事本"右边的黑色箭头处,出现跳转列表,如图 2-20(a)所示。

选择跳转列表中 a1. txt 项,即可打开 a1. txt 文档。

在跳转列表中将鼠标停留在 a1. txt 项上,如图 2-20(a),其右侧会出现一个锁定图标，单击该图标,即可将项目锁定到跳转列表。从快捷菜单中选择"锁定到此列表"命令,也可以实现此操作。

在跳转列表中锁定了 a1. txt 后,将光标停留在 a1. txt 项上,单击该项右侧的解锁图标，如图 2-20(b)所示,或在快捷菜单中选择"从此列表解锁"命令,a1. txt 项回到"最近"列表中。

(a) 记事本程序显示在常用程序列表中 (b) 锁定了a1.txt后的跳转列表

图 2-20　跳转列表的使用

在跳转列表中将鼠标停留在 a1.txt 项上，右击该文档，在弹出的快捷菜单中选择"从列表中删除"命令，即可将 a1.txt 项从跳转列表中删除。

任务栏是位于桌面下方的一个条形区域，它显示了系统正在运行的程序、打开的窗口和当前的时间等内容，用户通过任务栏可以完成许多操作。Windows 7 任务栏如图 2-21 所示。

任务按钮区　　　　　　　　　　　　　通知区域　显示桌面按钮

图 2-21　任务栏

在 Windows 7 操作系统中，任务栏中的按钮具有任务进度监视的功能。例如，用户在复制某个文件时，在任务栏的按钮中同样会显示复制的进度，如图 2-22 所示。

图 2-22　任务栏显示复制进度

2.1.3　Windows 7 的窗口

窗口是 Windows 7 操作系统的重要组成部分，Windows 7 操作系统以及各种程序呈现给用户的基本界面都是窗口，几乎所有操作都是在各种各样的窗口中完成的。窗口操作是 Windows 7 中最基本的操作。窗口一般由标题栏、窗口控制按钮、菜单栏、工具栏、控制菜单按钮、预览窗格、地址栏、搜索栏、状态栏等组成,如图 2-23 所示。

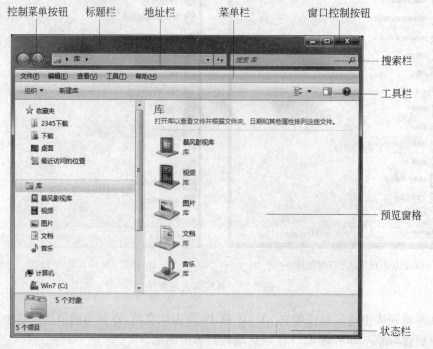

图 2-23　Windows 7 窗口

  Windows 7 的窗口有应用程序窗口、文档窗口和对话框窗口 3 种类型。应用程序窗口也称为主窗口,包含标题栏、菜单栏、工具栏、工作区及状态栏等。文档窗口位于应用程序的工作区内,用来编辑或处理文档内容。文档窗口有标题栏,但文档窗口没有菜单栏、工具栏和状态栏,与应用程序窗口共用这些项目。对话框窗口是为了向用户提供信息或要求用户提供信息而临时出现的窗口。对话框窗口是一种特殊的窗口,它是系统或应用程序与用户进行交互、对话的场所。应用程序窗口和对话框窗口最大的区别在于对话框窗口不能改变大小。对话框窗口如图 2-24 所示。

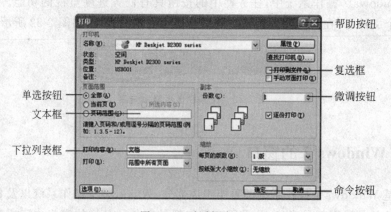

图 2-24　对话框窗口

当打开多个应用程序窗口时，Windows 7 操作系统提供了层叠窗口、堆叠显示窗口和并排显示窗口 3 种窗口排列方法。通过多窗口排列，可以使窗口排列更加整齐，方便用户进行各种操作。右击任务栏的空白处，在弹出的快捷菜单中可以选择窗口的排列方式，如图 2-25 所示。

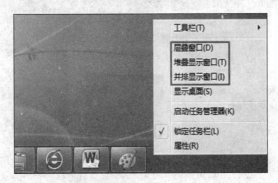

图 2-25　选择窗口排列方式

窗口的基本操作包括打开窗口、移动窗口的位置、改变窗口的大小、窗口最大化及最小化、多个窗口之间的排列、不同窗口之间的切换和关闭窗口等操作。可以通过鼠标使用窗口上的各种命令来操作，也可以通过键盘使用快捷键操作。

当使用了 Aero 主题打开多个窗口时，Windows 7 提供了窗口切换时的同步预览功能，方便用户切换到自己所需要的窗口。

复制窗口或整个桌面图像的方法如下：

- 复制当前活动窗口的图像到剪贴板，可按 Alt＋Print Screen 键。
- 复制整个屏幕的图像到剪贴板，可按 Print Screen 键。

【实验 2-5】　窗口同步预览和切换。分别使用 Alt＋Tab 键和 Win＋Tab 键预览窗口。

操作步骤：

（1）使用 Alt＋Tab 键预览和切换窗口的步骤如下：

【步骤 1】当按下 Alt＋Tab 键后，切换面板中显示当前打开的窗口的缩略图，可以看到所有打开文件的列表，如图 2-26 所示。

图 2-26　使用 Alt＋Tab 键切换窗口

【步骤 2】若要切换到某个文件，按住 Alt 键并继续按 Tab 键，直到突出显示要切换的文件，释放这两个键便可以切换到所选窗口。

（2）使用 Win＋Tab 键预览和切换窗口的步骤如下：

【步骤 1】当按下 Win＋Tab 键时，打开 Aero Flip 3D(Aero 三维窗口切换)，可以快速预览所有打开的窗口,如图 2-27 所示。

图 2-27 使用 Win+Tab 键切换窗口

【步骤 2】在按住 Win 键的同时,重复按 Tab 键或滚动鼠标滚轮以循环切换打开的窗口。

【步骤 3】若要关闭 Flip 3D,释放 Win+Tab 键即可。

2.1.4 Windows 7 的菜单

在 Windows 7 系统中,菜单是一种用结构化方式组织的操作命令的集合,有利于用户综合了解系统的性能。在 Windows 7 系统中主要有"开始"菜单、菜单栏级联菜单、控制菜单和快捷菜单 4 种菜单形式。

应用程序窗口或文件夹窗口一般使用菜单栏级联菜单,菜单栏级联菜单位于 Windows 窗口的菜单栏中,是应用程序中命令的集合。菜单栏通常由多层菜单组成,每个菜单又包含若干个命令,如图 2-28 所示。

在菜单中,有些命令在某些时候可用,而在某些时候不可用,有些命令后面还有级联的子命令。菜单中常用标记及含义如表 2-1 所示。

表 2-1 菜单中常用标记及含义

菜 单 项	说　　明
黑色字符	正常的菜单项,可以选用
暗淡字符	变灰的菜单项,当前不可选用
后面带省略号"…"	执行命令后会打开一个对话框,要求用户输入信息或改变设置

菜　单　项	说　　明
后面带三角"▶"	级联菜单。表示有下级菜单,当鼠标指向时,会弹出一个子菜单
分组线	菜单项之间的分隔线条,通常按功能分组
前面带符号"●"	表示可选项,但在分组菜单中,有且只有一个选项带有符号"●",表示被选中
前有符号"√"	选择标记。当菜单项前有此符号时,表示该命令有效,如果再一次选择,则删除该标记,命令无效
后面带组合键	不必打开菜单,用组合键可直接执行菜单命令

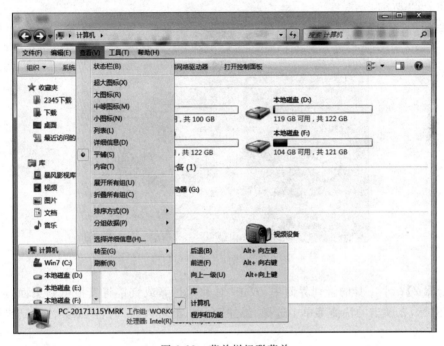

图 2-28　菜单栏级联菜单

　　单击应用程序窗口左侧的小图标按钮,或在标题栏区域右击,可打开控制菜单,其中是对窗口的控制命令,如改变大小、最大化、最小化、移动、关闭等命令。

　　将鼠标指向某个选定的对象或在屏幕的某个位置右击,会弹出一个快捷菜单,该菜单列出了与当前对象直接相关的一系列操作命令。选定的对象和位置不同,弹出的菜单命令内容也不一样,这是 Windows 7 提供给用户快速执行操作的一种方便途径。

2.1.5　桌面小工具

　　Windows 7 操作系统新增了时钟、天气、日历等一些实用的桌面小工具,它们是一组便捷的小程序。利用这些小程序可以方便地完成一些常用的日常操作,添加的方法也很简单。用户不仅可以改变桌面小工具的尺寸,还可以改变位置,并且可以通过网络更新以及下载各种小工具。

单击"开始"按钮,执行"所有程序"→"桌面小工具"命令,打开桌面小工具。在小工具上右击,会显示可对该小工具进行的操作列表,选择相应的命令,可对小工具的大小、透明度等进行设置。

【实验2-6】 在桌面上添加"时钟"小工具,并按要求设置其外观,最后关闭和卸载小工具。

操作步骤:

(1) 在桌面上添加"时钟"小工具的步骤如下:

【步骤1】右击桌面,在弹出的快捷菜单中选择"小工具"命令,打开小工具的管理界面,如图2-29所示。

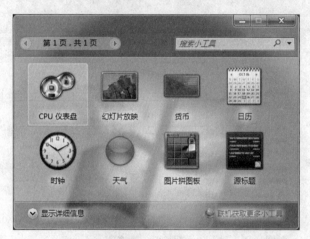

图2-29 桌面小工具窗口

【步骤2】在小工具的管理界面中,双击"时钟"图标,或直接将其拖曳到桌面,或右击"时钟"图标,在弹出的快捷菜单中选择"添加"命令,都可以将"时钟"工具添加到桌面,如图2-30所示。

图2-30 添加"时钟"工具到桌面上

（2）将"时钟"的外观设置为如图 2-31 所示。

【步骤1】单击"时钟"工具右上角的设置按钮 ，打开"时钟"对话框，如图 2-32 所示。

图 2-31 "时钟"的外观

图 2-32 "时钟"对话框

【步骤2】单击"时钟"工具下方的三角箭头，可以设置时钟的外观，在"时钟名称"文本框中输入"美丽的花"。

【步骤3】单击"确定"按钮。

（3）关闭和卸载小工具。

对桌面上不需要的小工具，单击小工具右侧的关闭按钮即可。

若要将小工具从系统中删除，在小工具的管理界面中，右击选定的小工具，在弹出的快捷菜单中选择"卸载"命令，即可将小工具卸载。

2.2　文　件　管　理

文件的管理对于任何一种操作系统来说都是极为重要的，清楚地了解文件的各种操作方法才能准确、高效地使用和维护好计算机，Windows 7 在这方面有着强大的功能。

2.2.1　文件管理的基本概念

文件和文件夹是 Windows 操作中最常用到的两个概念。文件是指被赋予名字并存储在磁盘上的信息文档，文件可以是程序、文档、图形、图像、视频或声音等。文件夹是文件的集合。

1. 文件

文件名由主文件名和扩展名组成,其格式为"主文件名.扩展名"。Windows 7 规定文件名遵循如下规则:

- 文件名不能超过 255 个字符(1 个汉字相当于 2 个字符)。
- 文件名中的英文字母不区分大小写。
- 文件名中不能出现以下字符:\、/、:、、*、?、"、<、>、|。
- 文件可以使用多分隔符的名字,例如 report. book. pen. txt。

2. 文件夹

为了便于管理文件,在 Windows 操作系统中引入了文件夹的概念。文件夹是文件的集合,是系统组织和管理文件的一种形式,可以极大地方便用户查找、管理、维护和存储文件。文件夹的命名规则与文件的命名规则相同。

3. 文件的类型

文件的主名可以更改,而其扩展名一般不要随意改变,它表明文件数据的形式是一个程序文件还是声音文件或是图像文件,表 2-2 列出了常用文件类型及扩展名。

表 2-2　常用文件类型及扩展名

文 件 类 型	扩 展 名
文档文件	txt(所有文字处理软件或编辑器都可打开)、docx(Word 及 WPS 等软件可打开)、pdf(Adobe Acrobat Reader 和各种电子阅读软件可打开)
压缩文件	rar(WinRAR 可打开)、zip(WinZip 可打开)、arj(用 ARJ 解压缩后可打开)
图像文件	bmp、gif、jpg、pic、png、tif(常用图像处理软件可打开)
声音文件	wav(媒体播放器可打开)、aif(常用声音处理软件可打开)、mp3(由 Winamp 播放)、ram(由 RealPlayer 播放)、wma、mmf、amr、aac、flac
动画文件	avi(常用动画处理软件可播放)、mpg(由 MPEG 播放)、mov(由 ActiveMovie 播放)、swf(用 Flash 自带的 Players 程序可播放)
系统文件	int、sys、dll、adt
可执行文件	exe、com
程序设计语言文件	c、asm、for、lib、lst、msg、obj、pas、wki、bas
备份文件	bak(被自动创建或通过命令创建的辅助文件,它包含某个文件的最近一个版本)

4. 文件和文件夹的路径

路径指的是文件或文件夹在计算机中存储的位置,当打开某个文件夹时,在地址栏中即可看到该文件夹的路径。

路径的结构一般包括磁盘名称、文件夹名称和文件名称,它们之间用"\"隔开,例如 D:\资料\个人信息\简历. docx,表明文件名为"简历. docx"的文件存放在 D 盘(D:\),路径是"资料\个人信息"。

2.2.2 资源管理器

要管理文件和文件夹就离不开资源管理器,Windows 7 的资源管理器功能十分强大,与以往 Windows 操作系统相比,在界面和功能上有了很大的改进。Windows 7 增加了预览窗格以及内容更加丰富的详细信息栏等。

1. 资源管理器窗口

Windows 7 全新的资源管理器界面如图 2-33 所示,它主要由标题栏、窗口控制按钮、地址栏、菜单栏、搜索栏、工具栏、状态栏、导航窗格、细节窗格、预览窗格等组成。

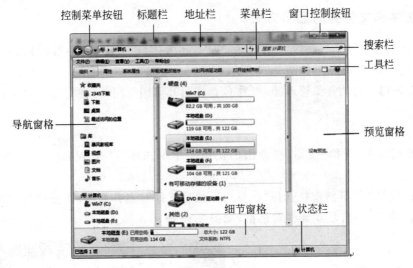

图 2-33　资源管理器窗口

Windows 7 资源管理器在窗口左侧的列表区,通常情况下,将计算机资源分为收藏夹、库、计算机和网络四大类,方便用户更好、更快地组织、管理及应用资源。

地址栏:Windows 7 资源管理器的地址栏采用了一种新的导航功能,使用级联按钮取代传统的纯文本方式,它将不同层级路径由不同按钮分割,用户通过单击按钮即可实现目录跳转。

搜索栏:Windows 7 将搜索栏集成到资源管理器的各种视图中,不但方便随时查找文件,更可以指定文件夹进行搜索。

菜单栏:在打开的窗口中按 Alt 键,菜单栏将显示在工具栏上方。若要隐藏菜单栏,可再次按 Alt 键。若要永久显示菜单栏,在工具栏中执行"组织"→"布局"→"菜单栏"命令即可。

导航窗格:Windows 7 资源管理器内提供了"收藏夹""库""计算机"和"网络"等链接,用户可以使用这些链接快速跳转到相应资源,从而更好地组织、管理及应用资源,并进行更为高效的操作。

细节窗格：Windows 7 资源管理器提供了更加丰富、详细的文件信息，用户还可以直接在细节窗格中修改文件属性并添加标记。

预览窗格：在 Windows 7 资源管理器右侧的预览窗格中，可看到文件的内容，而无须将该文件打开，便于快速寻找文档，简化系统操作。在预览窗格中不仅可以预览图片，还能预览 PPT、表格等文件。

2. 启动资源管理器的常用方法

（1）使用"开始"菜单。单击"开始"按钮，执行"所有程序"→"附件"→"Windows 资源管理器"命令，启动资源管理器。

（2）使用鼠标右键启动资源管理器。右击"开始"按钮，在弹出的快捷菜单中选择"打开 Windows 资源管理器"命令，启动资源管理器。

3. 文件和文件夹的显示方式

Windows 7 提供了 8 种文件的显示方式：超大图标、大图标、中等图标、小图标、列表、详细信息、平铺和内容，如图 2-34 所示。

【实验 2-7】 启动资源管理器，查看 C 盘容量及可用空间，并将 C 盘文件夹以"内容"方式显示。

操作步骤：

【步骤 1】右击"开始"按钮，在弹出的快捷菜单中选择"打开 Windows 资源管理器"命令。

【步骤 2】在左侧导航窗格选择"计算机"，然后选择 C 盘并右击，在弹出的快捷菜单中选择"属性"命令，弹出 C 盘属性对话框，如图 2-35 所示。

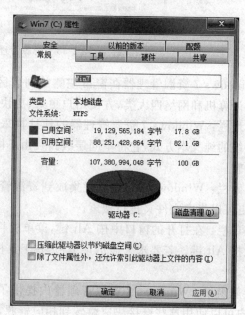

图 2-34　文件的显示方式　　　　　图 2-35　C 盘属性对话框

【步骤 3】在"常规"选项卡中,可以查看 C 盘容量及可用空间。

【步骤 4】在左侧导航窗格单击 C 盘,右侧窗口将显示 C 盘包含的文件和文件夹。

【步骤 5】单击工具栏上更改视图按钮 ![icon] ,选择"内容",如图 2-36 所示。

图 2-36　C 盘文件夹以"内容"方式显示

2.2.3　文件和文件夹操作

在资源管理器中,可以创建文件或文件夹,并且可以对文件或文件夹进行移动、复制、重命名、删除等操作,此外,资源管理器还具有查找文件或文件夹的功能。

1. 创建文件或文件夹

在需要创建文件或文件夹的位置右击,在弹出的快捷菜单中选择"新建"命令,选择某种类型的文件或文件夹即可。也可通过执行"文件"→"新建"命令来完成。

提示:创建文件时,一定要注意当前的扩展名是否设置为隐藏,在隐藏扩展名状态时,命名文件名不要加扩展名,系统会自动添加并隐藏;在显示扩展名状态时,创建的文件必须命名扩展名,否则将可能变成系统不能识别的文件类型。

2. 选定文件或文件夹

对文件进行操作前,必须先选定后操作。

(1) 选定单个文件或文件夹:单击对象。

(2) 选定多个连续文件或文件夹:单击要选定的第一个文件或文件夹,按住 Shift 键,然后再单击要选定的最后一个文件或文件夹。

（3）选定多个不连续文件或文件夹：单击要选定的第一个文件或文件夹，按住 Ctrl 键，然后再依次单击其他要选定的文件或文件夹。

（4）选择全部文件或文件夹：在资源管理器窗口执行"组织"→"全选"命令，或者按 Ctrl＋A 快捷键。

3. 移动、复制文件或文件夹

（1）菜单操作。执行"编辑"→"剪切"（或复制）命令，然后打开目标文件夹，执行"编辑"→"粘贴"命令即可。

（2）鼠标拖动。

- 按住右键拖曳对象到目标文件夹，在弹出的快捷菜单中选择"移动（或复制）到当前位置"命令。
- 选定对象，在相同盘内拖动为移动，拖动的同时按 Ctrl 键为复制。
- 选定对象，在不同盘间拖动为复制，拖动的同时按 Shift 键为移动。

（3）键盘操作

选定对象，使用热键：复制为 Ctrl＋C 快捷键，剪切为 Ctrl＋X 快捷键，粘贴为 Ctrl＋V 快捷键。

4. 重命名文件或文件夹

可以为文件或文件夹改名，但同一文件夹下的文件或文件夹是不能同名的。
（1）选定要重命名的文件或文件夹，执行"文件"→"重命名"命令。
（2）选定要重命名的文件或文件夹，右击，在弹出的快捷菜单中选择"重命名"命令。

5. 删除和恢复文件或文件夹

删除的文件或文件夹有两种结果：一种是临时删除，被放入回收站中，是可恢复的；另一种是真正被删除，不可恢复。

（1）放入回收站。

- 选定要删除的文件或文件夹，然后执行"文件"→"删除"命令或直接按 Delete 键。
- 选定要删除的文件或文件夹，拖曳到"回收站"。

（2）被临时删除的文件或文件夹的恢复。

误删除文件或文件夹后，执行"编辑"→"取消删除"命令，就可恢复误删除的文件或文件夹。

在回收站窗口中选定要恢复的文件或文件夹，右击，在弹出的快捷菜单中选择"还原"命令，就可以将文件或文件恢复到原来的位置。

（3）彻底删除。

按住 Shift 键进行删除操作，文件或文件夹将被永久删除。此时文件或文件夹不再被放入回收站，因此不能恢复。

提示：如果在移动硬盘、U 盘中或网络上删除文件或文件夹，则直接永久性地删除，不会被送进回收站。

6. 设置文件或文件夹属性

文件和文件夹除了文件名外,还有文件的大小、占用空间等,这些信息称为文件和文件夹的属性。对于系统文件和隐藏文件,在资源管理器中一般是不显示的,但可以通过"文件夹选项"对话框来设置是否显示系统文件和隐藏文件。对于不同的文件类型,其属性对话框的信息也各不相同,如图 2-37 所示。

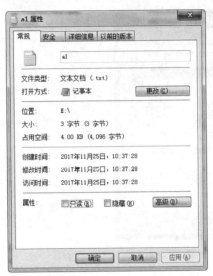
(a) 文件属性

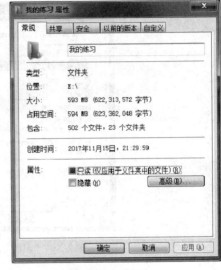
(b) 文件夹属性

图 2-37　文件和文件夹的属性

只读属性:设为只读属性的文件或文件夹只能打开、浏览内容,不能修改其中的内容。

隐藏属性:具有隐藏属性的文件或文件一般情况下是不显示的。

7. 设置文件夹选项

在资源管理器窗口,执行"工具"→"文件夹选项"命令,打开"文件夹选项"对话框。在该对话框中可设置文件或文件夹的查看方式,在"查看"选项卡中,可设置是否显示、隐藏文件或文件夹,以及是否隐藏已知文件类型的扩展名等。

8. 创建文件或文件夹的快捷方式

在需要创建快捷方式的文件或文件夹上右击,从弹出的快捷菜单中选择"创建快捷方式"命令即可。创建好的快捷方式可以存放到桌面或其他文件夹中。

9. 回收站

回收站主要用来存放用户临时删除的文件,存放在回收站的文件可以恢复。用好和管理好回收站,打造富有个性功能的回收站,可以更加方便日常的文件维护工作。回收站是一个特殊的文件夹,默认在每个硬盘分区根目录下的 RECYCLER 文件夹中,而且是隐藏的。将文件删除并移到回收站后,实际上就是把它放到这个文件夹,仍然占用磁盘的空间。只有在回收站里删除它或清空回收站才能使文件真正地删除。

右击"回收站"图标,在弹出的快捷菜单中选择"属性"命令,打开其属性对话框,如图 2-38 所示,在该对话框中,可以设置回收站的大小,还可以对要删除的文件是否进入回收站进行设置。选择不将文件移入回收站中,则以后所有对文件的删除都是彻底删除。

图 2-38 "回收站 属性"对话框

双击"回收站"图标,打开"回收站"窗口,可以看到被删除的文件,如图 2-39 所示,这些文件都可恢复到原来的位置。若回收站中的文件不需保留,可以清空回收站来释放磁盘空间。

图 2-39 "回收站"窗口

10. 剪贴板

剪贴板是计算机内存中的一块临时区域,用来存储被剪切或被复制的信息。剪贴板不但可以存储文本,还可以存储图像、声音等,甚至可以存储活动窗口及整个桌面的界面信息。通过剪贴板可以方便地将各种信息复制到用户需要的应用环境中,移动到剪贴板上的信息在被其他信息替换或退出 Windows 之前,一直保存在剪贴板中。剪贴板中的内容可以进行多次粘贴,既可以在同一文件中多次粘贴,也可以在不同目标中甚至在不同应用程序创建的文件中粘贴,因此,剪贴板也是 Windows 中信息传送和信息共享的方式之一。

【实验 2-8】 (1) 在 D 盘根目录下创建文件夹,结构如图 2-40 所示。

(2) 创建一个文本文档,以"学习计划.txt"为文件名保存在 aa 文件夹中,要求在文档中输入"学习是件快乐的事"。

(3) 在 C:\Windows 文件夹中选择 5 个不连续的扩展名为.bmp 的文件并将其复制到 bb 文件夹中。

(4) 删除 bb 文件夹中的所有文件及文件夹,再恢复它们。

操作步骤:

(1) 在 D 盘根目录下创建文件夹。

【步骤 1】右击"开始"按钮,在弹出的快捷菜单中选择"打开 Windows 资源管理器"命令。

【步骤 2】在资源管理器左窗格右击"本地磁盘(D:)"图标,在弹出的快捷菜单中选择"重命名"命令,名称被置为高亮显示,输入"应用程序",按回车键。

【步骤 3】在资源管理器左侧导航窗格单击"应用程序(D:)"图标,则右侧窗格中显示出 D 盘所包含的内容。

【步骤 4】用同样的方法创建 aa 文件夹、bb 文件夹、cc 文件夹和 dd 文件夹。

(2) 创建一个文本文件。

【步骤 1】选择 aa 文件夹,在右窗格创建文本文件"学习计划"。

【步骤 2】打开文本文件"学习计划",输入内容:"学习是件快乐的事",结果如图 2-41所示。

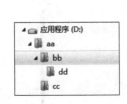

图 2-40 文件夹目录结构

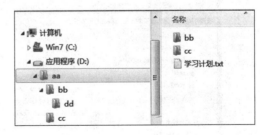

图 2-41 aa 文件夹中包含的内容

提示:若新建的文本文件名中显示文件扩展名.txt,则命名时不能覆盖扩展名.txt;若新建的文本文件名中不显示文件扩展名.txt,则命名时不能加上扩展名.txt。

(3) 在 C:\Windows 文件夹中选择 5 个不连续的扩展名为.bmp 的文件并将其复制到 bb 文件夹中。

提示：若在文件夹中看不到文件的扩展名，首先将扩展名显示出来，然后再进行相应操作。若在文件夹中看到文件的扩展名，略去【步骤1】。

【步骤1】选择资源管理器的"工具"→"文件夹选项"命令，在"文件夹选项"对话框中选择"查看"选项卡，在"高级设置"列表中，把"隐藏已知文件类型的扩展名"复选框前的"√"标记取消，如图2-42所示。单击"确定"按钮，Windows系统显示所有文件的扩展名（系统默认不显示文件的扩展名）。

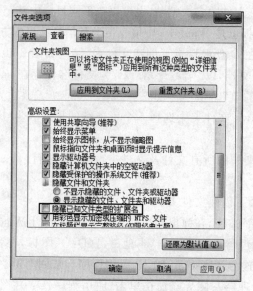

图 2-42　"文件夹选项"对话框的"查看"选项卡

【步骤2】在左侧导航窗格选择C盘，打开C：\Windows 文件夹。

【步骤3】在 Windows 文件夹中搜索扩展名为.bmp 的文件，搜索结果如图2-43所示。

图 2-43　在 Windows 文件夹中搜索.bmp 文件的结果

【步骤4】选择一个.bmp文件，按住Ctrl键，再单击选择另外4个.bmp文件。

【步骤5】单击"复制"按钮，

【步骤6】选择bb文件夹，单击"粘贴"按钮，结果如图2-44所示。

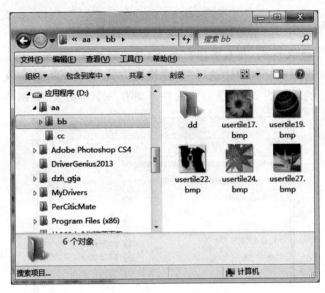

图2-44　bb文件夹的内容

（4）删除bb文件夹中的所有文件及文件夹，再恢复它们。

【步骤1】选定bb文件夹中的所有文件及文件夹。

【步骤2】执行"文件"→"删除"命令。

【步骤3】在桌面上打开"回收站"，在工具栏中单击"还原此项目"选项，如图2-45所示。

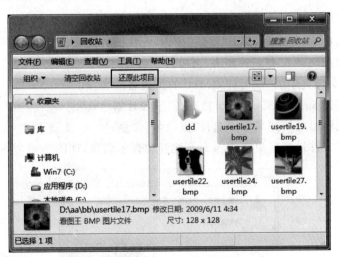

图2-45　回收站

【实验2-9】　在实验2-8的结果基础上完成以下操作：

（1）在cc文件夹中为"学习计划.txt"文件创建快捷方式。

（2）将 aa 文件夹中的"学习计划.txt"的扩展名改为.gif。

（3）将 cc 文件夹的属性设置为隐藏,观察文件夹设为隐藏前后文件夹图标的不同,然后将 cc 文件夹设置为不显示。

操作步骤:

（1）在 cc 文件夹中为"学习计划.txt"文件创建快捷方式。

【步骤1】选择 aa 文件夹,在右窗格右击"学习计划.txt"。

【步骤2】在弹出的快捷菜单中选择"创建快捷方式"命令,则在 aa 文件夹中创建了一个"学习计划.txt"的快捷方式,快捷方式的左下角有一个小箭头,如图 2-46 所示。

图 2-46 创建"学习计划.txt"的快捷方式

【步骤3】选定该快捷方式,单击"剪切"按钮。

【步骤4】选择 cc 文件夹,单击"粘贴"按钮,此快捷方式移动到 cc 文件夹中。

提示:创建快捷方式有多种方法,上面的方法最简单。

（2）将 aa 文件夹中的"学习计划.txt"的扩展名改为.gif。

【步骤1】选择 aa 文件夹,在右窗格右击"学习计划.txt"。

【步骤2】在弹出的快捷菜单中选择"重命名"命令。

【步骤3】把文件扩展名更改为.gif,系统弹出提示信息,如图 2-47 所示。

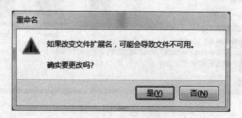

图 2-47 提示信息

【步骤4】单击"是"按钮,注意观察文件图标的变化,如图 2-48 所示。

图 2-48　更改"学习计划.txt"的扩展名

（3）将 cc 文件夹的属性设置为隐藏，观察文件夹设为隐藏前后文件夹图标的不同，然后将 cc 文件夹设置为不显示。

【步骤 1】右击 cc 文件夹。

【步骤 2】在弹出的快捷菜单中选择"属性"命令。

【步骤 3】在"属性"对话框中，选择"隐藏"复选框。

提示：这样做只是使文件夹图标变淡而已，如图 2-49 所示。要把文件夹真正隐藏起来，还要进行以下操作。

图 2-49　cc 文件夹图标变淡

【步骤 4】执行"工具"→"文件夹选项"命令。

【步骤 5】在"文件夹选项"对话框中，选择"查看"选项卡。在"高级设置"列表框中选择"不显示隐藏的文件和文件夹"单选按钮,再单击"确定"按钮,被隐藏的文件夹就不显示了,如图 2-50 所示。

图 2-50　cc 文件夹图标被隐藏

2.2.4　库

库是 Windows 7 提供的新功能,在 Windows 的以前版本中,管理文件意味着在不同的文件夹和子文件夹中组织这些文件。在 Windows 7 中,可以使用库来组织和访问文件,而不管其存储位置如何。使用库可以更加便捷地查找、使用和管理计算机文件。库是一个特殊的文件夹,与普通文件夹的区别在于库文件夹只提供了一个管理文件的索引,文件并不需要保存在库中。这些文件实际上还是保存在原来的位置,并没有被移动到库中,只是在库中"登记"了它的信息并进行索引,添加了一个指向目标的快捷方式,这样就可以在不改动文件存放位置的情况下集中管理文件。

库的优势在于:可以对分散在硬盘各个分区的资源统一进行管理,无须在多个资源管理器窗口来回切换,库中的文件会随着原始文件的变化而自动更新。Windows 7 中默认提供的库有 4 个,即"视频""图片""文档"和"音乐"。如果系统提供的库不够使用,用户可以创建新的库。

【实验 2-10】　创建一个库,命名为"我的库",把实验 2-8 中的 bb 文件夹添加到"我的库"中。

操作步骤:

【步骤 1】打开 Windows 资源管理器窗口,在左侧的导航窗格显示库的图标。

【步骤 2】右击"库"图标(或者在右窗格库根目录下右击空白处),在弹出的快捷菜单中执行"新建"→"库"命令。也可以单击"库"图标,在窗口上方出现"新建库"按钮,单击该按钮即可,如图 2-51 所示。

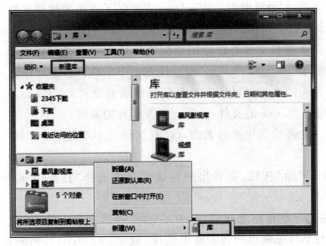

图 2-51　创建库

【步骤 3】像给文件夹命名一样,将创建的库命名为"我的库"。

【步骤 4】右击 bb 文件夹,在弹出的快捷菜单中执行"包含到库中"→"我的库"命令,即可将 bb 文件夹添加到"我的库"中,如图 2-52 所示。

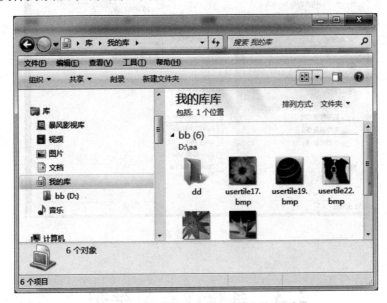

图 2-52　将 bb 文件夹添加到"我的库"中

提示:如果要删除或重命名库,则在该库上右击,在弹出的快捷菜单中选择"删除"或"重命名"命令即可。删除库不会删除原始文件,只是删除库与原始文件的链接。

2.2.5　Windows 7 的搜索

Windows 7 中的搜索与系统高度集成,在系统的各个位置,例如资源管理器、控制面板,均可看到窗口右上方的搜索框。Windows 7 提供了查找文件和文件夹的多种方法,根据不同的查找需求可以采用不同的查找方法。

在 Windows 7 中查找文件可以使用通配符。通配符就是可以表示一组文件名的符号。通配符有两种,即"＊"和"?","＊"表示任意一串字符,"?"表示任意一个字符。例如,a??.＊ 代表以 a 开头的文件名最多有 3 个字符的所有文件,＊a.exe 代表文件名以 a 字符结束且所有扩展名为.exe 的文件,＊.＊ 代表所有的文件。

【实验 2-11】 搜索 C 盘中扩展名为.txt 且文件大小不超过 10KB 的文件。

操作步骤:

【步骤 1】右击"开始"按钮,在弹出的快捷菜单中选择"打开 Windows 资源管理器"命令。

【步骤 2】在左侧导航窗格选择 C 盘,在右上角的搜索框中输入 ＊.txt,在"添加搜索筛选器"下选择"大小",在弹出的列表框中选择"微小(0-10KB)",如图 2-53 所示,即可显示出搜索结果。

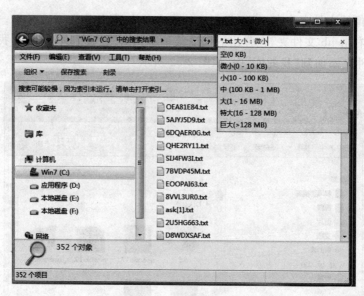

图 2-53　设置搜索条件

2.3　系统设置与维护

Windows 7 具有强大的系统管理和维护功能,能够自动实现许多配置和管理工作。在 Windows 7 系统中,几乎所有的硬件和软件资源都可以设置和调整,用户可以根据自己的操作习惯对 Windows 7 的操作环境进行个性化设置。Windows 7 中的相关软硬件设置以及功能的启用等管理都可在控制面板中进行,控制面板是普通计算机用户使用较多的系统设置工具。需要注意的是,系统设置的优劣会直接影响到系统功能的发挥,一旦设置有误,可能导致计算机系统性能降低,甚至不能正常工作,因此普通用户要慎用。

大学信息技术实用教程

2.3.1　控制面板简介

Windows 7 提供了一个功能完备的系统管理工具，即控制面板。控制面板是Windows 7 图形用户界面的一部分，它允许用户查看并操作基本的系统设置和控制，例如添加硬件、添加/删除软件、控制用户账户。更改辅助功能选项等。在 Windows 7 操作系统中有多种启动控制面板的方法，方便用户在不同的操作状态下使用。在"控制面板"窗口中包括两种视图效果：类别视图和图标视图。在类别视图中，控制面板有 8 个项目，如图 2-54 所示。

图 2-54　控制面板类别视图

单击窗口中"查看方式"的下拉箭头，选择"大图标"或"小图标"，可将控制面板切换为Windows 的经典视图，如图 2-55 所示。在经典视图窗口中集成了若干小项目的设置工具，几乎涵盖了 Windows 7 系统的所有方面。控制面板中的功能设置很多，下面介绍几种比较常用的系统设置与维护。

Windows 7 安装完成后，安装程序会为用户提供默认的标准配置，如鼠标、键盘、桌面和开始菜单等。系统所提供的这些默认配置未必适合所有的人，用户可以根据自己的需要和爱好调试 Windows 7 的各种系统属性。

2.3.2　外观和个性化设置

在 Windows 7 操作系统中，外观和个性化设置是用户个性化工作环境最重要的体现。通过对其中的"主题""桌面背景""窗口颜色与外观""屏幕保护程序""更改声音效果"等进行设置，使桌面更丰富，更具个性化。

主题就是不同风格的桌面背景、窗口颜色、声音、屏幕保护程序的组合，是操作系统视

图 2-55　控制面板图标视图

觉效果和声音的组合方案。Windows 7 操作系统为用户提供了多种风格的桌面主题,按照不同的主题类型、风格等进行整齐排列,单击即可自动切换到对应的主题状态。其中 Aero 主题可为用户提供高品质的视觉体验,Aero 是 Windows 7 下的一种全新图形界面,其特点是透明的玻璃图案中带有精致的窗口动画和新窗口颜色。它包括与众不同的直观样式,将轻型透明的窗口外观与强大的图形高级功能结合在一起,用户不仅可以享受具有视觉冲击力的效果和外观,而且可以更快捷、方便地访问程序。

选择"Aero 主题"使计算机更具个性化。如果计算机运行缓慢,可以选择 Windows 7 基本主题。如果希望屏幕更易于查看,可以选择高对比度主题。

在桌面空白处右击,在弹出的快捷菜单中选择"个性化"命令,弹出个性化设置窗口,如图 2-56 所示。在此窗口中,可以更改主题、桌面背景、透明窗口颜色、声音效果和屏幕保护程序。

【实验 2-12】 将桌面主题设置为 Aero 主题的"自然",观察桌面背景、窗口颜色等的变化。将该主题命名为"自然景色"并保存主题。

操作步骤:

【步骤 1】在桌面空白处右击,在弹出的快捷菜单中选择"个性化"命令,弹出个性化设置窗口。

【步骤 2】选择 Aero 主题的"自然",然后单击"保存主题",在弹出的对话框中输入"自然景色",结果如图 2-57 所示。

【实验 2-13】 将窗口颜色设置为巧克力色(窗口边框、开始菜单和任务栏的颜色),不启用透明效果。

操作步骤:

【步骤 1】单击个性化设置窗口下方的"窗口颜色",打开如图 2-58 所示的窗口颜色和外观设置窗口。

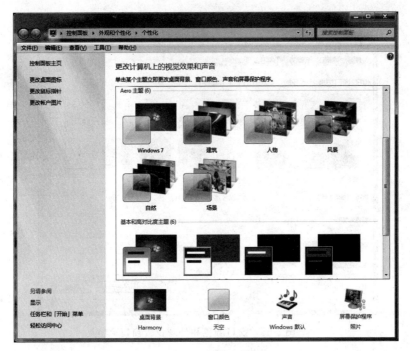

图 2-56 个性化设置窗口

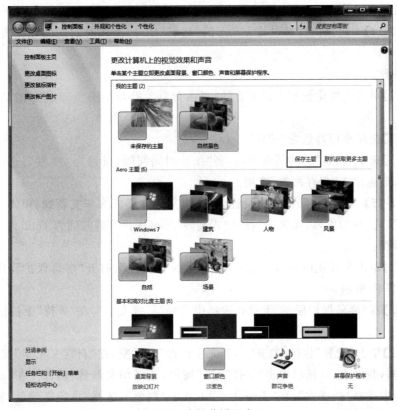

图 2-57 个性化设置窗口

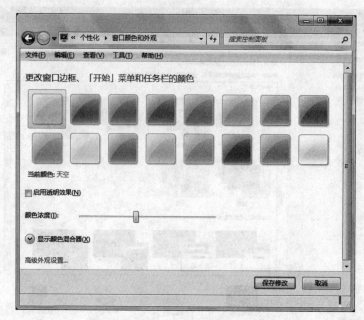

图 2-58　窗口颜色和外观设置窗口

【步骤 2】选择巧克力色,不勾选"启用透明效果"复选框,可以看到桌面窗口边框颜色从原来的天空色变为巧克力色,最后单击"保存修改"按钮。

【实验 2-14】　将桌面背景设置为动态的"建筑"图片,将图片时间间隔设置为 30 秒,无序放映。

操作步骤:

【步骤 1】单击个性化设置窗口下方的"桌面背景",打开如图 2-59 所示的桌面背景设置窗口。

【步骤 2】选择桌面背景为"建筑"。

【步骤 3】选中"建筑"类的所有图片,将"图片时间间隔"设置为"30 秒",选中"无序放映"复选框,最后单击"保存修改"按钮。

【实验 2-15】　将屏幕保护程序设置为"三维文字",字体为华文新魏、粗体,颜色为红色,显示文字为"我的屏幕,我做主",摇摆式旋转,屏幕保护等待时间为 1min。

操作步骤:

【步骤 1】单击个性化设置窗口下方的"屏幕保护程序",打开"屏幕保护程序设置"对话框,如图 2-60 所示。

【步骤 2】在"屏幕保护程序"下拉列表框中选择"三维文字",在"等待"下拉框中选择 1分钟。

【步骤 3】单击"设置"按钮,打开"三维文字设置"对话框,在"自定义文字"文本框中输入"我的屏幕,我做主"。然后单击"选择字体"按钮,选择华文新魏、粗体。在"旋转类型"下拉列表框中选择"摇摆式",在"表面样式"中选择"纯色",选择"自定义颜色"复选框,单击"选择颜色"按钮,如图 2-61 所示。

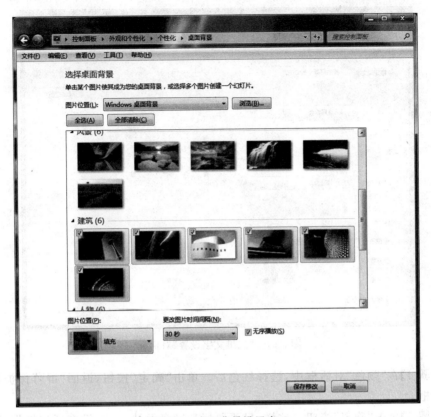

图 2-59　桌面背景设置窗口

图 2-60　"屏幕保护程序设置"对话框

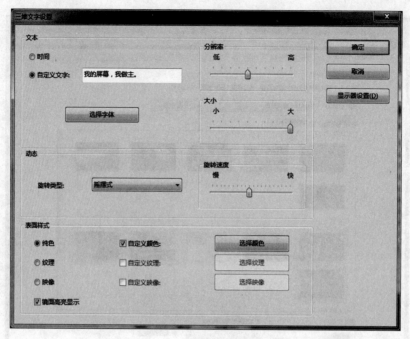

图 2-61 "三维文字设置"对话框

【步骤 4】在"颜色"对话框中,选择红色后。单击"确定"按钮,返回"屏幕保护程序设置"对话框。

【步骤 5】单击"确定"按钮。这样,只要鼠标和键盘保持 1min 没有任何操作,屏幕保护程序就会运行。

2.3.3 鼠标和键盘的设置

在计算机的使用过程中,鼠标和键盘是用户最常用的输入工具。没有鼠标和键盘,用户几乎无法让计算机完成任何工作。安装 Windows 7 时,系统会自动对鼠标和键盘进行设置,但是,系统默认的设置并不一定适合每一个用户,对鼠标和键盘重新进行设置可以使之更适合用户的工作习惯,提高工作的效率。

1. 设置鼠标

在"控制面板"中(以图标视图显示),双击"鼠标"图标,打开"鼠标 属性"对话框,在该对话框内,可以更改系统指针方案,定义鼠标的相关按钮,确定光标的速度和加速度,更改鼠标器的驱动程序,等等,如图 2-62 所示。

2. 设置键盘

在"控制面板"中(以图标视图显示),双击"键盘"图标,打开"键盘 属性"对话框,在该对话框内,可以更改键盘的重复延迟、重复率、光标闪烁频率,更新键盘的驱动程序等,如图 2-63 所示。

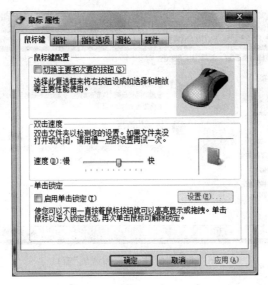

图 2-62　"鼠标 属性"窗口

图 2-63　"键盘 属性"对话框

2.3.4　时钟、语言和区域选项设置

由于不同的国家和不同的用户可能使用不同的语言、数字格式、货币格式、时间格式和日期格式,因此 Windows 7 允许用户根据实际情况设置这些选项,以满足工作时对这些选项的特殊要求。

在"控制面板"中,单击"时钟、语言和区域"选项,打开"时钟、语言和区域"窗口,如图 2-64 所示。在该窗口内可以更改日期、时间、数字和货币格式,可进行多种输入语言、文字服务和键盘布局的选择,可以设置语言栏的显示方式,定义输入法的快捷键。

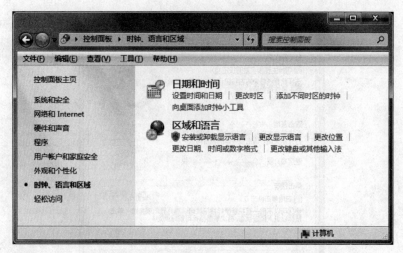

图 2-64　"时钟、语言和区域"窗口

2.3.5　设置分辨率

屏幕分辨率指屏幕上显示的文本和图像的清晰度。分辨率越高,显示的对象越清晰,同时屏幕上图标尺寸越小。但设置过高会使显示的字符或图形过小,显示效果反而不好。设置适当的分辨率,有助于提高屏幕上图像的清晰度。

在桌面上空白处右击,在弹出的快捷菜单中选择"屏幕分辨率"命令,弹出"屏幕分辨率"窗口,可以看到系统默认设置的分辨率和方向,如图 2-65 所示。

图 2-65　"屏幕分辨率"窗口

2.3.6　添加或删除程序

各种操作系统都离不开应用程序的支持,正是因为有了各种各样的应用程序,计算机才能在各个方面发挥出巨大作用。尽管 Windows 7 内置了一些应用程序,但远远不能满足人们实际应用的需求。因此,在使用计算机时还需安装一些个人需要的应用程序,对于不再使用的应用程序,为了节省磁盘空间和提高系统运行效率,可及时将它们删除。

大多数应用程序都要先安装到操作系统中才能使用,在 Windows 7 系统中安装程序很方便。安装应用程序的方式通常有两种。一种是将应用程序的安装光盘放入光驱后,系统会自动运行它的程序。另一种是在存放应用程序的文件夹中找到 Setup. exe 或 Install. exe,这是安装文件,双击该文件,即可启动应用程序的安装操作,然后按照提示逐步进行操作就可以完成应用程序的安装。有些应用程序在安装成功后需要重启计算机才能生效。

如果用户不再使用某个应用程序,可以将其卸载。卸载应用程序有两种方法。一种是通过应用程序自身提供的卸载功能,如图 2-66 所示。另一种是通过 Windows 7 操作系统的"程序和功能"工具来完成。在控制面板中,单击"程序和功能"图标,打开"程序和功能"窗口。在"当前安装的程序"列表中,列出了在 Windows 7 中已安装的应用程序的名称、版本、安装的时间以及占用的磁盘空间等。如果需要删除(卸载)一个已经安装的应用程序,选中该程序,单击"卸载"即可按提示的步骤卸载一个应用程序,如图 2-67 所示。

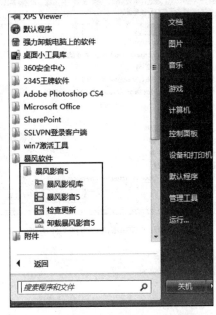

图 2-66　程序自身提供的卸载功能

通过"打开或关闭 Windows 功能"可以安装和删除 Windows 组件,如图 2-68 所示,此功能大大扩充了系统的功能。

图 2-67　控制面板"程序和功能"窗口

图 2-68　"Windows 功能"对话框

2.3.7　用户账户设置

Windows 7 支持多用户管理,可以为每一个用户创建一个用户账户并为其配置独立的用户文件,从而使得每个用户登录计算机时,都可以进行个性化的环境设置。

Windows 7 有 3 种不同类型的账户,分别是计算机管理员账户、标准用户账户和来宾账户。每种类型为用户提供不同的计算控制级别。

1．计算机管理员账户

计算机管理员账户拥有对全系统的控制权，能改变系统设置，可以安装和删除程序，能访问计算机上的所有文件。此外，这种账户还拥有控制其他用户的权限，可以创建和删除计算机上的其他用户账户，可以更改其他人的账户名、图片、密码和账户类型等。

Windows 7 中至少要有一个计算机管理员账户。在只有一个计算机管理员账户的情况下，该账户不能将自己改成受限制账户。

2．标准用户账户

标准用户账户是权力受到限制的账户，这类用户无法安装软件和硬件，但可访问计算机上已安装的程序，可以更改自己的账户图片、密码，但无权更改大多数计算机的设置，也不能访问其他用户的文件。

3．来宾账户

来宾账户是给在计算机上没有标准用户账户的人用的，只是一个临时账户，所以来宾账户的权力最小，它没有密码，可以快速登录，能做的事情仅限于查看计算机中的资源、检查邮件、浏览 Internet 等，无法访问受密码保护的文件、文件夹。

在控制面板中，单击"用户账户和家庭安全"，打开如图 2-69 所示的窗口。在"用户账户"中，可以更改当前用户的密码和图片，也可以添加或删除用户账户。

图 2-69　"用户账户和家庭安全"窗口

【实验 2-16】　（1）在 Windows 7 中创建一个用户名为"张三"的管理员账户。

（2）将"张三"账户的图片改为招财猫。

操作步骤：

（1）在 Windows 7 中创建一个用户名为"张三"的管理员账户。

【步骤 1】在控制面板中，单击"用户账户和家庭安全"，打开"用户账户"窗口。

【步骤 2】在"用户账户"窗口中，单击"添加或删除用户账户"，打开"管理账户"窗口，如图 2-70 所示。

图 2-70 "管理账户"窗口

【步骤 3】在"管理账户"窗口中，单击"创建一个新账户"，打开"创建新账户"窗口。在"新账户名"文本框中输入"张三"，然后选择"管理员"单选按钮，如图 2-71 所示。

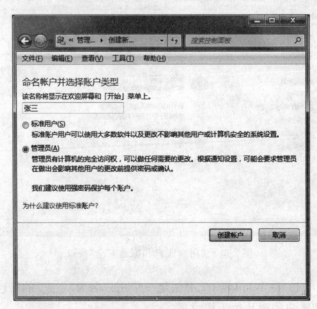

图 2-71 "创建新账户"窗口

【步骤 4】单击"创建账户"按钮，即可创建用户名为"张三"的管理员账户，如图 2-72

所示。

图 2-72　"管理账户"窗口

（2）将"张三"账户的图片改为招财猫。

【步骤 1】在"管理账户"窗口中，单击"张三"账户的图片，打开"更改账户"窗口，如图 2-73 所示。

图 2-73　"更改账户"窗口

【步骤 2】在"更改账户"窗口中，单击"更改图片"，打开"选择图片"窗口，如图 2-74 所示。

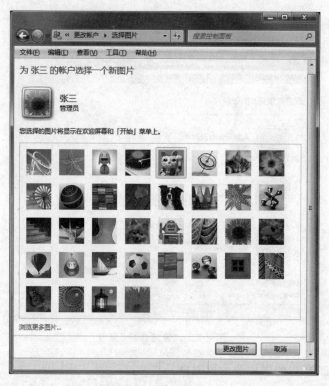

图 2-74 "选择图片"窗口

【步骤 3】在"选择图片"窗口中,选择招财猫图片,然后单击"更改图片"按钮,返回"更改账户"窗口,完成图片更改,如图 2-75 所示。

图 2-75 "更改账户"窗口

2.3.8　设置硬件属性

　　硬件是计算机的基础,用户要想使计算机出色地发挥性能,就要管理好计算机的硬件设备。随着硬件技术的不断提高,计算机中安装的硬件设备大部分都是即插即用设备,系统能够自动检测这些设备并安装相应的驱动程序。对于那些非即插即用设备,可采用类似添加打印机的操作过程进行硬件的添加。也可以在设备管理器中进行设备驱动程序的安装。设备管理器是一种管理工具,可用来管理计算机上的设备。使用设备管理器可以查看硬件属性、禁用硬件设备、启用硬件设备等。

图 2-76　"设备管理器"窗口

　　在控制面板中,单击"硬件和声音"选项,打开"硬件和声音"窗口,然后单击"设备管理器",打开如图 2-76 所示的"设备管理器"窗口。在该窗口,用户可查看计算机中各个硬件设备的信息。系统将所有安装在计算机上的硬件设备按照设备的类型排列在窗口中,单击任意一个类型左侧的　▷¨符号,便可查看这种类型中具体设备的型号,如图 2-77 所示。

图 2-77　无线网卡驱动程序未安装

在设备管理器窗口中,若设备图标带有黄色的"!",表示该设备的驱动程序未能安装成功,不能正常使用。若设备图标带有红色的"×",表示该设备禁用。若设备图标没有出现黄色的"!"或红色的"×",均为正常工作设备。

【实验2-17】 查看你所使用的计算机网卡的型号。

操作步骤:

【步骤1】在控制面板中,单击"硬件和声音"选项,打开"硬件和声音"窗口。

【步骤2】单击"设备管理器",打开"设备管理器"窗口。

【步骤3】单击"网络适配器"左侧的 ▷¨符号将其展开,便可查看网卡的信息,如图2-78所示。

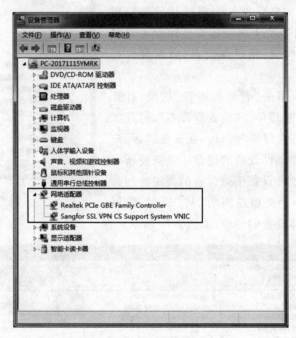

图2-78 显示网卡信息

2.3.9 磁盘管理与系统性能优化

无论是存储、读取或删除文件还是安装应用程序,都是在对磁盘中的数据进行操作,磁盘的性能总是显著地影响着系统的整体性能。因此,优化磁盘性能是优化系统性能时最常用的方法。Windows提供了多种工具供用户对磁盘进行管理与维护,这些工具不仅使用方法简单,而且功能强大。

1. 磁盘格式化

在磁盘管理中,磁盘格式化是最基本的磁盘管理工作。存储了数据的磁盘在日常使用中基本上不需要再次格式化。但磁盘用久了,如果存在坏的磁道,格式化磁盘可以提高磁盘的读写速度。当磁盘感染了病毒,而病毒又无法清除时,也需要重新格式化磁盘。

选择需要格式化的磁盘并右击,在弹出的快捷菜单中选择"格式化"命令,打开"格式化"对话框,如图 2-79 所示。如果要给磁盘加卷标,可以在"卷标"框中输入描述文字。在"格式化选项"下选择"快速格式化"复选框。单击"开始"按钮,屏幕上出现一个警告对话框,如图 2-80 所示。格式化完成后,屏幕上将报告格式化结果。

图 2-79 "格式化"对话框

图 2-80 警告对话框

提示:格式化操作会把当前磁盘上的所有信息抹掉,请谨慎操作。

2. 磁盘碎片整理

计算机在使用的过程中不免会有很多创建、删除文件或者安装、卸载软件等操作,这些操作会在硬盘内部产生很多磁盘碎片,使文件的存放位置就可能变得七零八碎,不在连续的磁道上。这样硬盘读取文件就会变慢,而且也加快了磁头和盘片的磨损。所以定期进行磁盘碎片整理,对硬盘的保护有很大实际意义。

执行"开始"→"所有程序"→"附件"→"系统工具"→"磁盘碎片整理"命令,打开"磁盘碎片整理程序"对话框,如图 2-81 所示。单击"分析磁盘"按钮,进行磁盘分析。单击"磁盘碎片整理"按钮,即开始磁盘碎片整理。该功能需要花费较长的时间,用户可以随时终止。

3. 磁盘清理

Windows 7 运行一段时间后,在系统和应用程序运行过程中,会产生许多垃圾文件,它包括应用程序在运行过程中产生的临时文件、安装各种各样的程序时产生的安装文件等。这些临时文件和安装文件不但占用磁盘空间,而且会影响系统的整体性能。因此需要定期进行磁盘清理,以便释放磁盘空间。

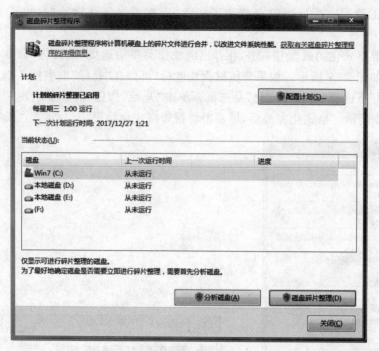

图 2-81 "磁盘碎片整理程序"对话框

执行"开始/所有程序"→"附件"→"系统工具"→"磁盘清理"命令,打开"磁盘清理:驱动器选择"对话框,如图 2-82 所示。选择需要清理的驱动器,单击"确定"按钮。磁盘清理程序开始计算和扫描释放空间,如图 2-83 所示。在完成计算和扫描等工作后,系统列出了指定磁盘上所有可删除的无用文件占用的空间,如图 2-84 所示。选择要删除的文件,单击"确定"按钮即可。

图 2-82 "磁盘清理:驱动器选择"对话框

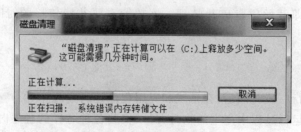

图 2-83 计算和扫描释放空间

图 2-84　选择要删除的文件

2.4　任务管理器

任务管理器是 Windows 系统中的一个重要工具，通常由 Windows 操作系统自带，也有提供增强功能的第三方软件。Windows 任务管理器管理系统当前运行的任务，用户可以通过任务管理器方便地查看当前运行的程序、进程、用户、网络连接以及系统对内存和 CPU 的资源占用，并可以强制结束某些程序和进程。而且当一些恶意的软件不能被关闭时，也可以用任务管理器来结束恶意软件的系统进程。此外，利用它还可以监控系统资源的使用状况。

2.4.1　任务管理器功能简介

Windows 任务管理器提供了有关计算机性能的信息，并显示了计算机上所运行的程序和进程的详细信息。如果连接到网络，那么还可以查看网络状态并迅速了解网络是如何工作的。它的用户界面提供了文件、选项、查看、窗口、帮助 5 个菜单项，其下还有应用程序、进程、服务、性能、联网、用户 6 个选项卡，窗口底部则是状态栏，从这里可以查看到当前系统的进程数、CPU 使用比率、更改的内存容量等数据，默认设置下系统每隔两秒对数据进行 1 次自动更新，也可以通过执行"查看"→"更新速度"命令重新设置。

Windows 任务管理器允许用户监视、控制计算机和在计算机上运行的程序，如果用户有某个程序不响应,可采用任务管理器强行关闭它。下面简单介绍 Windows 任务管理器的几项常用功能。

计算机系统正常运行使用的过程中,在 Windows 7 任务栏空白处右击,在弹出的快捷菜单中选择"启动任务管理器"命令,打开任务管理器,如图 2-85 所示。

图 2-85　任务管理器的"应用程序"选项卡

1. 任务管理器的"应用程序"选项卡

在任务管理器的"应用程序"选项卡中,会列出所有当前已启动的前台程序,如图 2-85 所示。可以选中一项来结束任务或切换到该程序,不过这两个功能并不常用。一般情况下,应用程序都有正常关闭或退出命令,故"结束任务"功能的日常使用率不高。

2. 任务管理器的"进程"选项卡

进程管理是使用率最高的一个功能,它是上面提到的"应用程序"的加强版,在这里会列出所有的用户进程和系统进程,包括前台运行和后台运行都在内,可以看到某个进程的 CPU 和内存使用率等信息。默认情况下系统进程是被隐藏的,需要选择左下角"显示所有用户的进程"复选框来显示。任务管理器的"进程"选项卡如图 2-86 所示。

结束进程可以理解为强制关闭选中的程序,就算程序当前处于"未响应"状态,也可以强制关闭。

3. 任务管理器的"服务"选项卡

和老版本的任务管理器相比,Windows 7 多了"服务"选项卡,服务管理功能比较简单,就是启动或停止某个系统服务。如果想要更改服务的属性设置,单击"服务"按钮,进入服务管理器进行设置。任务管理器的"服务"选项卡如图 2-87 所示。

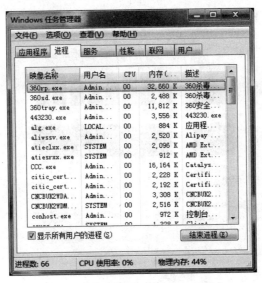

图 2-86　任务管理器的"进程"选项卡

图 2-87　任务管理器的"服务"选项卡

4. 任务管理器的"性能"选项卡

任务管理器还有一项重要的内容,就是可以查看计算机的"性能"。任务管理器的"性能"选项卡如图 2-88 所示。在此可以查看 CPU 和内存的使用率。

任务管理器"性能"选项卡中的 CPU 使用率表示当前使用的 CPU 资源的百分比。如果 CPU 使用率长期太高,就表明出现以下几种可能性:计算机感染病毒了;某个软件程序出错,导致系统卡机;计算机硬件需要升级了。

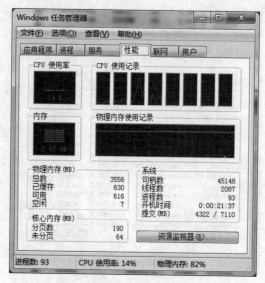

图 2-88　任务管理器的"性能"选项卡

5. 任务管理器的"联网"选项卡

选择任务管理器的"联网"选项卡,可以查看当前的网络使用率。任务管理器的"联网"选项卡如图 2-89 所示。这里显示了本地计算机所连接的网络通信量的指示,使用多个网络连接时,可以比较每个连接的通信量,当然只有安装网卡后才会显示该选项。

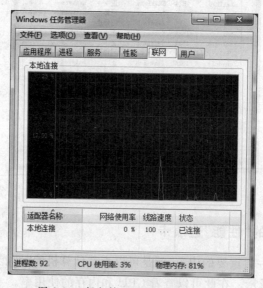

图 2-89　任务管理器的"联网"选项卡

6. 任务管理器的"用户"选项卡

任务管理器的"用户"选项卡中的所有功能都可以在"开始"菜单直接完成,所以"用户"选项卡使用率很低。任务管理器的"用户"选项卡如图 2-90 所示。

图 2-90　任务管理器的"用户"选项卡

提示：结束进程时，要清楚自己要结束的进程是干什么的，随意关闭进程可能造成系统不稳定。

2.4.2　任务管理器的使用

在 Windows 系统中，同时按下 Ctrl＋Alt＋Delete 快捷组合键，打开如图 2-91 所示的界面，选择"启动任务管理器"命令，打开任务管理器。或者在任务栏空白处右击，然后在弹出的快捷菜单中选择"启动任务管理器"命令，也可以打开任务管理器。

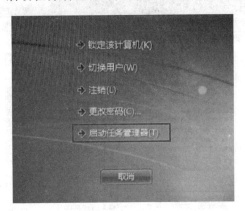

图 2-91　选择"启动任务管理器"

1. 终止未响应的应用程序

当运行的程序由于各种因素导致不能及时响应命令时，系统出现像"死机"一样的症状，此时，只能通过结束任务的方法强行终止正在运行的程序。打开任务管理器，选择"应用程序"选项卡,找到未响应的应用程序,单击"结束任务"按钮,即可终止未响应的应用程序,使系统恢复正常。

提示:若利用 Windows 任务管理器也不能终止应用程序,则只能重新启动计算机,但这样做通常会导致数据丢失。

2. 终止进程的运行

当 CPU 的使用率长时间达到或接近 100%,或系统提供的内存长时间处于几乎耗尽的状态时,通常是系统感染了病毒的缘故。可以打开任务管理器"进程"选项卡,找到 CPU 或内存占用率高的进程,然后终止该进程。需要注意的是,系统进程无法终止。

【实验 2-18】 (1) 熟悉"任务管理器"的使用。

(2) 在进程中找出名为 explorer. exe 的进程,将其结束,观察屏幕变化。

(3) 恢复桌面图标和任务栏。

操作步骤:

(1) 熟悉"任务管理器"的使用。

【步骤 1】按下 Ctrl+Alt+Delete 快捷组合键,单击"启动任务管理器",打开"任务管理器"对话框。

【步骤 2】在"应用程序"选项卡中列出了正在运行的进程,选择一个进程。

【步骤 3】单击"结束任务"按钮,即可结束选中的进程。

(2) 在进程中找出名为 explorer. exe 的进程,将其结束,观察屏幕变化。

【步骤 1】按下 Ctrl+Alt+Delete 快捷组合键,单击"启动任务管理器",打开"任务管理器"对话框。

【步骤 2】在"进程"选项卡中找出正在运行的 explorer. exe 进程,如图 2-92 所示。

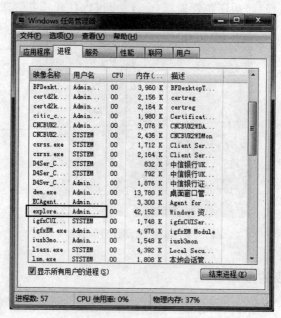

图 2-92 任务管理器的"进程"选项卡

【步骤 3】选中正在运行的 explorer.exe 的进程,单击"结束进程"按钮。

【步骤 4】在弹出的对话框中单击"结束进程"按钮,如图 2-93 所示,观察屏幕变化。

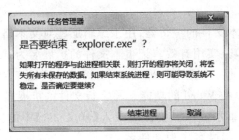

图 2-93　确认结束进程

(3) 恢复桌面图标和任务栏。

【步骤 1】打开任务管理器,执行"文件"→"新建任务"命令,打开"创建新任务"对话框,如图 2-94 所示。

图 2-94　"创建新任务"对话框

【步骤 2】在该对话框中输入 explorer.exe,单击"确定"按钮,即可使 explorer.exe 进程重新运行,桌面图标和任务栏便可重新显示。

提示:explorer.exe 进程是 Windows 资源管理器,它用于管理 Windows 图形界面,包括开始菜单、任务栏、桌面和文件管理,删除该程序会导致 Windows 图形界面无法适用。

2.5　附件程序的使用

Windows 7 操作系统的附件中自带了大量的应用程序,可以帮助用户快速、轻松地完成一些日常应用工作。如果系统中没有安装文字处理及图像处理软件,用户可以利用 Windows 7 操作系统自带的"写字板""记事本"来编辑文档和查看文本文件,用"画图"程序编辑图像,用"计算器"完成数据运算。虽然附件中的应用程序没有某些专业应用程序功能强,但因其使用方便,且占用的内存和硬盘空间比较少,比较适合处理简单的日常工作。

2.5.1　记事本和写字板

　　记事本是一个纯文本文件的编辑器,用于编辑那些对文本格式没有要求的文本文件。记事本的特点是程序小巧、实用有效。记事本文件的扩展名为.txt。

　　写字板是功能较强的一个文字处理程序,它提供了页面布局、文本格式、段落对齐等处理功能,可以完成简单的 Word 的功能。写字板文件的扩展名为.rtf。

　　【实验 2-19】　用记事本或写字板程序录入【样文 2-1】中的文字,将录好的文档存入计算机"库"中的"文档",以姓名作为文件名。

　　操作步骤:

　　【步骤 1】执行"开始"→"所有程序"→"附件"→"记事本"命令,打开记事本窗口,录入【样文 2-1】,如图 2-95 所示。

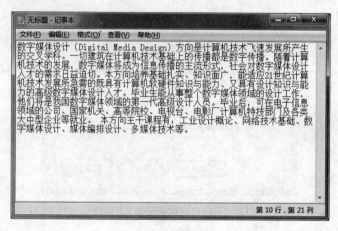

图 2-95　记事本窗口

　　【步骤 2】录入完成后,执行"文件"→"保存"命令。

　　【步骤 3】选择"库"中的"文档",在"文件名"文本框中输入姓名,如图 2-96 所示,单击"保存"按钮即可。

　　【样文 2-1】

　　数字媒体设计(Digital Media Design)方向是计算机技术飞速发展所产生的交叉学科。一切建筑在计算机技术基础上的传播都是数字传播。随着计算机技术的发展,数字媒体将成为信息传播的主流形式,社会对数字媒体设计人才的需求日益迫切。本方向培养基础扎实、知识面广,能适应 21 世纪计算机技术发展所急需的既具有计算机软硬件知识与能力、又具有设计知识与能力的高级数字媒体设计人才。毕业生能从事整个数字媒体领域的设计工作,他们将是我国数字媒体领域的第一代高级设计人员。毕业后,可在电子信息领域的公司、国家机关、高等院校、电视台、电影厂计算机特技部门及各类大中型企业等就业。本方向主干课程有:工业设计概论、网络技术基础、数字媒体设计、媒体编排设计、多媒体技术等。

　　用写字板程序录入【样文 2-1】,如图 2-97 所示,操作步骤与记事本类似。

图 2-96 "另存为"对话框

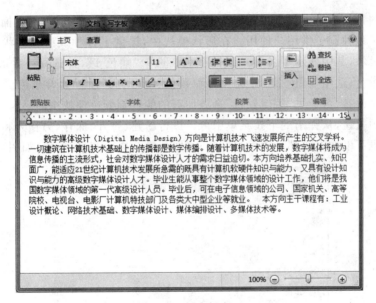

图 2-97 写字板窗口

2.5.2 画图

画图程序是一个位图编辑器,可以对各种位图格式的图片进行编辑,用户可以自己绘制图画,也可以对已有的图片进行编辑修改。画图文件的扩展名为.bmp,编辑修改完成后,可以用.bmp、.jpg、.gif 等格式保存。

执行"开始"→"所有程序"→"附件"→"画图"命令,启动画图程序,如图 2-98 所示。

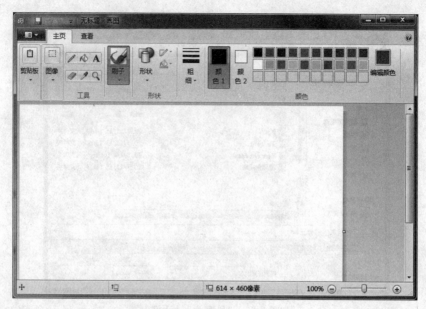

图 2-98 画图程序窗口

该界面的工具模块中提供了各种绘图工具,有铅笔、橡皮、文本框、油漆桶等。在刷子模块中提供了各种刷子供用户使用。在形状模块中,提供了各种线型和形状。功能区的右侧是颜色模块,其中显示了各种预设的颜色。选中"颜色 1",并选择一种颜色,便可将其设置为前景色;选中"颜色 2",并选择一种颜色,便可将其设置为背景色。若所需颜色在颜色模块中没有,可通过"编辑颜色"来添加新的颜色到颜色模块中。

单击画图按钮,从弹出的下拉菜单中可以进行新建、打开、保存、另存为和打印图片等基本操作。也可以在电子邮件中发送图片,将图片设为桌面背景,等等,如图 2-99 所示。

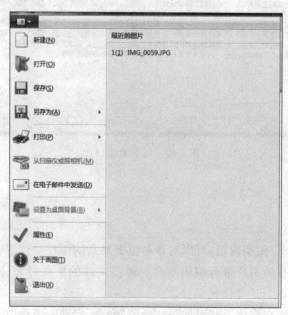

图 2-99 画图按钮菜单

【实验 2-20】 用画图程序绘制一幅画,如图 2-100 所示,将文件命名为"雪景",并保存在桌面上,格式为.jpg。要求画布大小为宽 800 像素、高 500 像素,在画面上输入自己的姓名(字体:华文楷体;大小:22 磅)。提示:在创作中可以自由发挥。

图 2-100　雪景

操作步骤:

【步骤 1】执行"开始"→"所有程序"→"附件"→"画图"命令,打开"画图"窗口。

【步骤 2】单击画图按钮,从弹出的下拉菜单中选择"属性"命令,在弹出的"映像属性"对话框中输入宽度为 800 和高度为 500,如图 2-101 所示。单击"确定"按钮,返回"画图"窗口。

图 2-101　"映像属性"对话框

【步骤 3】设置背景色。选择颜色 2,单击"编辑颜色",弹出"编辑颜色"对话框,选择所需颜色,如图 2-102 所示。单击"确定"按钮,返回画图窗口。

【步骤 4】选择"油漆桶"工具,在画布上右击,背景色设置完成。

【步骤 5】利用工具和形状在画布上进行创作、涂色。

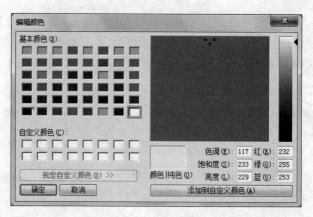

图 2-102 "编辑颜色"对话框

【步骤 6】画面创作完成后,选择"文本框"工具在画面中输入姓名。

【步骤 7】单击"保存"按钮。

2.5.3 计算器

计算器是 Windows 7 操作系统中小巧而又实用的工具,可以帮助用户完成数值运算。计算器分为标准型、科学型、程序员型和统计信息型 4 种类型,默认情况下是标准型。标准型可以完成日常工作中简单的算术运算。科学型比标准型的功能强大,它提供了许多高级函数,可以解决较为复杂的科学运算。程序员型不仅可以实现二进制数、八进制数和十六进制数的算术运算以及进行各种数制之间的转换,还可以进行与、或、非等逻辑运算。统计信息型可以进行计数、求平均数、求和、求方差、求标准偏差等统计方面的运算。

【实验 2-21】 利用科学型计算器,计算 88°角的正弦值。

操作步骤:

【步骤 1】执行"开始"→"所有程序"→"附件"→"计算器"命令,打开标准型计算器。

【步骤 2】执行"查看"→"科学型"命令,打开科学型计算器。

【步骤 3】输入 88,选择"度"单选按钮,如图 2-103 所示。

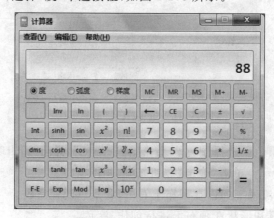

图 2-103 输入角度值 88

【步骤 4】单击"正弦"按钮 sin ，即可计算出 88°角的正弦值，如图 2-104 所示。

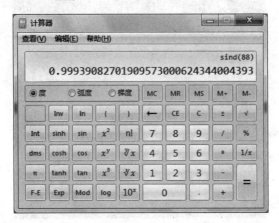

图 2-104　显示 88°角的正弦值

2.5.4　截图工具

Windows 7 操作系统附件中新增了一个截图工具，它能方便地帮助用户截取屏幕上显示的画面。截图工具功能非常强大，可以与专业的屏幕截取软件相媲美。

截图工具可以通过自定义截取不规则形状、规则的任意大小的窗口、整个窗口和全屏等，使用截图工具还可以简单地编辑截图。

【实验 2-22】　截取桌面背景图，并在截图上输入自己的姓名，命名为"截图.jpg"，保存在桌面上。

操作步骤：

【步骤 1】执行"开始"→"所有程序"→"附件"→"截图工具"命令，打开"截图工具"窗口，如图 2-105 所示。

图 2-105　"截图工具"窗口

【步骤 2】单击"新建"右侧的下拉箭头，选择矩形截图。

【步骤 3】单击要截取的起始位置，然后按住鼠标不放，拖动选择要截取的图像区域。

【步骤 4】释放鼠标即可完成截图，在"截图工具"窗口中会显示截取的图像。

【步骤 5】在"截图工具"窗口单击"笔"右侧的下拉箭头，选择笔的颜色，在截图上按住鼠标不放，输入自己的姓名，如图 2-106 所示。

【步骤 6】编辑完截图之后，将图像保存即可。

图 2-106   编辑后的截图

本 章 小 结

　　本章简要介绍了操作系统的基本概念和主要功能,重点介绍了 Windows 7 操作系统的基本操作方法、文件管理、系统设置与维护以及任务管理器和附件程序的使用。本章对基本知识的讲解配有详细的操作过程、图解和实例。通过对本章的学习,应当了解 Windows 7 的安装过程,熟悉 Windows 7 的桌面组成,掌握窗口和对话框的基本操作,熟练掌握文件和文件夹的一些基本操作(创建、删除、重命名、复制、移动等),掌握文件、磁盘、显示属性的查看、设置等操作,掌握检索文件的方法,熟悉任务管理器的使用,能处理好常见的系统故障,对 Windows 7 的基本设置方法有大致的了解,并能够创建属于自己的个性化的 Windows 7 工作环境。

第 3 章

应用文稿的编写技巧

随着科学技术、社会经济的快速发展和计算机应用的普及，办公智能化使得 Office 办公软件变得越来越重要。本章介绍了 Microsoft Office 办公软件中 3 个重要的组件：Word、Excel、PowerPoint。Word 是一款功能强大的文字处理软件，继承了 Windows 友好的图形界面，可以方便地编辑和处理文本、图片、表格等多种对象；Excel 主要进行各种数据的处理，用来执行计算、分析信息以及用各种统计图表表示表格中的数据；PowerPoint 是一种用来表达观点、演示成果、传达信息的工具，随着计算机的普及，PowerPoint 在各行各业的应用越来越广，如制作商业宣传、产品介绍、培训计划和教学课件等。

3.1 文稿编辑与排版

Word 2010 是目前市面上功能强大、操作简单、应用广泛的文字编辑工具软件。使用 Word 2010 可以编辑文字、制作表格、绘制手抄报和输出打印文档等，制作出精美的图文并茂的文档。

3.1.1 Word 2010 使用简介

1. Word 2010 窗口组成

Word 启动后的窗口如图 3-1 所示。Word 2010 的窗口界面是一种典型的 Windows 图文窗口，它由标题栏、快速启动栏、菜单栏、选项卡、功能区、标尺、编辑区、滚动条、状态栏等组成。

2. 文档编辑

文档的编辑包括字体、段落、页面、图片、表格、版式等的编辑。在输入文本之后，可以对已输入的文本进行修改，包括复制、剪切、删除、撤销、恢复等。

1）文本输入

新输入的文本将以插入点为起点从左向右显示。当输入的文本到达右边界时，Word

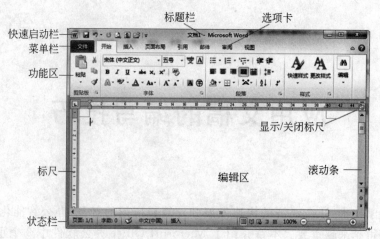

图 3-1 Word 2010 窗口组成

会自动将插入点移至下一行的行首。当输入的文本满一页时,会自动产生新的一页,可继续输入。

　　Word 2010 文档提供了两种编辑模式:插入模式和改写模式。两者之间可以通过单击状态栏上的"插入"或"改写"按钮切换,如图 3-2 所示,也可以通过按 Insert 键来实现。

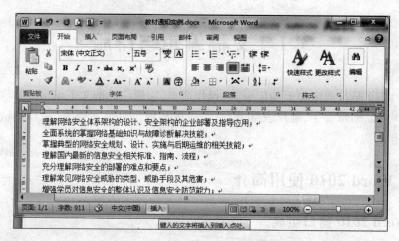

图 3-2 "插入"按钮

　　在插入模式下,输入的字符出现在光标所在位置,而该位置原有的字符将依次向后移动。在改写模式下,输入的字符将依次替换其后面的字符。一般情况下,都使用插入模式进行文档的录入和编辑。

　　2)选定文本

　　不论是对文档进行复制、剪切、删除等操作,还是对文档进行格式设置,均应先选定操作对象,然后进行相应操作。在 Word 中,被选定的对象可以是字符、段落、图片、表格等内容。操作对象被选定后便呈反向显示效果。

　　若要取消选定的文本,将鼠标指针移动到选定区域以外,单击鼠标或按方向键即可。

3）复制、剪切和删除文本

在文档编辑的过程中，选定要复制的文本，单击"开始"选项卡"剪贴板"组中的"复制"按钮，选定的文本就会暂时存放在剪贴板中；再将插入点移至目标位置，单击"开始"选项卡"剪贴板"组中的"粘贴"按钮，即可将文本粘贴在此处。

在文档编辑过程中，文本的移动操作是通过剪切来实现的。如果要删除一个或多个字符，需要将光标定位在准备删除的字符左侧（或右侧），按 Delete 键（或 Backspace 键）删除字符。

在文档编辑过程中，Word 会自动记录用户执行过的操作，并允许用户撤销已执行过的操作，具体操作是单击快速启动栏上的"撤销"按钮 。

4）查找与替换

查找和替换是 Word 中比较常用的功能，通过它可以对文本以及文本格式进行查找、替换，还可以快速地将光标定位于需要的位置，如图 3-3 所示。

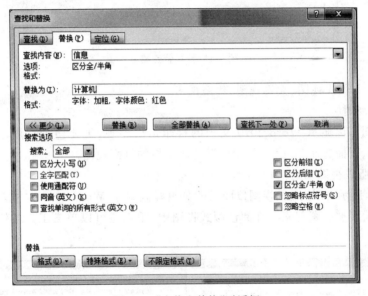

图 3-3 "查找和替换"对话框

查找功能可以快速地在文档中查找某个指定的字符、段落、特殊字符、段落标记、字符格式、段落格式等，找到后将突出显示被查找到的内容。

替换操作时将查找到的内容用指定内容来替换。替换文本分为以下几种情况：仅替换文本，不改变文本格式；不仅替换文本，而且改变文本格式；不改变文本内容，仅改变文本格式。也可以查找或替换特殊格式，具体操作是：单击"开始"选项卡"编辑"组中的"查找"或"替换"按钮，在"查找和替换"对话框中单击"更多"按钮，再单击"特殊格式"按钮，选择要查找或替换的特殊格式，如图 3-4 所示。

3. 文档视图

在 Word 2010 中，提供了多种在屏幕上显示文档的方式，即视图，有页面视图、阅读

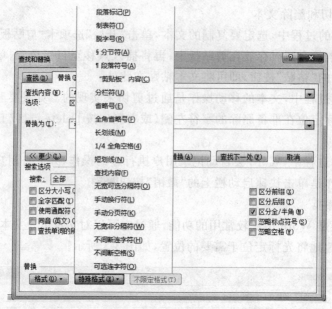

图 3-4　替换特殊格式

版式视图、Web 版式视图、大纲视图、草稿视图。

1）页面视图

页面视图可以显示 Word 2010 文档的打印结果外观，主要包括页眉、页脚、图形对象、分栏设置、页面边距等元素，是最接近打印结果的页面视图。

2）阅读版式视图

如图 3-5 所示，阅读版式视图以图书的分页样式显示 Word 2010 文档，文件按钮、功能区等窗口元素被隐藏起来。在阅读版式视图中，用户还可以单击工具按钮选择各种阅读工具。

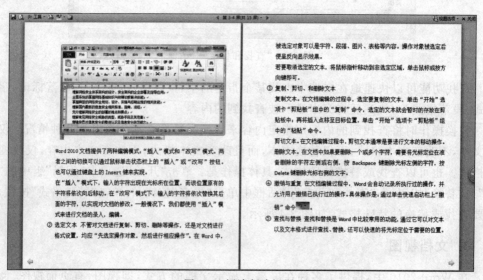

图 3-5　阅读版式视图

3) Web 版式视图

Web 版式视图以网页的形式显示 Word 2010 文档，Web 版式视图适用于发送电子邮件和创建网页。

4）大纲视图

如图 3-6 所示，大纲视图主要用于设置 Word 2010 文档的标题的层级结构，并可以方便地折叠和展开各种层级的内容。大纲视图广泛用于 Word 2010 长文档的快速浏览和设置。

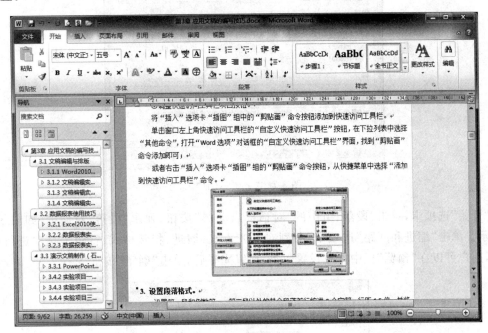

图 3-6　大纲视图

5）草稿视图

草稿视图取消了页面边距、分栏、页眉、页脚和图片等元素，仅显示标题和正文，是最节省计算机系统硬件资源的视图方式。

4．文档的格式设置

文档的基本内容创建完毕，接下来可以对其字体、段落进行格式化设置，使文档内容更加美观清晰。

1）设置字体格式

选定要设置字体格式的字符，切换到"开始"选项卡，单击"字体"组右下角的"对话框启动器"按钮，随即打开"字体"对话框，如图 3-7 所示。根据要求对选定的字符进行字体、字形、字号、字体颜色等设置，最后单击"确定"按钮，即可完成设置。

2）设置段落格式

正文字体格式设置完毕，接下来的操作就是对文档的段落格式进行设置，如设置行距、段落间距和缩进方式等。将插入点定位到段落的任意位置或者选定某几段文字，切换

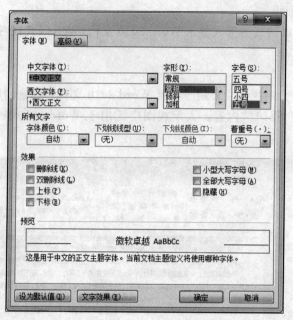

图 3-7　"字体"对话框

到"开始"选项卡,单击"段落"组中的"对话框启动器"按钮,弹出"段落"对话框,如图 3-8 所示。单击"缩进和间距"选项卡,分别对对齐方式、缩进、特殊格式、行距等选项进行设置,用户可以在"预览"框中预览设置效果,设置完毕后,单击"确定"按钮。

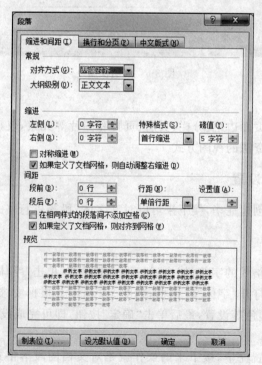

图 3-8　"段落"对话框

5．添加项目符号或编号

为了使文档看起来更具有条理性，可以对文档的部分内容添加项目符号或者编号。

1）添加项目符号

选中需要设置项目符号的段落，切换到"开始"选项卡，单击"段落"组中的"项目符号"按钮≡·右侧的下拉箭头，在项目符号库中选择一种项目符号，如图 3-9 所示。

图 3-9　设置项目符号

　　如果在项目符号库中没有满意的项目符号，用户可以自定义其他符号。选择"项目符号"下拉菜单中的"定义新项目符号"选项，随即弹出"定义新项目符号"对话框，如图 3-10 所示。

　　单击 符号(S)… 按钮，随即弹出"符号"对话框，用户可以在其中选择一种合适的项目符号，然后单击"确定"按钮，返回"定义新项目符号"对话框，最后单击"确定"按钮返回文档，完成设置。

2）添加编号

为了使文档看起来更加有序，可以为文档中的内容添加编号。先选中需要添加编号的段落，切换到"开始"选项卡，单击"段落"组中的"编号"按钮右侧的下拉箭头，在"编号库"或"文档编号格式"中选择一种合适的编号样式，如图 3-11 所示。如果没有找到所需要的编号，可以选择"编号"下拉菜单中的"定义新编号格式"选项，自行设置编号样式。

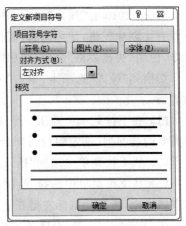

图 3-10　"定义新项目符号"对话框

6．表格的制作

表格作为显示成组数据的一种形式，可以快速引用和分析数据。表格具有条理清楚、

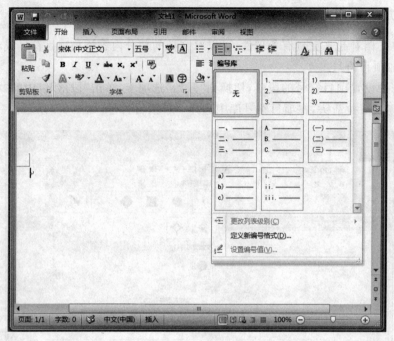

图 3-11　添加新编号

说明性强、查找速度快等优点,应用非常广泛。Word 2010 提供了非常完善的表格处理功能,使用它提供的工具,可以轻松制作出满足需求的表格。

1) 创建表格

Word 2010 的"插入"选项卡中的"表格"组提供了 6 种建立表格的方法:用单元格选择板直接创建表格,使用"插入表格"命令,使用"绘制表格"命令,使用"文本转换成表格"命令,使用"快速表格"命令,使用"Excel 电子表格"命令。其中,前 3 种是常用的方法。

切换到"插入"选项卡,单击"表格"按钮弹出下拉菜单。可以用以下 3 种方法之一创建表格:

(1) 在下拉菜单中列出一个 10 行 8 列的网格,将光标移动到网格中并拖动鼠标,选择需要的行与列(选定的行与列会变成黄色),即可创建表格。

(2) 从下拉菜单中选择"插入表格"命令,并设置表格的行数和列数。

(3) 从下拉菜单中选择"绘制表格"命令,此时光标呈现画笔状,按住鼠标左键拖动绘制表格边框,再拖动鼠标左键在表格的框线内绘制所需的横线、竖线、斜线等。

在 Word 2010 中,表格和文本之间也可以根据使用需要相互转换。如需要将表格转换为文本,可以选择要转换成文本的表格,选择"表格工具"中的"布局"选项卡,如图 3-12 所示。单击"数据"组中的"转换为文本"命令即可。如果需要将文本转换为表格,则首先输入文本内容;选中要转换为表格的文本,在"插入"选项卡中的"表格"组中单击"表格"按钮,从下拉菜单中选择"文本转换成表格"选项,输入列数,并根据文本内容设置文字分隔位置。

图 3-12　"布局"选项卡

2）编辑表格

创建表格后，如需更改表格行数或列数、合并或拆分单元格、设置单元格的格式等，都可以选中表格并右击，在弹出的快捷菜单中选择相应的操作即可。也可单击表格中的某个单元格后，选择"表格工具"的"设计"选项卡，为表格设置表格样式、边框和底纹等属性，如图 3-13 所示。

图 3-13　"设计"选项卡

7. 页面设置

通常在编辑一篇文档前，往往要先对文档的页边距、纸张大小、纸张方向等进行设置，这时需要打开"页面布局"选项卡，如图 3-14 所示。

图 3-14　"页面布局"选项卡

选择"页面布局"选项卡，单击"页面设置"组右下角的"对话框启动器"按钮，打开"页面设置"对话框，如图 3-15 所示。在该对话框中，用户可以设置页边距、纸张方向、页码范围、纸张大小等效果。

3.1.2　文稿编辑实例：会议通知的制作

会议通知是工作中时常会使用的一种公文形式。通知要求言简意赅，措辞得当，信息明确。会议通知应包括召开会议的单位、会议内容、参会人员、会议时间及地点等，通常用一段话把所有要素包括在内。

在制作会议通知过程中，需要考虑页面布局、内容编辑以及文档格式处理这 3 个方面的问题。在文档编辑中，一般首先要设置文档的页面大小、页边距、纸张方向等页面布局

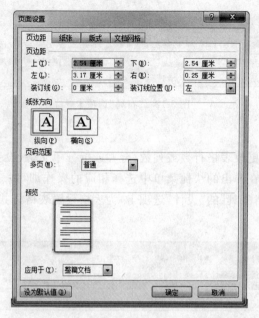

图 3-15 "页面设置"对话框

属性,如果需要对一些特殊形状进行布局,可以添加图片、表格、形状等对象。文档的内容要做到文字合理、重点突出、有层次感、界面美观、图文并茂。文档的格式处理主要的功能是美化文档,可以使用图片、艺术字、形状、水印、背景、底纹以及边框等元素对文档进行美化。会议通知的制作过程如下。

1. 输入会议通知文稿

打开 Word 2010,输入如图 3-16 所示的文字,保存文件名为"通知.docx"。

2. 排版前的准备工作

【步骤 1】打开、关闭标尺:利用"视图"选项卡"显示"组中的命令进行操作,或使用文档窗口右上角的"标尺切换"按钮[图]切换标尺的显示/隐藏状态。

【步骤 2】单击状态栏上的"字数"按钮,打开"字数统计"对话框,查看字数。

【步骤 3】拖曳状态栏上的显示比例滑块查看不同的显示比例效果,通过"视图"选项卡"显示比例"组中的按钮,查看文档在"单页""双页""页宽"等不同状态下的显示效果。

【步骤 4】使用状态栏上的"视图切换"按钮[图],或"视图"选项卡"文档视图"组中的按钮,查看文档在页面视图、阅读版式视图、Web 版式视图、大纲视图和草稿视图下的不同显示方式,了解不同视图的功能。

【步骤 5】调整快速访问工具栏项目按钮。

将"插入"选项卡"插图"组中的"剪贴画"按钮添加到快速访问工具栏。

单击窗口左上角快速访问工具栏的"自定义快速访问工具栏"按钮,在下拉列表中选择"其他命令",打开如图 3-17 所示的"Word 选项"对话框的"自定义快速访问工具栏"界

关于举办 2017 全国信息安全实战技术（成都、昆明）高级研修班的通知

各有关单位：

为贯彻落实习总书记在网络安全和信息化工作会议上关于增强网络安全能力，发展先进网络安全技术，维护网络安全相关重要指示精神，加快推动我国网络信息安全技术和产业的发展，助力网络强国建设。同时进一步加强信息安全专业技术人才队伍建设，加强应急响应体系的科学构建，全面提高信息安全防范的使用操作技能，推动政府机构和企事业单位有效地进行信息安全的建设和网络安全的管理，我单位决定举办"2017 全国信息安全实战技术高级研修班"。

培训特色

理论与实践相结合、案例分析与动手实验穿插进行；

专家精彩内容分析、学员专题讨论、分组研究；

采用全面知识理解、专题技能掌握和安全实践增强相结合的授课方式。

课程目标

理解网络安全体系架构的设计、安全架构的企业部署及指导应用；

全面系统的掌握网络基础知识与故障诊断解决技能；

掌握典型的网络安全规划、设计、实施与后期运维的相关技能；

理解国内最新的信息安全相关标准、指南、流程；

充分理解网络安全的部署的难点和要点；

理解常见网络安全威胁的类型、威胁手段及其危害；

增强学员对信息安全的整体认识及信息安全防范能力；

面向对象

各高等院校信息安全相关学科、计算机、网络通信、自动化、电子工程、数理统计专业等科研、教学带头人，骨干教师、博士生、硕士生；计算机应用、计算机多媒体、移动互联网应用等相关专业（课程）教学带头人及相关技术支持、安全管理、安全运维等人员等。

授课方式

通过案例剖析、实战操作、分组讨论、落地分析和实践相结合的学习形式，使参会学员掌握信息安全核心技术与深度学习技术的基本原理、实际应用以及最新研究进展，为今后实际解决教学、科研和项目开发等工作中遇到的实际问题大好基础。

具体时间：

2017 年 11 月 10-12 日　　　北京　　　（10 日报到）

2017 年 12 月 10-12 日　　　上海　　　（10 日报到）

2018 年 01 月 10-12 日　　　广州　　　（10 日报到）

培训证书：

学员修完课程并通过考核后，将由我中心颁发"全国信息与通信技术人才专业技术培训考试职业技能证书（高级）"。

培训费用：

2600 元（含会议费、上机费、考试费、证书费等），食宿可统一安排，费用自理。请学员提交一寸彩照 2 张（背面注明姓名），身份证复印件 1 张。

联系方式：

联系人：张兰芳　　18612345678

电话：010-61234567

邮箱：968574123@qq.com

邮递人才交流部

2017 年 9 月 9 日

图 3-16　会议通知样文

面，找到"剪贴画"命令，添加即可。

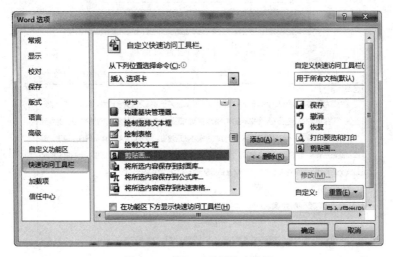

图 3-17　"Word 选项"对话框

或者右击"插入"选项卡"插图"组中的"剪贴画"按钮，从弹出的快捷菜单中选择"添加到快速访问工具栏"命令。

3．设置段落格式

设置第一段和倒数第一、第二段以外的其余段落首行缩进 2 字符,行距 1.5 倍,并将正文中所有的数字设置为隶书、加粗、蓝色、小四号。

【步骤 1】选中全文,单击"开始"选项卡"段落"组右下角的"对话框启动器"按钮,打开"段落"对话框,设置首行缩进 2 字符,行距 1.5 倍,设置过程如图 3-18 所示,设置后效果如图 3-19 所示。

图 3-18 "段落"设置对话框

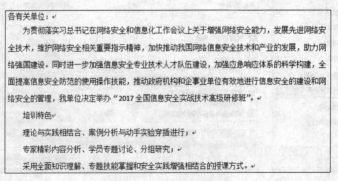

图 3-19 设置后的效果

【步骤 2】选中全文,单击"开始"选项卡"编辑"组中的"替换"命令,打开"查找和替换"对话框,单击"更多"按钮以完全显示对话框。把光标定位在"查找内容"文本框中,单击"特殊格式"按钮,选择"任意数字"。把光标定位在"替换为"文本框中,然后单击"格式"按钮中的"字体"命令，按照要求设置。最后单击"全部替换"按钮。设置操作如图 3-20 所示。

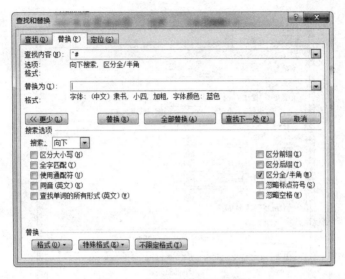

图 3-20 "查找和替换"对话框

4. 添加标题并设置标题字体格式

添加标题，将字体设置为华文琥珀、20 磅，文本效果为快速文本效果库第 4 行第 3 列的效果，并将标题字间距加宽 1 磅，位置提升 5 磅，标题显示居中。

【步骤 1】把光标定位在第一段段首，按回车键，产生一个空行，输入标题"关于举办 2017 信息安全研修班的通知"，选中标题文本，单击"开始"选项卡"字体"组的字体和字号下拉列表，选择题目要求的字体和字号。单击文本效果按钮选择文本效果，如图 3-21 所示。

图 3-21 设置标题文本格式

【步骤 2】选中标题,单击"开始"选项卡"字体"组中的"对话框启动器"按钮,打开"字体"对话框,选择"高级"选项卡,设置字符间距和位置,如图 3-22 所示。

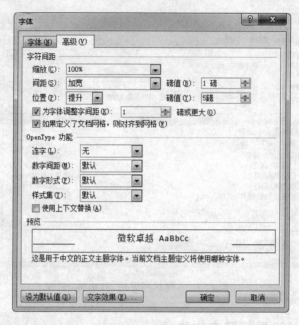

图 3-22　标题字体高级设置

选中标题,单击"开始"选项卡"段落"组中的"居中"按钮 ≡ ,将标题设置为居中。标题设置后的效果如图 3-23 所示。

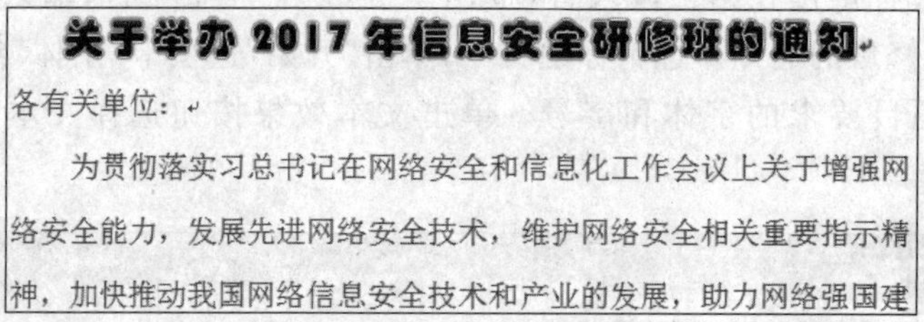

关于举办 2017 年信息安全研修班的通知

各有关单位:

为贯彻落实习总书记在网络安全和信息化工作会议上关于增强网络安全能力,发展先进网络安全技术,维护网络安全相关重要指示精神,加快推动我国网络信息安全技术和产业的发展,助力网络强国建

图 3-23　标题设置后的效果

5. 添加条目编号

给正文中"培训特色、课程目标、面向对象、授课方式、具体时间、培训证书、培训费用、联系方式"8 行设置编号,字体设置为黑体、加粗、三号。

【步骤 1】按住 Ctrl 键的同时拖曳鼠标选中上述 8 行,单击"开始"选项卡"段落"选项组中的"编号"按钮,打开下拉菜单,选择编号库中第二行第二列的编号进行添加,如图 3-24 所示。

【步骤 2】选定添加编号的段落,单击"开始"选项卡,在"字体"组分别设置字体为黑体,字号为四号,并单击加粗按钮,如图 3-25 所示。

【步骤 3】选定"课程目标"下的 7 个段落,添加编号库中第一行第三列的编号。先选

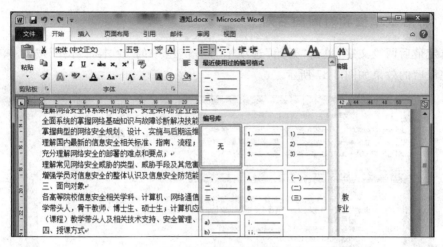

图 3-24　添加编号操作

图 3-25　字体格式设置

定"课程目标"下的 7 个段落,单击"开始"选项卡"段落"组中的"编号"按钮,打开下拉菜单,选择编号库中第一行第三列的编号,单击"段落"组的增加缩进量按钮,即可完成操作,如图 3-26 所示。

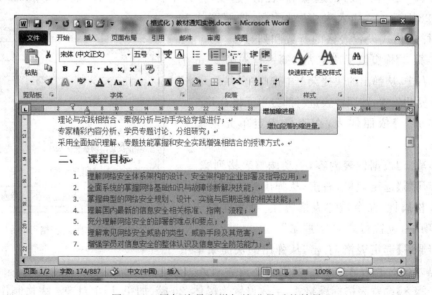

图 3-26　添加编号和增加缩进量后的效果

6. 将落款单位和时间向右对齐

选定最后两段文字,单击"开始"选项卡"段落"组中的"文本右对齐"按钮 ≡ 即可。制作完成后的效果如图 3-27 所示。

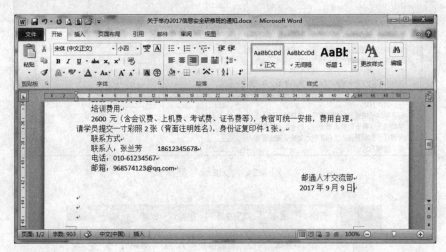

图 3-27　落款设置后的效果

3.1.3　文稿编辑实例:报名汇总表的制作

【步骤 1】将插入点移至文档末尾,按回车键另起一行,输入表格标题"报名汇总表",按回车键。

【步骤 2】单击"插入"选项卡"表格"选项,打开下拉菜单,选择"插入表格"命令,打开如图 3-28 所示的"插入表格"对话框,按照图 3-29所示的样表格式设置表格的行数和列数。

【步骤 3】拖曳鼠标选定表格第一行的第 2～6 个单元格,右击,从弹出的快捷菜单中选择"合并单元格"命令,重复此步骤,按照样表进行部分单元格合并。

【步骤 4】依照样表,在表格指定单元格输入内容。

【步骤 5】根据样表内容,手动调整表格列宽。

【步骤 6】选定表格,右击,从弹出的快捷菜单中选择"表格属性"命令,在"表格属性"对话框中选择"行"选项卡,设置行高为"1 厘米"。

图 3-28　"插入表格"对话框

【步骤 7】选定表格,右击,从弹出的快捷菜单中选择"单元格对齐方式"命令,设置表格内容对齐方式。

【步骤 8】设置表格标题格式,字体设置为黑体、26 磅、加粗,居中对齐。表格制作完成。

报名汇总表

单位名称					
通讯地址				邮编	
报名人员	性别	职务	电话（手机）	E-mail	
报道日期			是否协助安排住宿		
发票抬头					
发票项目 纳税人识别号	培训费○	会议费○	会务费○		

图 3-29　样表

3.1.4　文稿编辑实例：科技论文的排版

科技论文在文稿编辑中是重要的应用分支。科技论文主要包含标题、摘要、主体内容和参考文献 4 个部分。其中在标题区域包括作者姓名、单位和基本的联系方式，在摘要区域中包括摘要、关键字，在主体区域包括引文、材料与方法、结果分析，在参考文献中主要考虑期刊论文、书籍和会议论文等几种文献的格式设置。

【步骤 1】输入如图 3-30 所示文字内容，保存为"论文.docx"。

基于高光谱的砀山酥梨炭疽病害等级分类研究
作者 1，作者 2，作者 3
******
［摘　要］【目的】为了检测出病害的不同程度等级，以接种炭疽病的砀山酥梨为研究对象，利用高光谱成像技术对病害进行建模分类
［关键词］高光谱成像技术；砀山酥梨炭疽病；光谱分析；图像处理；分类

1　引　言
安徽砀山素有"中国梨都"之称。砀山酥梨年产量占全国梨总产量的八分之一。炭疽病是一种严重威胁砀山酥梨产量的真菌病害，在生产、运输过程中都造成严重危害。炭疽病以半知菌亚门子囊菌亚门作为病原物，主要危害近成熟期和贮藏期果实。对不同程度的病害等级分类是一个难点。
参考文献
[1] 彭彦颖，孙旭东，刘燕德.果蔬品质高光谱成像无损检测研究进展［J］.激光与红外，2010，40(6):586-592.
PengYanying, Sun Xudong, Liu Yande.　Research progress of hyperspectral imaging in nondestructive detection of fruits and vegetables quality［J］. Laser & Infrared, 2010, 40(6):586-592. (in Chinese)
[2] Gowena A A, O'Donnell C P, Cullen P J, et al. Hyperspectral imaging-an emerging process analytical tool for food quality and safety control［J］. Trends in Food Science & Technology, 2007, 18(12):590-598.

图 3-30　文字内容

【步骤2】设定标题格式为黑体、二号、居中对齐、段前和段后间距各1行,行距为1行。设置作者姓名格式为仿宋、四号、居中对齐。具体结果如图3-31所示。

基于高光谱的砀山酥梨炭疽病害等级分类研究
作者1,作者2,作者3

******

图3-31 标题设置结果

【步骤3】设定摘要文字为宋体、小五号。具体结果如图3-32所示。

[摘 要]【目的】为了检测出病害的不同程度等级,以接种炭疽病的砀山酥梨为研究对象,利用高光谱成像技术对病害进行建模分类

[关键词]高光谱成像技术;砀山酥梨炭疽病;光谱分析;图像处理;分类

图3-32 摘要设置

【步骤4】设定主体内容格式如下:
一级标题:黑体,三号,前后段间距为6磅,行距为1.75倍。
二级标题:黑体,五号,前后段间距为6磅,行距为1.75倍。
正文:宋体,五号。
设置项目符号与编号。
主体内容设置结果如图3-33所示。

[摘 要]【目的】为了检测出病害的不同程度等级,以接种炭疽病的砀山酥梨为研究对象,利用高光谱成像技术对病害进行建模分类

[关键词]高光谱成像技术;砀山酥梨炭疽病;光谱分析;图像处理;分类

1 引 言
安徽砀山素有"中国梨都"之称。砀山酥梨年产量占全国梨总产量的八分之一。炭疽病是一种严重威胁砀山酥梨产量的真菌病害,在生产、运输过程中都造成严重危害。炭疽病以半知菌亚门子囊菌亚门作为病原物,主要危害近成熟期和贮藏期果实。对不同程度的病害等级分类是一个难点。

图3-33 正文设置

【步骤5】设定参考文献标题格式为黑体、五号。设定参考文献编号。
具体内容如图3-34所示。

基于高光谱的砀山酥梨炭疽病害等级分类研究

作者 1，作者 2，作者 3

******

[摘 要]【目的】为了检测出病害的不同程度等级，以接种炭疽病的砀山酥梨为研究对象，利用高光谱成像

技术对病害进行建模分类

[关键词]高光谱成像技术；砀山酥梨炭疽病；光谱分析；图像处理；分类

1 引 言

安徽砀山素有"中国梨都"之称。砀山酥梨年产量占全国梨总产量的八分之一。炭疽病是一种严重威胁砀山酥梨产量的真菌病害，在生产、运输过程中都造成严重危害。炭疽病以半知菌亚门子囊菌亚门作为病原物，主要危害近成熟期和贮藏期果实。对不同程度的病害等级分类是一个难点。

参考文献

[1]彭彦颖，孙旭东，刘燕德.果蔬品质高光谱成像无损检测研究进展 [J].激光与红外，2010，40（6）：586-592.
PengYanying, Sun Xudong, Liu Yande， Research progress of hyperspectral imaging in nondestructive detection of fruits and vegetables quality [J]． Laser ＆ Infrared，2010，40(6):586-592. (in Chinese)
[2]Gowena A A, O'Donnell C P, Cullen P J, et al. Hyperspectral imaging-an emerging process analytical tool for food quality and safety control [J]. Trends in Food Science & Technology, 2007, 18(12):590-598.

图 3-34 参考文献

3.2 数据报表使用技巧

3.2.1 Excel 2010 使用简介

1. Excel 2010 窗口组成

Excel 2010 启动后将打开如图 3-35 所示的窗口。可以看出，Excel 2010 窗口的组成和 Word 窗口相似，主要由标题栏、快速启动栏、"文件"菜单、选项卡、功能区、标尺、编辑区、状态栏等组成。

单元格编辑区显示活动单元格中的数据和公式，也可以在此修改和编辑信息。

（1）名称框：显示活动单元格的地址，定义单元格或区域的名字。

（2）编辑栏：用于输入、编辑数据和公式，显示活动单元格中的内容。在输入之前，先要将某单元格激活成活动单元格，其方法是单击该单元格。当在活动单元格中输入数据时，编辑栏的显示内容会发生变化。

（3）命令按钮：当编辑单元格时，编辑栏有 3 个命令按钮。×按钮为取消按钮，可用于取消刚才的输入或编辑，等同于按 Esc 键。√按钮为确认按钮，可用于确认刚才的输入或编辑。f_x 按钮为函数指南按钮。

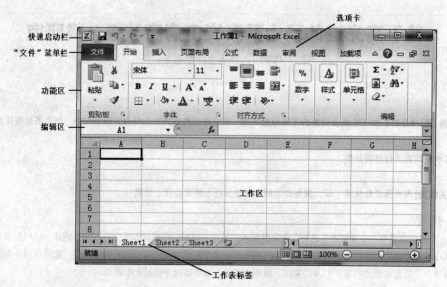

图 3-35　Excel 2010 窗口

2．工作簿、工作表操作

工作簿是 Excel 文档的磁盘存储单元，由若干张工作表组成。工作簿的主要操作包括新建工作簿、保存工作簿、打开工作簿等。

1）新建工作簿

执行"文件"→"新建"命令，打开"新建"对话框，可从已有的模板中选择适合的电子表格模板建立一个新工作簿，或单击快速启动栏下拉按钮，选择"新建"命令新建一个空白工作簿，其扩展名为.xlsx。

2）保存工作簿

工作簿编辑好以后，必须把它保存到磁盘中，通过执行"文件"→"保存"命令或者单击快速启动栏上的"保存"按钮 ，第一次保存某个工作簿时，Excel 默认使用 Book1 的名字，可以在"文件名"列表框中输入合适的文件名，设置完毕后，单击"保存"按钮。

3）打开工作簿

执行"文件"→"打开"命令，或单击快速启动栏中的"打开"按钮 ，显示"打开"对话框，选择要打开的文件，双击该文件名；也可在"文件名"下拉组合框中直接输入文件夹名和文件名，然后单击"打开"按钮（或按回车键），即可打开所需的工作簿文件。

Excel 的一个工作簿最多可以包含 255 个工作表。每个工作表由列和 65536 行构成。列用字母标识，为 A,B,…,Z,AA,AB,…,BA,BB,…,ZZ,称作列标。每行用数字标识，为 1,2,3,…,称作行标。

每个工作表的名字用工作簿窗口下面的工作表标签显示，它们的名字都可以方便地更改。

4）工作表的选定

在工作簿中选定工作表的方法如表 3-1 所示。

表 3-1 选定工作表的方法

选 定 范 围	选 定 方 法
单张工作表	单击工作表标签
两张以上相邻的工作表	选定第一张工作表,按住 Shift 键再单击最后一张工作表
两张以上不相邻的工作表	选定第一张工作表,按住 Ctrl 键再单击其他的工作表
工作簿中所有的工作表	右击工作表标签,选择快捷菜单中的"选定全部工作表"命令

5) 工作表的切换

单击工作表标签就能实现工作表之间的切换,被选中的工作表称为当前工作表,即 Excel 窗口当前显示的工作表。

6) 工作表的添加

添加工作表时,右击工作表标签,在弹出的快捷菜单中选择"插入"命令,再在弹出的"插入"对话框中选择"工作表"。

7) 工作表的重命名

工作表建立之后,Excel 默认以 Sheet 加数字命名,为了方便管理数据,可以重新命名。右击工作表标签,在弹出的快捷菜单中选择"重命名"命令,如图 3-36 所示,或双击工作表标签,然后输入新工作表名。

8) 工作表的复制

要复制整个工作表中的数据,单击工作表左上角的按钮(行 1 列 A 交叉处)选择整个表格,然后通过"复制"和"粘贴"命令来操作。

也可以为工作表建立副本。右击工作表标签,在弹出的快捷菜单中选择"移动或复制工作表"命令,如果选中对话框下方的"建立副本"复选框,就会在目标位置复制一个相同的工作表。

图 3-36 工作表重命名

9) 工作表的移动

在需要移动的工作表标签上按住鼠标左键并横向移动,同时标签的左端会出现一个黑三角,黑三角所指向的位置即为工作表可以移动到的位置。或者选中需要移动的工作表,然后右击,从弹出的快捷菜单中选择"移动或复制工作表"命令。

10) 工作表的删除

鼠标指向要删除的工作表标签,右击,在弹出的快捷菜单中选择"删除工作表"命令,即可删除当前工作表。

3. 数据区域的编辑

1) 选取单元格

单元格是存放数据的最小单位。单元格的选取包括单个单元格选取、多个连续单元格选取和多个不连续的单元格选取。

单个单元格的选取即单元格的激活。可以使用鼠标或键盘上的方向键。鼠标拖曳可使多个连续单元格被选取。或者单击要选择区域的左上角单元,按住 Shift 键再单击右下角单元格。选取多个不连续的单元格时按住 Ctrl 键不放,然后选择其他区域。在工作表中任意单击一个单元格即可清除单元格区域的选取。

2)插入单元格

单击"插入"选项卡"单元格"组的"插入"按钮右侧的下拉按钮或右击,在弹出的快捷菜单选择"插入"命令,打开如图 3-37 所示的对话框,选择单元格、行、列或给工作簿中插入新的工作表。

3)标注的插入

选中某个单元格,单击"审阅"选项卡"批注"组中的"新建批注"按钮,在弹出的文本框中输入批注文字,也可以通过该组中的"显示/隐藏批注"命令  选择显示或者隐藏批注内容。Excel 2010 默认的批注格式如果不能满足用户的特殊需要,可以对批注添加一些必要的修饰,如修改批注的字体和字号等。

图 3-37 插入操作

4)单元格、行、列的删除

选择要删除的单元格或区域,单击"开始"选项卡"单元格"组中的"删除"按钮,或者使用快捷菜单,选择"删除"命令中合适的选项,单击"确定"按钮。

提示:按 Delete 键只删除所选单元格的内容,不会删除单元格本身。

4. 数据的录入与编辑

Excel 2010 中最常用的操作是数据处理。Excel 提供了强大且人性化的数据处理功能,方便用户轻松完成各类数据操作。单元格内输入的数据大致可以分为两类:数值型数据(包括日期、时间等)和文本数据。

1)输入数据

在输入数据前我们要做的是先选定用于存放数据的单元格或单元格区域,然后输入内容或通过编辑栏输入。如果要在选定的单元格区域输入相同的数据,在一个单元格数据输入结束后要按 Ctrl+Enter 组合键,则所输入的内容被自动填写到选择区域内的所有单元格中。

Excel 2010 中文本数据通常是指字符或者任何数字和字符的组合。输入到单元格内的任何字符集,只要不被系统解释成数字、公式、日期、时间或逻辑值,一律视为文本。在单元格中输入文本时,系统默认的对齐方式是左对齐,数字则默认右对齐。数据的主要输入方式如表 3-2 所示。

表 3-2 数据的输入

数 据 类 型	输入用例	说　　　明
文本	安农大	直接输入,当文本内容超过单元格宽度时,默认不换行
纯数字	12345678	直接输入,正数无需输入+
分数	0 1/2	日期格式与分数格式相同,为了区分,输入分数时,前面加 0

数据类型	输入用例	说　明
长数字	34010411111111111111	当输入数字整数部分超过 11 位,将自动显示为科学计数法
文本格式的数字	01170011001112345	将数字作为文本来输入,需要先输入一个英文输入法状态下的单引号('),然后再输入数字
时间	22:18:03	时、分、秒之间需要用冒号:隔开
日期	2018/3/1 或 2018-3-1	年、月、日之间用斜杠(/)或连字符(-)隔开

用户在输入时间和日期时,需要注意以下几点。

- 日期和时间的数字格式:Excel 会自动将时间和日期按照数字类型进行处理。其中,日期按序列进行保存,表示当前日期距离 1900 年 1 月 1 日之间的天数;而时间按 0~1 之间的小数进行保存,如 0.25 表示上午 6 点,0.5 表示中午 12 点等。由于时间和日期都是数字,可以利用函数和公式进行各种运算。
- 输入 12 小时制的时间:在输入时,可以在时间后面添加一个空格,并输入表示上午的 AM 或表示下午的 PM 字符串,否则 Excel 将自动以 24 小时制来显示输入的时间。

在一个单元格中同时输入日期和时间,需要在日期和时间之间用空格隔开。

2) 设置数据有效性

在单元格内输入数据时,有时需要对输入数据加以限制,如成绩一般满分为 100 分,其值只能为 0~100,为了防止输入无效数据,可以通过设置数据的有效性来实现。选定需要限制其有效数据范围的单元格,单击"数据"→"数据工具"→"数据有效性"命令,打开如图 3-38 所示的"数据有效性"对话框,选中"设置"标签,设置有效性条件,单击"确定"按钮。

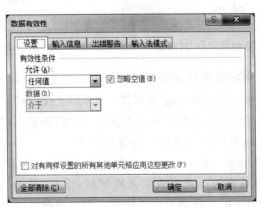

图 3-38　"数据有效性"对话框

3) 复制和移动单元格

复制数据与 Word 复制方法相同,不再赘述。

选择性粘贴是可以选择粘贴选项,方法是选择需要复制的单元格区域,单击"开始"选项卡"剪贴板"组中的"复制"按钮，或者按 Ctrl＋C 快捷键；选择目标区域的第一个单元格，单击"开始"选项卡"剪贴板"组中的"粘贴"命令的下拉按钮，打开如图 3-39 所示的对话框；选择所需粘贴的选项，单击"确定"按钮。

移动工作表数据最快的方法是使用鼠标拖放功能。将鼠标指针移到需要移动的单元格边界位置，待鼠标指针变成四个箭头形状后拖动鼠标到新的位置。

4）自动填充

在 Excel 2010 中，为了提高数据录入的效率与准确性，用户可以利用 Excel 提供的自动填充功能实现数据的快速录入，使用填充功能不仅可以复制数据，还可以按需自动应用序列填充。

- 填充柄填充。在同一行或列中自动填充数据的方法很简单，只需选中包含填充数据的单元格，然后把鼠标停留在选中区域的右下角，当鼠标指针变为＋时，拖动鼠标，经过需要填充数据的单元格后释放鼠标即可。
- 序列填充。在 Excel 2010 中，可以自动填充一系列的数字，日期或其他类型的数据，例如在第一个单元格输入了"星期一"，那么使用自动填充序列功能，可以将后面的单元格自动填充为"星期二""星期三""星期四"……，如图 3-40 所示。

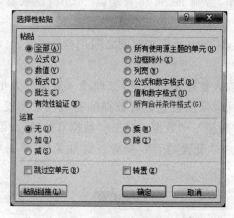

图 3-39 "选择性粘贴"对话框

图 3-40 序列填充效果图

产生这种自动填充序列效果的原因在于 Excel 预定义了一些内置的序列。另外，用户可以根据自己的需要进行序列的自定义操作。执行"文件"→"选项"命令，打开"Excel 选项"对话框，如图 3-41 所示，在左侧列表框内选择"高级"选项卡，单击对话框右侧"编辑自定义列表"按钮，弹出如图 3-42 所示的自定义对话框。

- 使用"填充"命令填充。在 Excel 2010 中，用户还可以使用"填充"命令实现多方位填充。选择需要填充的单元格或单元格区域，单击"开始"选项卡"编辑"组中的"填充"按钮，在弹出的快捷菜单中选择相应的选项即可，如图 3-43 所示。

用户还可以选择"系列"命令，打开"序列"对话框，如图 3-44 所示。在"序列产生在""类型""日期单位"选项区域选择需要的选项，然后在"预测趋势""步长值"和"终止值"选项中进行选择，最后单击"确定"按钮即可。

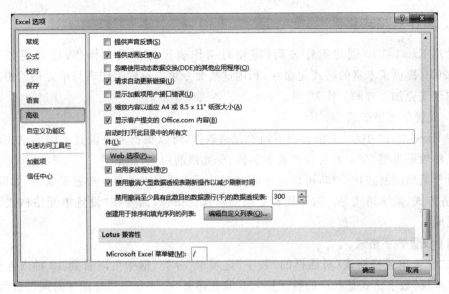

图 3-41 "Excel 选项"对话框

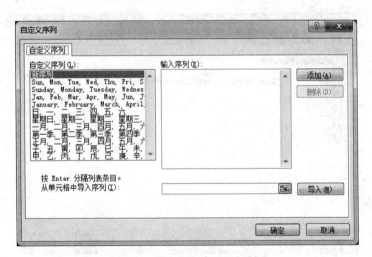

图 3-42 "自定义序列"对话框

图 3-43 "填充"设置

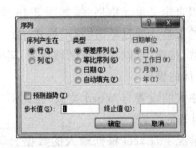

图 3-44 "序列"对话框

5. 工作表格式化

使用 Excel 2010 创建工作表后，需要对工作表进行格式化操作，使其更加美观。Excel 2010 提供了丰富的格式化命令，利用这些命令可以设置工作表与单元格的格式，帮助用户创建更加美观的工作表。

1）设置单元格格式

在 Excel 2010 中，对工作表中不同单元格数据，可以根据需要设置不同的格式，如设置单元格数据类型、文本的对齐方式和字体、单元格的边框、图案等。

对于简单的格式化操作，可以直接通过"开始"选项卡中的命令按钮来实现，如设置字体、对齐方式、数字格式等。对于比较复杂的格式化操作，需要在"设置单元格格式"对话框中完成。

（1）设置数字格式。

在"设置单元格格式"对话框的"数字"选项卡"分类"框中可以看到 12 种内置格式。其中，"常规"数字格式是默认的数字格式。除此还有"会计专用""日期""时间""分数""科学记数""文本"和"特殊"等格式的选项，如图 3-45 所示。

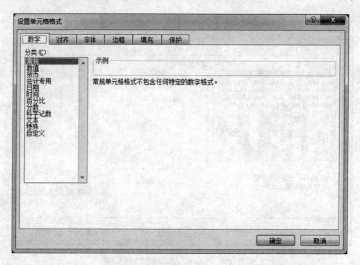

图 3-45　"数字"选项卡

还可以自定义单元格格式，如图 3-46 所示。选择需要格式化的单元格或区域，然后选择合适的工具。通过单击"货币样式""百分比样式""千位分隔符""增加小数位数""减少小数位数"按钮，可以在选择区域设置不同的样式。

（2）字体的设置。

字体格式的设置与 Word 类似，在此不再赘述。Excel 中字体的字号单位是磅。

（3）对齐的设置。

默认情况下，Excel 根据输入的数据自动调整数据的对齐方式，如文本内容左对齐、数值内容右对齐等。用户也可以根据需要自己设置单元格的对齐方式，单击"单元格格式"对话框的"对齐"选项卡，如图 3-47 所示。

图 3-46　自定义格式

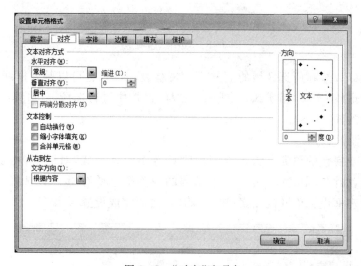

图 3-47　"对齐"选项卡

① "水平对齐"列表框,包括常规、靠左、居中、靠右、填充、两端对齐、跨列居中、分散对齐。

② "垂直对齐"列表框,包括靠上、居中、靠下、两端对齐、分散对齐。

③ "文本控制"下面的三个复选框用来解决单元格中内容较长的情况:

• "自动换行"对输入的文本根据单元格列宽自动换行。

• "缩小字体填充"减小单元格中的字符大小,使数据的宽度与列宽相同。

• "合并单元格"将多个单元格合并为一个单元格。"合并单元格"和"水平对齐"列表框中的"居中"选项结合,一般用于标题的对齐显示。在"开始"选项卡"对齐方式"组中的 ![合并后居中] 按钮直接提供了该功能。

④ "方向"框用来改变单元格中文本的旋转角度,角度范围为 $-90°\sim90°$。

（4）边框的设置。

默认情况下，Excel 的表格线都是统一的淡虚线。通过单击"设置单元格格式"对话框的"边框"选项卡，如图 3-48 所示，可以设置其他类型的边框线。

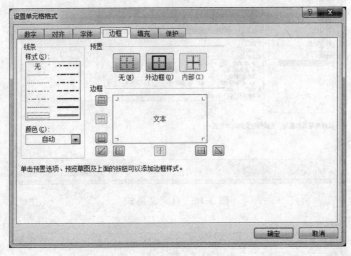

图 3-48 "边框"选项卡

边框线可以放置在所选区域的上方、下方、左边、右边，也可以是外框线、斜线。边框线的样式有点虚线、实线、粗实线、双线等，在"样式"框中进行选择。在"颜色"列表框中可以选择边框线的颜色。

（5）填充设置。

选择要改变底色的单元格或区域，打开"设置单元格格式"对话框，在对话框中选择"填充"选项卡，如图 3-49 所示，从中选择适当的颜色作为底色，也可以选择"图案颜色"和"图案样式"列表框设置不同的图案，单击"确定"按钮完成设置。

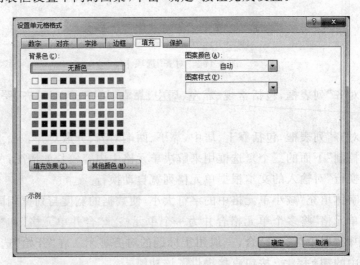

图 3-49 "填充"选项卡

2）行与列的格式化

在单元格输入文字或数据时,经常会出现这样的现象,有的单元格中的文字只显示一半,有的单元格中显示一串♯符号,而在编辑栏却能看见对应的单元格数据,出现这些现象的原因在于单元格的宽度或高度不够,不能将其中的数据显示完整,因此用户根据格式设置的需要,使用鼠标或菜单命令来改变列宽和行高。

（1）使用鼠标调整列宽（行高）。

当鼠标指针指向该列标头的右边框上,鼠标指针变成一个水平的双向箭头,单击并向左或向右拖动至所需的列宽;将鼠标指针指向该行标头的下边框上,鼠标指针变成一个垂直的双向箭头,向下或向上拖动鼠标,可加大或减小行高。

（2）使用命令设置列宽（行高）。

在"开始"选项卡的"单元格"组中单击"格式"按钮,选择"自动调整行高"或"自动调整列宽"命令,Excel 2010 将根据单元格中的内容进行自动调整,如图 3-50 所示。

用户还可以单击"行高"或"列宽"按钮,打开"行高"或"列宽"对话框。在编辑框中输入具体数值,并单击"确定"按钮完成设置,如图 3-51 和图 3-52 所示。

图 3-50　行高列宽的调整

图 3-51　行高设置

图 3-52　列宽设置

提示:用鼠标在列标(或行标)边界处双击,可以自动调整列宽(或行高)适应该列(或行)中最大文字的大小。

3）自动格式化

Excel 2010 中提供了自动套用格式的功能,使用自动套用格式,可以节省调整工作表格式的时间。在"开始"选项卡"样式"组中单击"套用表格样式"按钮,弹出工作表样式菜单,用户可以从如图 3-53 所示的预先设置的格式中选择套用。

4）条件格式化

在编辑数据时,用户可以运用条件格式功能,指定公式或数值来确定搜索条件,筛选工作表数据,并利用颜色等格式突出显示所筛选的数据。当需要将某些满足一定条件的单元格指定特别样式显示时,选择需要设置格式的单元格区域,单击"开始"选项卡"样式"组中的"条件格式"按钮,选择相应的选项即可,如图 3-54 所示。

5）格式刷复制格式

当需要将一个设置好的单元格格式复制到另外的单元格时,可以使用格式刷工具,这样可以避免重复地设置操作。

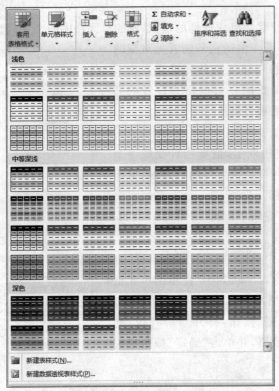

图 3-53　"自动套用格式"选项　　　　图 3-54　"条件格式"设置

选择一个设置好格式的样板单元格,单击"开始"选项卡"剪贴板"组中的"格式刷" 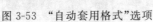按钮,在目标单元格上单击鼠标即可完成。

6. 数据计算

Excel 2010 工作表中数据的分析和处理离不开公式和函数。公式是函数的基础,它是单元格中一系列值、单元格引用、名称或运算符的组合,利用它可以生成新的值。函数则是 Excel 预定义的内置公式,可以进行数学、文本、逻辑的运算。

1) 公式

使用公式可以将一些计算简单化或自动化,即描述相应的运算关系。在公式中使用运算符有 4 种:数学运算符、比较运算符、文本运算符和引用运算符。

- 数学运算符:加号(＋)、减号(－)、乘号(＊)、除号(/)、乘方(^)等,运算的顺序遵循数学的计算规则,如先乘除、后加减等。
- 比较运算符:＝、＞、＜、＞＝(大于等于)、＜＝(小于等于),以及＜＞(不等于),结果有 TRUE 或者 FALSE 两种。
- 文字运算符:& 用于连接两段文本以便产生一段连续的文本。
- 引用运算符:冒号(:)、空格和逗号(,)等。

运算符的优先级从高到低是( )、＊、/、＋、－、&、比较运算符。运算优先级相同的,按照从左到右的顺序计算。

　　输入公式时，必须以等号（＝）开始，以便与其他数据区分开来，后面是实参与计算的数据对象和运算符。每个数据对象可以是常量数值、单元格或引用的单元格区域、标志、名称等。运算符用来连接要运算的数据对象，并说明进行了哪种公式的运算。

　　单元格的引用包括相对引用、绝对引用和混合引用 3 种。

　　相对引用：公式计算时默认的引用方式。含有相对引用的公式会随着单元格地址的变化而自动调整。例如，单元格 E5 中的公式是＝A5＋B5，将该公式复制到 E6 中，公式则变为＝A6＋B6。

　　绝对引用：引用格式如＄A＄1，绝对引用的行号和列标前添加绝对符号＄。这种对单元格的引用的方式是完全绝对的，使用单元格的绝对引用复制粘贴公式是，粘贴后公式的引用不发生任何改变。

　　混合引用：具有绝对行和相对列，或是绝对列和相对行，如＄A1、B＄2 等形式。如果公式所在的单元格位置改变，则相对引用改变，而绝对引用不变。如果多行或多列的复制公式，相对引用自动调整，而绝对引用不做任何调整。

　　2）函数

　　函数是系统预定义的特殊公式，它将具有特定功能的一组公式组合在一起形成。与使用公式进行计算相比较，使用函数进行计算的速度更快，同时减少了错误的发生。

　　函数的基本语法格式为：

＝函数名（参数列表）

　　在 Excel 2010 中，用户可以通过直接输入函数，如图 3-55 所示，"插入函数"对话框或"函数库"选项组，如图 3-56 所示等方法输入函数。

图 3-55　单元格中直接输入函数

图 3-56　"函数库"选项组

　　Excel 2010 中包含几百个具体函数，为了方便用户的查找与使用，按功能大致将它们分类为财务、逻辑、文本、日期和时间、查找与引用、数学和三角函数等。用户可以在"插入函数"对话框中查看和了解各类函数的具体功能和使用方法，如图 3-57 所示。

　　这里只介绍一些在日常工作中使用频率较高的函数，如表 3-3 所示。

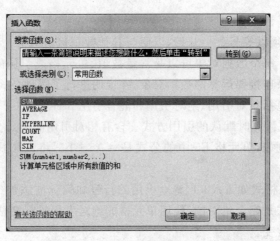

图 3-57 "插入函数"对话框

表 3-3 Excel 2010 常用函数

函数	功能	函数表示	参 数	注 释
SUM	求和	SUM（number1，number2，…）	number1、number2 … 为 1～30 个数值（包括逻辑值和文本表达式）、区域或引用，各参数之间必须用逗号加以分隔	参数中的数字、逻辑及数字的文本表达式可以参与计算，其中逻辑值被转换为1，文本则被转换为数字
AVERAGE	求平均值	AVERAGE（number1，number2，…）	number1、number2 … 是需要计算平均值的 1～30 个参数	参数可以是数字、包括数字的名称、数组或引用
MAX	求最大值	MAX（number1，number2，…）	number1，number2 … 是需要找出最大值的 1～30 个数值、数组或引用	
MIN	求最小值	MIN（number1，number2，…）	number1，number2 … 是需要找出最小值的 1～30 个数值、数组或引用	
COUNT	计数	COUNT（value1，value2，…）	value1，value2 … 是包含或引用各类数据的 1～30 个参数	返回包含数字以及包含参数列表中的数字的单元格的个数，但是只有数字类型的数据才被计算
INT	向下取整函数	INT(number)	number 需要整数的数值	
ROUND	四舍五入函数	ROUND(number，num_edgits)	num_edgits 指定的保留位数	按照指定位数对数值进行四舍五入
IF	条件函数	IF（logical_test，value_if_true，value_if_false)	logical_test 是结果为 true（真）或 false(假)的数值或表达式；value_if_true 是 logical_test 为 true 时函数的返回值，否则返回 Value_if_false 的值	

函数	功能	函数表示	参　数	注　释
RANK	名次排位函数	RANK（number，ref，order）	number 参与排名的数值，ref 排名的数值区域，order 有 1 和 0 两种。0 是从大到小排名（降序），1 是从小到大排名（升序）。0 默认不用输入，得到的就是从大到小的排名	返回某数字在一列数字中相对于其他数值的大小排名

7. 数据管理

Excel 2010 拥有强大的排序、筛选和汇总等数据管理方面的功能，具有广泛的应用价值。全面了解和掌握数据管理方法有助于提高工作效率和管理水平。

1）排序

数据排序是指按照一定规则对数据进行整理、排列，这样可以方便浏览数据，为数据的进一步处理作准备。在 Excel 2010 中，用户可以使用默认排序命令对文本、数字、时间、日期等数据进行简单排序，如升序、降序的方式。此外，还可以根据排序需要对数据进行自定义排序。

（1）简单排序。

单击"开始"选项卡，选择"排序和筛选"选项组中的"升序"或"降序"按钮，对数据进行排序。

具体操作：首先选取某列待排序数据区域或者将光标定位该列的任一单元格，然后执行上述排序操作。

（2）自定义排序。

当简单排序不能满足要求，用户可以根据工作需要，在如图 3-58 所示的排序对话框

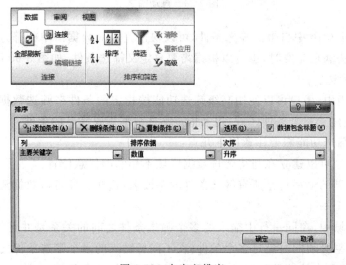

图 3-58　自定义排序

中自定义排序。

2）筛选

筛选是从无序且庞大的数据中找出符合指定条件的数据，并暂时隐藏不符合条件的数据，从而帮助用户快速、准确地查找与显示有用的数据。在 Excel 2010 中，用户可以使用自动筛选或高级筛选功能来处理数据表中复杂的数据。

（1）自动筛选。

自动筛选是一种简单快速的筛选，使用自动筛选可以按列表值、格式或条件进行筛选。单击"数据"选项卡"排序和筛选"组中的"筛选"按钮，使用自动筛选功能筛选记录，字段名称将变成一个下拉列表框的框名。单击该按钮，在下拉列表中选择"筛选"条件，如图 3-59 所示。

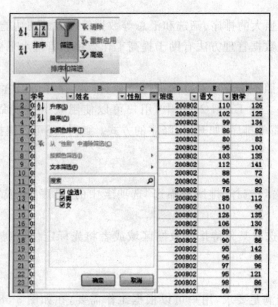

图 3-59　自动筛选

使用 Excel 2010 中自带的筛选条件，可以快速完成对数据清单的筛选。但是当自带的筛选条件无法满足需要时，也可以根据需要自定义筛选条件，如图 3-60 所示。

（2）高级筛选。

在实际应用中，用户可以使用高级筛选功能按指定的条件来筛选数据。使用高级筛选功能，必须先建立一个条件区域，用来指定筛选数据需要满足的条件。

使用高级筛选功能需要注意以下几点：

• 条件区域可以建立在与待筛选数据区域不相邻的任意位置。

• 条件区域的第一行是所有筛选条件的字段名，这些字段名与数据清单中的字段名必须完全一样。

• 条件区域中，在同一行中输入的多个筛选条件之间的关系是并且的关系，筛选出来的结果必须同时满足多个条件；在不同行输入的多个筛选条件之间是或者的关系，筛选出来的结果只需要满足筛选条件中的任一个条件。

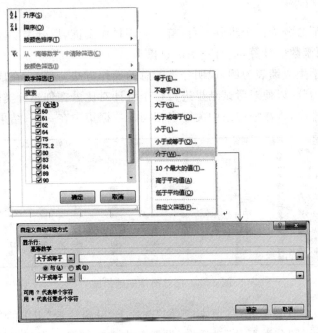

图 3-60 自定义筛选

筛选的条件建立好后,如图 3-61 所示,选择"高级筛选"命令,打开如图 3-62 所示的对话框,设置好各项筛选参数。其中列表区域为待筛选的数据区域,默认为当前工作表中的数据清单区域,或者用户自行选择;条件区域用鼠标选择建立条件区域的单元格。最后单击"确定"按钮,即可把筛选结果显示在原有的数据区域,或者也可以选择将筛选结果复制到其他位置。

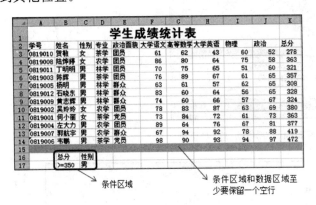

图 3-61 定义筛选条件

图 3-62 "高级筛选"对话框

3)分类汇总

Excel 中分类汇总指的是在工作表中的数据进行了基本的数据管理之后,再使数据达到更为条理化和明确化的目的。利用 Excel 本身所提供的函数,对数据进行一种数据汇总,其方法是先按照某一个字段对记录进行分类,再对各类记录的某些字段进行汇总,这些汇总包括求和、计数、平均值、最大值、最小值等。分类汇总可以使数据简单化,更好地被用户理解。

　　数据的分类汇总分为两个步骤进行，首先利用排序功能，以分类字段为依据对数据进行排序，然后利用函数的计算，进行一个汇总操作。

　　下面我们以学生成绩表为例，说明分类汇总的操作方法。例如，在成绩表中统计各班级各门课程的平均分，以便对考试结果进行一个统计对比。在创建分类汇总之前，先按照"班级"字段进行排序，将数据记录中关键字相同的数据集中在一起，结果如图 3-63 所示。

学号	姓名	性别	班级	语文	数学	英语	物理	化学	生物	总分
08190002	吴玲玲	女	二班	102	125	130	95	86	100	638
08190003	陈辉	男	二班	99	134	101	91	97	112	634
08190006	兰燕	女	二班	95	100	101	85	86	103	570
08190008	郭航宇	男	二班	112	141	138	91	86	141	709
08190012	丁明明	男	二班	85	112	98	77	89	86	547
08190004	左大力	男	三班	86	82	87	77	121	131	584
08190005	杨明	男	三班	80	83	86	93	96	98	536
08190009	陆伟婷	女	三班	88	72	79	91	87	87	504
08190011	贺辙	女	三班	76	82	86	90	78	76	488
08190001	何小丽	女	一班	110	126	108	92	86	97	619
08190007	韦鹏	男	一班	103	135	140	84	99	112	673
08190010	黄志辉	男	一班	96	90	99	86	96	94	561
08190013	石晓东	男	一班	110	90	96	84	94	87	561

图 3-63　汇总前排序结果图

　　选择数据区域中任意单元格，单击"数据"选项卡"分级显示"组中的"分类汇总"按钮，打开如图 3-64 所示的"分类汇总"对话框，设置其中选项即可。本例中根据汇总要求，我们选择班级为分类字段，汇总方式为求平均值，汇总项为各科成绩，分类汇总的显示结果如图 3-65 所示。

图 3-64　"分类汇总"对话框

		学号	姓名	性别	班级	语文	数学	英语	物理	化学	生物	总分
		08190002	吴玲玲	女	二班	102	125	130	95	86	100	638
		08190003	陈辉	男	二班	99	134	101	91	97	112	634
		08190006	兰燕	女	二班	95	100	101	85	86	103	570
		08190008	郭航宇	男	二班	112	141	138	91	86	141	709
		08190012	丁明明	男	二班	85	112	98	77	89	86	547
					二班 平均值	98.6	122.4	113.6	87.8	88.8	108.4	
		08190004	左大力	男	三班	86	82	87	77	121	131	584
		08190005	杨明	男	三班	80	83	86	93	96	98	536
		08190009	陆伟婷	女	三班	88	72	79	91	87	87	504
		08190011	贺辙	女	三班	76	82	86	90	78	76	488
					三班 平均值	82.5	79.75	84.5	87.75	95.5	98	
		08190001	何小丽	女	一班	110	126	108	92	86	97	619
		08190007	韦鹏	男	一班	103	135	140	84	99	112	673
		08190010	黄志辉	男	一班	96	90	99	86	96	94	561
		08190013	石晓东	男	一班	110	90	96	84	94	87	561
					一班 平均值	104.75	110.25	110.75	86.5	93.75	97.5	
					总计平均值	95.53846	105.5385	103.7692	87.38462	92.38462	101.8462	

图 3-65　分类汇总后效果图

为了方便查看数据,分类汇总后将暂时不需要使用的数据隐藏起来,减小界面的占用空间,当需要查看时再将其显示。此功能可在"分级显示"组下通过单击"显示明细数据"或"隐藏明细数据"命令实现,如图 3-66 所示。

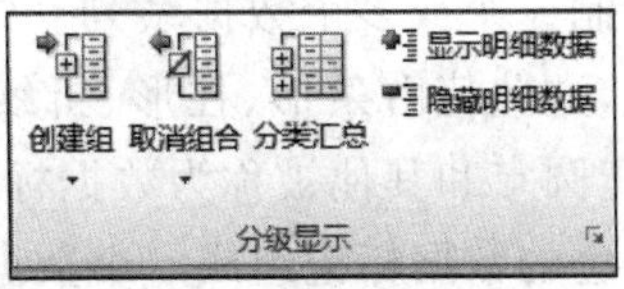

8. 数据分析

图 3-66 "分级显示"设置

使用 Excel 2010 对工作表中的数据进行计算、统计等操作后,得到的结果还不能很好地显示数据之间的关系和变化趋势。那么我们还可以使用 Excel 2010 提供的各种类型的图或表来分析、展现表格中的数据,相比较单纯的数据而言,图表更加直观、生动形象,也能更有层次和条理地显示表格中的数据。

本节将着重介绍两种较为常用的图表:图表和迷你图。

1) 图表

Excel 2010 图表生动形象地反映了数据,使数据间的关系更直观,有助于分析和理解数据。Excel 提供了 11 种内置的图表类型,而每一种图表类型又有几种不同格式的子类型,用户可以根据数据间关系的特点选择适合的图表类型。

图表类型包括柱形图、折线图、饼图、条形图、面积图、XY(散点图)、股价图、曲面图、圆环图、气泡图、雷达图,Excel 的默认图表类型为柱形图。下面介绍几种常用的图表。

- 柱形图:柱形图用于显示一段时间内的数据变化或显示各项之间的比较情况。在柱形图中,通常沿水平轴组织类别,沿垂直轴组织数值。
- 折线图:折线图可以显示随着时间而变化的连续数据,因此非常适用于显示在相等时间间隔下数据的发展趋势。在折线图中,类别数据沿水平轴均匀分布,所有值数据沿垂直轴均匀分布。
- 饼图:饼图显示一个数据系列中各项的大小与各项总和的比例。饼图中的数据点显示为整个饼图的百分比。
- 条形图:条形图显示各个项目之间的比较情况。
- 面积图:面积图强调数量随时间而变化的程度,也可用于引起人们对总值趋势的注意。
- XY 散点图:散点图显示若干数据系列中各数值之间的关系,或者将两组数绘制为 xy 坐标的一个系列。
- 股价图:顾名思义,股价图经常用来显示股价的波动。
- 曲面图:要想找到两组数据之间的最佳组合,可以使用曲面图。就像在地形图中一样,颜色和图案表示具有相同数值范围的区域。
- 圆环图:仅用于排列在工作表的列或行中的数据可以绘制到圆环图中。圆环图显示各个部分与整体之间的关系,但是它可以包含多个数据系列。
- 气泡图:排列在工作表的列中的数据,第一列中列出 x 值,在相邻列中列出相应的 y 值和气泡大小的值,可以绘制在气泡图中。
- 雷达图:雷达图比较若干数据系列的聚合值。

说明:数据系列是指在图表中绘制的相关数据点,这些数据源自数据表的行或列。

图表中的每个数据系列具有唯一的颜色或图案并且在图表的图例中表示。可以在图表中绘制一个或多个数据系列。饼图只有一个数据系列。数据点是指在图表中绘制的单个值,这些值由条形、柱形、折线、饼图或圆环图的扇面、圆点和其他被称为数据标记的图形表示。相同颜色的数据标记组成一个数据系列。

	A	B	C	D
1	某公司第一季度产品销售表			
2		一月	二月	三月
3	电视机	132	365	324
4	电冰箱	556	525	312
5	空调	516	256	659
6	音响	215	256	208
7	洗衣机	227	246	487

图 3-67　表格数据

　　想制作图表,必须有与图表相对应的数据。有了数据就可以创建图表了。图表示例如图 3-67 所示。

　　在 Excel 2010 中,用户可以通过单击"插入"选项卡"图表"组中常用图表类型或单击"图表"组右下角的图表启动器,打开"插入图表"对话框两种方法建立图表,如图 3-68 所示。

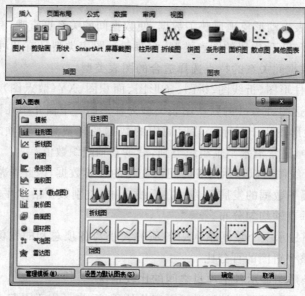

图 3-68　插入图表

　　建立"柱形图"图表的步骤有以下两步:

　　第一步,先选定需要在图表上显示的数据区域。

　　第二步,单击"插入"选项卡"图表"组中"柱形图"的图表样式,创建生成图表,如图 3-69 所示。

　　创建好图表后,用户可以根据需要重新编辑图表数据,如修改图表样式,添加或删除图表数据,我们可以先选定要修改的图表,然后在"图表工具"选项卡中进行重新设置,如图 3-70 所示。

　　2)迷你图

　　迷你图是 Excel 2010 中新添加的一种图表制作工具,它分为折线图、柱形图、盈亏图。特点是在表格里生成图形,它以单元格为绘图区域,简单便捷地为我们绘制出简明的数据小图表,以小图的形式呈现出来,用户查看更加方便。

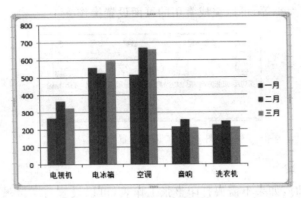

图 3-69 图表生成效果图

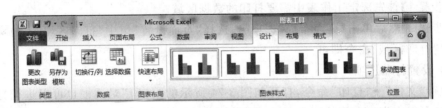

图 3-70 "图表工具"选项卡

创建迷你图的步骤有以下两步：

第一步，选定原始数据。然后单击"插入"选项卡"迷你图"组中的"折线图"按钮，打开"创建迷你图"对话框，如图 3-71 所示。

第二步，在数据范围选择要在图表中显示的数据区域；在位置范围选择需要在哪个单元格里显示图表信息。图表生成后的效果如图 3-72 所示。

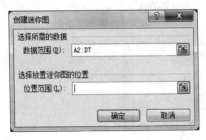

图 3-71 "创建迷你图"对话框

	A	B	C	D	E
1	某公司产品销售表				
2	产品	一月	二月	三月	
3	电视机	132	365	324	
4	电冰箱	556	525	312	
5	空调	516	256	659	
6	音响	215	256	208	
7	洗衣机	227	246	487	

图 3-72 迷你图生成效果图

9. 打印输出

当表格、图表制作好后，通常要做的工作是将表格打印输出。利用 Excel 2010 提供的页面设置、设置打印区域、打印预览等功能，可以对制作好的工作表进行打印设置。

若要打印图表，选定要打印的图表，执行"文件"→"打印"命令即可。

1）页面设置

单击"页面布局"选项卡"页面设置"组中的"常用功能"按钮，如图 3-73 所示，如页边距、纸张方向、纸张大小等，可以完成常用的页面设置操作。

图 3-73　"页面设置"选项

2）设置打印区域

在打印工作表时，如果不需要打印整张工作表，可以设置打印区域，只打印工作表中需要打印的内容。操作方法如下：

【步骤 1】首先选定工作表中需要打印的数据区域。

【步骤 2】然后单击"页面布局"选项卡，选择"页面设置"组中"打印区域"下拉菜单中的"设置打印区域"命令即可。

3）设置打印选项

执行"文件"→"打印"命令，打开如图 3-74 所示的"打印"对话框也可以进行打印设置，并且可以在窗口右侧的预览窗口中查看打印效果。

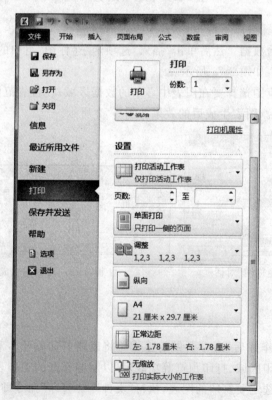

图 3-74　"打印"设置

10. 出错信息解释

当在单元格中输入公式或函数有错误时,系统会给出一些错误值,各个错误值代表不同的含义,每个错误值都有不同的原因和解决方法。

1)＃＃＃＃＃错误

此错误表示公式产生的结果太大,单元格列宽不够,容纳不下。

可以通过以下几种方法解决:

(1) 调整列宽,或直接双击列标题右侧的边界。

(2) 缩小内容以适应列宽。

(3) 更改单元格的数字格式,使数字适合现有单元格宽度。例如,可以减少小数点后的小数位数。

2)＃DIV/0! 错误

在公式中引用了空单元格或单元格为 0 作为除数。

3)＃NAME 错误

当 Excel 2010 无法识别公式中的文本时,会出现此错误。具体表现在:

(1) 使用了 EUROCONVERT 函数,而没有加载"欧元转换工具"宏。

(2) 使用了不存在的名称。

(3) 名称拼写错误。

(4) 在公式中输入文本时没有使用双引号。

(5) 区域引用中漏掉了冒号。

4)＃REF! 错误

当单元格引用无效时,会出现此错误。具体表现在:

(1) 删除了其他公式所引用的单元格,或将已移动的单元格粘贴到了其他公式所引用的单元格上。

(2) 使用的对象链接和嵌入链接所指向的程序未运行。

(3) 运行的宏程序所输入的函数返回＃REF!,引用了一个所在列或行已被除的单元格。

5)＃VALUE 错误

此错误表示使用的参数或操作数的类型不正确。可能包含以下一种或几种错误:

(1) 当公式需要数字或逻辑值(如 TURE 或 FALSE)时,却输入了文本。

(2) 将单元格引用、公式或函数作为数组常量输入。

(3) 为需要单个值(而不是区域)的运算符或函数提供区域。

(4) 运行的宏程序所输入的函数返回＃VALUE!。

6)＃NUM! 错误

出现此错误是因为公式或函数中使用了无效的数值,具体表现在:

(1) 在需要数字参数的函数中使用了无法接受的参数。

(2) 输入的公式所得出的数字太大或太小,无法在 Excel 2010 中表示。

7)＃NULL! 错误

如果指定了两个并不相交的区域的交点,则会出现错误。具体表现在:

（1）使用了不正确的区域运算符。

（2）区域不相交。

3.2.2 数据报表实例：学生成绩统计

作为教师，每学期都需要面对大量的学生成绩数据，用手工计算、整理，任务量巨大。现在，有了电子表格，我们就可以利用它制作一份自动生成统计结果的学生成绩表，不仅统计结果准确率高，工作效率也会提高很多。

用电子表格制作的成绩统计表不仅便于数据保存，方便查阅，还可以进行每位学生成绩总分、平均分，各科成绩的优秀率、不及格率，每个班级学生成绩的比较等计算、分析。为学生评优、考奖提供了有利的依据。现举例制作"学生成绩统计表"。

1. 输入样表数据，修改、编辑数据，保存到磁盘，名为"学生成绩统计表.xlsx"

【步骤1】启动 Excel 2010。

【步骤2】在打开的工作簿的 Sheet1 工作表中输入如图 3-75 所示的数据。

	A	B	C	D	E	F	G	H	I
1	姓名	性别	专业	政治面貌	大学语文	高等数学	大学英语	物理	政治
2	何小丽	女	茶学	党员	73	84	72	61	73
3	吴玲玲	女	农学	团员	78	83	87	63	69
4	陈辉	男	茶学	团员	76	89	67	61	65
5	左大力	男	农学	团员	89	64	76	67	81
6	杨明	男	林学	群众	63	61	57	62	65
7	韦鹏	男	茶学	党员	98	90	93	94	97
8	郭航宇	男	农学	群众	67	94	92	78	88
9	陆烨婷	女	农学	团员	86	80	64	75	58
10	黄志辉	男	林学	群众	74	60	66	57	67
11	贺敏	女	茶学	团员	61	62	43	60	52
12	丁明明	男	林学	团员	70	75	65	51	60
13	石晓东	男	林学	群众	83	60	64	56	65

图 3-75 样表数据

【步骤3】执行"文件"→"保存"命令，第一次保存工作簿时，Excel 默认 Book1 的名字，可以在"文件名"列表框中输入文件名"学生成绩统计表.xlsx"，文件类型选择默认的"Excel 工作簿（*.xlsx）"，单击"保存"按钮。

2. 设置 E2:I13 区域中数据介于 0~100 之间

【步骤1】选定指定数据区域 E2:I13。

【步骤2】单击"数据"选项卡"数据工具"组中的"数据有效性"按钮，打开"数据有效性"对话框，并选中"设置"标签。

【步骤3】输入值，选择合适的选项，如图 3-76 所示，单击"确定"按钮。

3. 将成绩表中成绩低于 60 的分数设置为加粗、倾斜、红色字体

【步骤1】选定成绩所在区域 E2:I13。

【步骤2】单击"开始"选项卡"样式"组中的"条件格式"下拉按钮，选择"突出显示单元

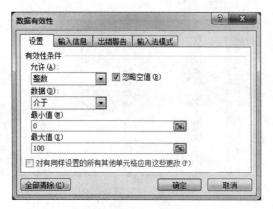

图 3-76　数据有效性设置

格规则"菜单下的"介于"命令,打开"介于"对话框,在对话框中设置条件为 0～59.9。

　　【步骤 3】单击"介于"对话框中的下拉按钮,选择"自定义格式",打开"设置单元格格式"对话框,选择"加粗倾斜、红色",具体设置如图 3-77 所示。

图 3-77　条件格式设置操作

　　【步骤 4】单击"确定"按钮即可,如图 3-78 所示。

4. 在姓名前插入一列,列标题设置为"学号",并输入学号 0819001～0819012

　　【步骤 1】单击列号 A,选定 A 列单元格。

　　【步骤 2】右击,选择快捷菜单中的"插入"命令,即可在原有表格的左侧添加一空列。

　　【步骤 3】在 A1 单元格输入"学号",在 A2 单元格输入 0819001,在 A3 单元格输入 0819002。

	A	B	C	D	E	F	G	H	I
1	姓名	性别	专业	政治面貌	大学语文	高等数学	大学英语	物理	政治
2	何小丽	女	茶学	党员	73	84	72	61	73
3	吴玲玲	女	农学	团员	78	83	87	63	69
4	陈辉	男	茶学	团员	76	89	67	61	65
5	左大力	男	农学	团员	89	64	76	67	81
6	杨明	男	林学	群众	63	61	57	62	65
7	韦鹏	男	茶学	党员	98	90	93	94	97
8	郭航宇	男	农学	群众	67	94	92	78	88
9	陆烨婷	女	农学	团员	86	80	64	75	58
10	黄志辉	男	林学	群众	74	60	66	57	67
11	贺敏	女	茶学	团员	61	62	43	60	52
12	丁明明	男	林学	团员	70	75	65	51	60
13	石晓东	男	林学	群众	83	60	64	56	65

图 3-78　设置后效果图

【步骤 4】选中 A2、A3 单元格,使用自动填充柄单击并向下拖拽至 A13 单元格,结果如图 3-79 所示。

	A	B	C	D	E	F	G	H	I	J
1	学号	姓名	性别	专业	政治面貌	大学语文	高等数学	大学英语	物理	政治
2	0819001	何小丽	女	茶学	党员	73	84	72	61	73
3	0819002	吴玲玲	女	农学	团员	78	83	87	63	69
4	0819003	陈辉	男	茶学	团员	76	89	67	61	65
5	0819004	左大力	男	农学	团员	89	64	76	67	81
6	0819005	杨明	男	林学	群众	63	61	57	62	65
7	0819006	韦鹏	男	茶学	党员	98	90	93	94	97
8	0819007	郭航宇	男	农学	群众	67	94	92	78	88
9	0819008	陆烨婷	女	农学	团员	86	80	64	75	58
10	0819009	黄志辉	男	林学	群众	74	60	66	57	67
11	0819010	贺敏	女	茶学	团员	61	62	43	60	52
12	0819011	丁明明	男	林学	团员	70	75	65	51	60
13	0819012	石晓东	男	林学	群众	83	60	64	56	65

图 3-79　添加后效果图

5. 插入一行标题"学生成绩统计表",设置为黑体,加粗,20 磅,在 A1:J1 中居中显示

【步骤 1】单击第一行行标 1,选定第一行单元格。

【步骤 2】右击,选择快捷菜单中的"插入"命令,在表格第一行插入一空行。

【步骤 3】选定 A1:J1 单元格,单击"开始"选项卡"对齐方式"组中的"合并后居中"按钮。

【步骤 4】在 A1 单元格内输入"学生成绩统计表"。

【步骤 5】选定 A1 单元格按要求设置标题的字体,字号,效果如图 3-80 所示。

6. 利用公式计算各门课程的平均分,保留一位小数位

【步骤 1】在 F15 单元格中输入＝AVERAGE(F3：F15),按回车键即可求出大学语文平均分,如图 3-81 所示。

【步骤 2】选中 F15 单元格,右击,在弹出的快捷菜单中选择"复制"命令。

【步骤 3】在 G15,H15,I15,J15 单元格中分别单击快捷菜单中的"粘贴"命令。

【步骤 4】选择 F15：G15 单元格区域,单击"开始"选项卡"数字"组中的"设置单元格格

	A	B	C	D	E	F	G	H	I	J
1	学生成绩统计表									
2	学号	姓名	性别	专业	政治面貌	大学语文	高等数学	大学英语	物理	政治
3	0819001	何小丽	女	茶学	党员	73	84	72	61	73
4	0819002	吴玲玲	女	农学	团员	78	83	87	63	69
5	0819003	陈辉	男	茶学	团员	76	89	67	61	65
6	0819004	左大力	男	农学	团员	89	64	76	67	81
7	0819005	杨明	男	林学	群众	63	61	57	62	65
8	0819006	韦鹏	男	茶学	党员	98	90	93	94	97
9	0819007	郭航宇	男	农学	群众	67	94	92	78	88
10	0819008	陆烨婷	女	农学	团员	86	80	64	75	58
11	0819009	黄志辉	男	林学	群众	74	60	66	57	67
12	0819010	贺敏	女	茶学	团员	61	62	43	60	52
13	0819011	丁明明	男	林学	团员	70	75	65	51	60
14	0819012	石晓东	男	林学	群众	83	60	64	56	65

图 3-80　添加标题后效果图

	A	B	C	D	E	F	G	H	I	J
1	学生成绩统计表									
2	学号	姓名	性别	专业	政治面貌	大学语文	高等数学	大学英语	物理	政治
3	0819001	何小丽	女	茶学	党员	73	84	72	61	73
4	0819002	吴玲玲	女	农学	团员	78	83	87	63	69
5	0819003	陈辉	男	茶学	团员	76	89	67	61	65
6	0819004	左大力	男	农学	团员	89	64	76	67	81
7	0819005	杨明	男	林学	群众	63	61	57	62	65
8	0819006	韦鹏	男	茶学	党员	98	90	93	94	97
9	0819007	郭航宇	男	农学	群众	67	94	92	78	88
10	0819008	陆烨婷	女	农学	团员	86	80	64	75	58
11	0819009	黄志辉	男	林学	群众	74	60	66	57	67
12	0819010	贺敏	女	茶学	团员	61	62	43	60	52
13	0819011	丁明明	男	林学	团员	70	75	65	51	60
14	0819012	石晓东	男	林学	群众	83	60	64	56	65
15						=average(F3:F14)				

图 3-81　求大学语文的平均分

式"对话框启动器,打开"设置单元格格式"对话框,选择"数字"选项卡。

　　【步骤5】在"数值"列表中,选项卡右边的"小数位数"文本框中输入 1,结果如图 3-82 所示。

	A	B	C	D	E	F	G	H	I	J
1	学生成绩统计表									
2	学号	姓名	性别	专业	政治面貌	大学语文	高等数学	大学英语	物理	政治
3	0819001	何小丽	女	茶学	党员	73	84	72	61	73
4	0819002	吴玲玲	女	农学	团员	78	83	87	63	69
5	0819003	陈辉	男	茶学	团员	76	89	67	61	65
6	0819004	左大力	男	农学	团员	89	64	76	67	81
7	0819005	杨明	男	林学	群众	63	61	57	62	65
8	0819006	韦鹏	男	茶学	党员	98	90	93	94	97
9	0819007	郭航宇	男	农学	群众	67	94	92	78	88
10	0819008	陆烨婷	女	农学	团员	86	80	64	75	58
11	0819009	黄志辉	男	林学	群众	74	60	66	57	67
12	0819010	贺敏	女	茶学	团员	61	62	43	60	52
13	0819011	丁明明	男	林学	团员	70	75	65	51	60
14	0819012	石晓东	男	林学	群众	83	60	64	56	65
15						76.5	75.2	70.5	65.5	69.9

图 3-82　各科平均分计算结果图

7. 增加总分列和平均分列，求出每位学生的总分和平均分，平均分保留 1 位小数位

【步骤1】在 K2、L2 中分别输入"总分"和"平均分"。

【步骤2】在 K3 单元格中输入＝SUM(F3:J3)，按回车键。

【步骤3】选中 K3 单元格，使用自动填充柄填充 K3:K14 单元格。

【步骤4】在 L3 单元格输入＝AVERAGE(F3:J3)，按回车键。

【步骤5】选中 L3 单元格，复制该公式到 L4:L14。

【步骤6】选中 L2:L15 单元格，用上述方法设置平均分保留 1 位小数，结果如图 3-83 所示。

	A	B	C	D	E	F	G	H	I	J	K	L
1					学生成绩统计表							
2	学号	姓名	性别	专业	政治面貌	大学语文	高等数学	大学英语	物理	政治	总分	平均分
3	0819001	何小丽	女	茶学	党员	73	84	72	61	73	363	72.7
4	0819002	吴玲玲	女	农学	团员	78	83	87	63	69	380	76.1
5	0819003	陈辉	男	茶学	团员	76	89	67	61	65	357	71.5
6	0819004	左大力	男	农学	团员	89	64	76	67	81	377	75.3
7	0819005	杨明	男	林学	群众	63	61	57	62	65	308	61.6
8	0819006	韦鹏	男	茶学	党员	98	90	93	94	97	472	94.4
9	0819007	郭航宇	男	农学	群众	67	94	92	78	88	419	83.8
10	0819008	陆烨婷	女	农学	团员	86	80	64	75	58	363	72.6
11	0819009	黄志辉	男	林学	群众	74	60	66	57	67	324	64.9
12	0819010	贺敏	女	茶学	团员	61	62	43	60	52	278	55.6
13	0819011	丁明明	男	林学	团员	70	75	65	51	60	321	64.3
14	0819012	石晓东	男	林学	群众	83	60	64	56	65	328	65.6

图 3-83　每位学生的总分、平均分结果

8. 按照政治成绩升序排序，再按照大学语文成绩升序排序

【步骤1】选取 A2:L14 单元格区域。

【步骤2】单击"数据"选项卡"排序和筛选"组中的"排序"按钮，打开"排序"对话框。

【步骤3】在主关键字的下拉列表中，选择"政治"选项，在右侧选择"升序"。

【步骤4】单击"添加条件"按钮。

【步骤5】在次要关键字中选择"大学语文"，在右侧选择"升序"。

【步骤6】勾选"有标题行"复选框，单击"确定"按钮，结果如图 3-84 所示。

	A	B	C	D	E	F	G	H	I	J	K	L
1					学生成绩统计表							
2	学号	姓名	性别	专业	政治面貌	大学语文	高等数学	大学英语	物理	政治	总分	平均分
3	0819010	贺敏	女	茶学	团员	61	62	43	60	52	278	55.6
4	0819008	陆烨婷	女	农学	团员	86	80	64	75	58	363	72.6
5	0819011	丁明明	男	林学	团员	70	75	65	51	60	321	64.3
6	0819003	陈辉	男	茶学	团员	76	89	67	61	65	357	71.5
7	0819005	杨明	男	林学	群众	63	61	57	62	65	308	61.6
8	0819012	石晓东	男	林学	群众	83	60	64	56	65	328	65.6
9	0819009	黄志辉	男	林学	群众	74	60	66	57	67	324	64.9
10	0819002	吴玲玲	女	农学	团员	78	83	87	63	69	380	76.1
11	0819001	何小丽	女	茶学	党员	73	84	72	61	73	363	72.7
12	0819004	左大力	男	农学	团员	89	64	76	67	81	377	75.3
13	0819007	郭航宇	男	农学	群众	67	94	92	78	88	419	83.8
14	0819006	韦鹏	男	茶学	党员	98	90	93	94	97	472	94.4

图 3-84　排序后效果图

9. 将"学生成绩统计表"中 Sheet1 工作表复制至 Sheet2 后，并重命名为"成绩表备份"

【步骤 1】打开"学生成绩统计表"工作簿，选定 Sheet1 工作表。

【步骤 2】右击，在弹出的快捷菜单中选择"移动或复制"命令，打开"移动或复制工作表"对话框，如图 3-85 所示。

【步骤 3】勾选"建立副本"复选框，单击"确定"按钮。

【步骤 4】鼠标指向 Sheet1（2）右击，在弹出的快捷菜单中选择"重命名"命令，如图 3-86 所示，输入"成绩表备份"，按回车键。

图 3-85 "移动或复制工作表"对话框　　　图 3-86 工作表重命名

10. 在"成绩表备份"中筛选出高等数学成绩大于等于 80 分的茶学专业学生的信息

【步骤 1】打开"学生成绩统计表"工作簿，选择"成绩表备份"工作表，在要筛选的数据表中选择任一单元格。

【步骤 2】单击"数据"选项卡"排序和筛选"组中的"筛选"按钮，数据表格如图 3-87 所示。

	A	B	C	D	E	F	G	H	I	J	K	L
1					学生成绩统计表							
2	学号	姓名	性别	专业	政治面	大学语	高等数学	大学英	物理	政治	总分	平均分
3	0819010	贺敏	女	茶学	团员	61	62	43	60	52	278	55.6
4	0819008	陆烨婷	女	农学	团员	86	80	64	75	58	363	72.6
5	0819011	丁明明	男	林学	团员	70	75	65	51	60	321	64.3
6	0819003	陈辉	男	茶学	团员	76	89	67	61	64	357	71.5
7	0819005	杨明	男	林学	群众	63	61	57	62	65	308	61.6
8	0819012	石晓东	男	林学	群众	83	60	64	56	65	328	65.6
9	0819009	黄志辉	男	林学	群众	74	60	66	57	67	324	64.9
10	0819002	吴玲玲	女	农学	团员	78	83	87	63	69	380	76.1
11	0819001	何小丽	女	茶学	党员	73	84	72	61	73	363	72.7
12	0819004	左大力	男	农学	团员	89	64	76	67	81	377	75.3
13	0819007	郭航宇	男	农学	群众	67	94	92	78	88	419	83.8
14	0819006	韦鹏	男	茶学	党员	98	90	93	94	97	472	94.4

图 3-87 执行"筛选"命令后表格效果

【步骤 3】单击"高等数学"列标题右侧的下三角按钮打开下拉列表，在"自定义自动筛选方式"对话框按要求进行设置，设置过程如图 3-88 所示，单击"确定"按钮，结果如图 3-89 所示。

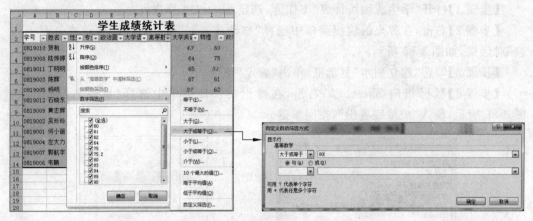

图 3-88　筛选操作过程

学号	姓名	性	专	政治面	大学语	高等数	大学英	物理	政治	总分	平均分
0819003	陈辉	男	茶学	团员	76	89	67	61	65	357	71.5
0819002	吴玲玲	女	农学	团员	78	83	87	63	69	380	76.1
0819001	何小丽	女	茶学	党员	73	84	72	61	73	363	72.7
0819007	郭航宇	男	农学	群众	67	94	92	78	88	419	83.8
0819006	韦鹏	男	茶学	党员	98	90	93	94	97	472	94.4

图 3-89　一次筛选后效果图

【步骤 4】最后在筛选过的数据表中进行二次筛选，选择"专业"列标题右侧的下三角按钮，选择"茶学"专业，结果如图 3-90 所示。

学号	姓名	性	专	政治面	大学语	高等数	大学英	物理	政治	总分	平均分
0819003	陈辉	男	茶学	团员	76	89	67	61	65	357	71.5
0819001	何小丽	女	茶学	党员	73	84	72	61	73	363	72.7
0819006	韦鹏	男	茶学	党员	98	90	93	94	97	472	94.4

图 3-90　二次筛选后效果图

11. 打印输出"学生成绩统计表"，给表格添加边框，外框粗实线，内框细实线，行高 20，列宽 8，纸张方向为横向

【步骤 1】打开"学生成绩统计表"工作簿 Sheet1 工作表，选定表格数据区域 A2:L15。

【步骤 2】单击"开始"选项卡"字体"组中的"设置单元格格式"启动器，打开"设置单元格格式"对话框。

【步骤 3】单击"设置单元格格式"的"边框"选项卡,在"线条样式"中选择粗实线,在"预置"下选择"外边框",然后再在"线条样式"中选择细实线,"预置"下选择"内部"。最后按"确定"按钮即可。

【步骤 4】鼠标指向行标,右击,在弹出的快捷菜单中选择"行高"命令,在"行高"对话框中输入 20,单击"确定"按钮即可。用同样的方法设置列宽为 8。

【步骤 5】执行"文件"→"打印"命令,将"打印"设置选项中默认"纵向"改为"横向",在右侧浏览窗口中查看打印效果,如图 3-91 所示。

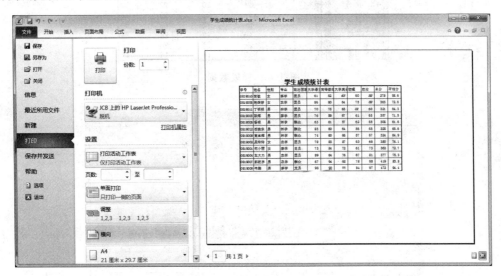

图 3-91　显示打印效果

3.2.3　数据报表实例：商业销售报表

在企业日常的办公中,经常有大量的数据需要处理,如销售表中的销售额的统计、汇总、分析,这些都可以使用 Excel 2010 提供的数据管理和数据分析功能来实现。下面就以某 4S 店汽车销售表为例。

1. 输入样表数据,如图 3-92 所示,进行简单的格式化操作,命名为"销售报表.xlsx"保存在磁盘上

2. 在 G 列和 19 行分别计算销售员的年销售总量、各季度销售总量

【步骤 1】打开"销售报表.xlsx"工作簿,在 G2 和 A19 单元格分别输入"年销售总量"和"季度销售量"文本。

【步骤 2】选定 G3 单元格,单击"公式"选项卡中的"插入函数"按钮,打开"插入函数"对话框,在"选择函数"选项中选择 SUM 求和函数,在"函数参数"对话框中选择参与求和计算的单元格区域 C3:F3,如图 3-93 所示,单击"确定"按钮,完成销售员李盼的年销售量的计算。

	A	B	C	D	E	F
1	4S店汽车销售情况表（单位：辆）					
2	销售员	部门	第一季度	第二季度	第三季度	第四季度
3	李盼	展厅	56	48	38	114
4	陆瑶	网销	48	42	24	78
5	张凯	渠道	50	38	28	90
6	庄子墨	网销	62	58	46	66
7	彭慧	网销	32	24	20	42
8	郭子杰	展厅	36	34	38	54
9	王子轩	展厅	66	70	56	128
10	李文浩	网销	84	76	50	142
11	胡若曦	网销	38	42	32	46
12	翟羽彤	渠道	34	64	54	44
13	彭雨书	外拓	24	20	22	32
14	赵轩	外拓	14	22	20	38
15	王赞彤	网销	58	72	42	90
16	刘芸熙	展厅	46	42	28	74
17	高莉	网销	26	34	26	40
18	孙治国	外拓	12	14	18	16

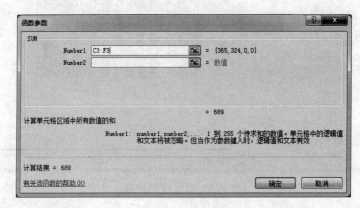

图 3-92　样表数据

图 3-93　“函数参数”设置

【步骤 3】使用自动填充柄，填充 G4:G18 单元格的值。

【步骤 4】重复步骤 2 和步骤 3，完成 C19:G19 单元格的计算。表格计算完成，进行简单的格式化操作，如图 3-94 所示。

	A	B	C	D	E	F	G
1	4S店汽车销售情况表（单位：辆）						
2	销售员	部门	第一季度	第二季度	第三季度	第四季度	年销售总量
3	李盼	展厅	56	48	38	114	256
4	陆瑶	网销	48	42	24	78	192
5	张凯	渠道	50	38	28	90	206
6	庄子墨	网销	62	58	46	66	232
7	彭慧	网销	32	24	20	42	118
8	郭子杰	展厅	36	34	38	54	162
9	王子轩	展厅	66	70	56	128	320
10	李文浩	网销	84	76	50	142	352
11	胡若曦	网销	38	42	32	46	158
12	翟羽彤	渠道	34	64	54	44	196
13	彭雨书	外拓	24	20	22	32	98
14	赵轩	外拓	14	22	20	38	94
15	王赞彤	网销	58	72	42	90	262
16	刘芸熙	展厅	46	42	28	74	190
17	高莉	网销	26	34	26	40	126
18	孙治国	外拓	12	14	18	16	60
19	季度销售总量		686	700	542	1094	3022

图 3-94　计算结果图

3. 按照部门进行销售总量的汇总统计

【步骤1】打开"销售报表.xlsx"工作簿，复制 Sheet1 工作表 A1:G18 单元格区域数据到 Sheet2 工作表，并将 Sheet2 工作表重命名为"分类汇总表"。

【步骤2】打开"分类汇总表"工作表，按照部门进行排序，结果如图 3-95 所示。

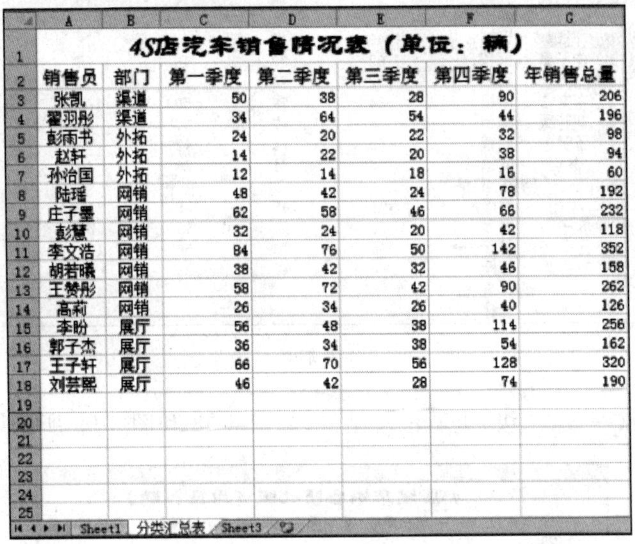

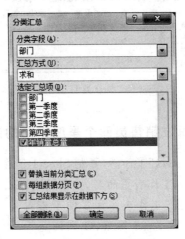

图 3-95　排序结果图

【步骤3】单击"数据"选项卡中的"分类汇总"按钮，弹出"分类汇总"对话框，如图 3-96 所示。

图 3-96　分类汇总设置

【步骤4】将"分类字段"设置为"部门"，"汇总方式"设置为"求和"，"选定汇总项"为"年销售总量"；再选中"替换当前分类汇总"和"汇总结果显示在数据下方"复选框。单击"确定"按钮，分类汇总结果如图 3-97 所示。

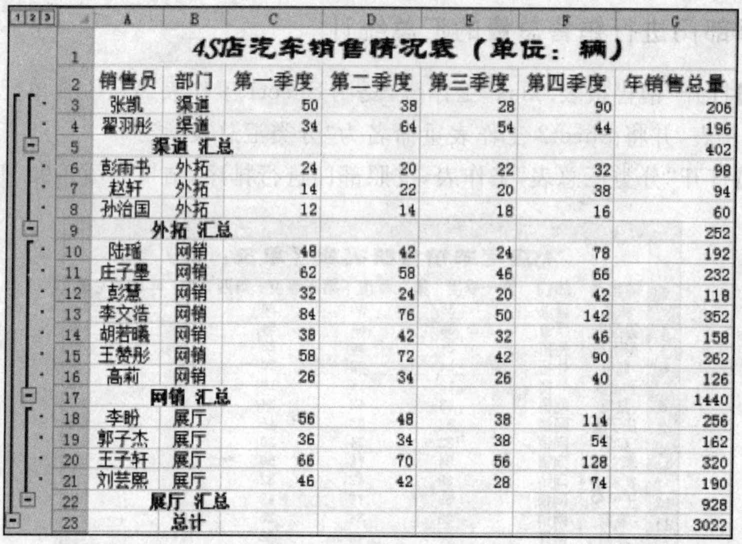

图 3-97　分类汇总后效果图

【步骤5】分级（一级、二级）查看汇总结果，如图3-98和图3-99所示。

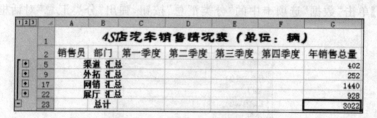

图 3-98　一级分类汇总结果显示

图 3-99　二级分类汇总结果显示

4. 在 H 列制作生成每位销售员四个季度销量的迷你图

【步骤1】打开"销售报表.xlsx"工作簿，复制Sheet1工作表A2:F18单元格区域数据到Sheet3工作表，并将Sheet3工作表重命名为"销量迷你图"。

【步骤2】打开"销量迷你图"工作表。为了便于查看迷你图的效果，调整表格的行高为33像素，G列列宽为150像素。

【步骤3】单击"插入"选项卡"迷你图"组中的"折线图"按钮，打开"创建迷你图"对话框，设置参数如图3-100所示，单击"确定"按钮。

【步骤4】创建迷你图后，在"迷你图工具"中按照

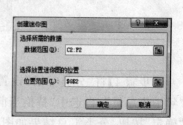

图 3-100　迷你图参数设置

图 3-101 所示进行参数调整。

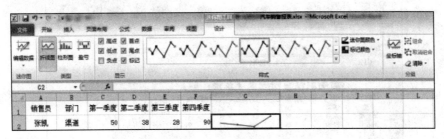

图 3-101 "迷你图工具"参数设置

【步骤 5】使用自动填充柄填充所有销售员的销量迷你图。效果如图 3-102 所示。

销售员	部门	第一季度	第二季度	第三季度	第四季度	
张凯	渠道	50	38	28	90	
霍羽彤	渠道	34	64	54	44	
彭雨书	外拓	24	20	22	32	
赵轩	外拓	14	22	20	38	
孙治国	外拓	12	14	18	16	
陆瑶	网销	48	42	24	78	
庄子星	网销	62	58	46	66	
彭慧	网销	32	24	20	42	
李文浩	网销	84	76	50	142	
胡若曦	网销	38	42	32	46	
王赞彤	网销	58	72	42	90	
高莉	网销	26	34	26	40	
李盼	展厅	56	48	38	114	
郭子杰	展厅	36	34	38	54	
王子轩	展厅	66	70	58	128	
刘芸熙	展厅	46	42	28	74	

图 3-102 迷你图生成后效果图

5. 在 Sheet1 工作表中制作生成各季度销售总量的饼图,并设置图例信息

【步骤 1】打开"销售报表.xlsx"工作簿,选择 Sheet1 工作表为当前工作表。

【步骤 2】选定 C2:F2 和 C19:F19 单元格区域,单击"插入"选项卡"图表"组中的"饼图"按钮,选择"分离型三维饼图",如图 3-103 所示。

【步骤 3】初步创建饼图效果如图 3-104 所示。

【步骤 4】利用图表工具进行图表的修改调整,鼠标指针指向饼图,右击,在弹出的快捷菜单中选择"添加数据标签"命令。

【步骤 5】右击饼图,在弹出的快捷菜单中选择"设置数据标签格式"命令,打开"设置数据标签格式"对话框。依照图 3-105 所示完成设置。

【步骤 6】在图表上方添加标题。单击"插入"选项卡"文本"组中的"文本框"按钮,在图表上方拖曳出一个文本框,输入标题为"各季度汽车销量图表"。

【步骤 7】调整修改后饼图如图 3-106 所示。

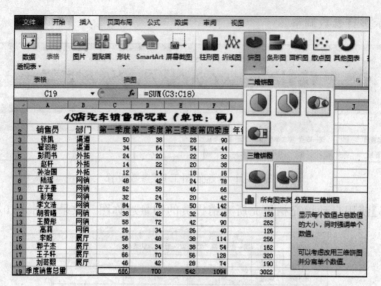

图 3-103　饼图添加步骤

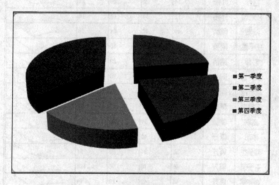

图 3-104　初步创建后效果图

图 3-105　设置数据标签格式

大学信息技术实用教程

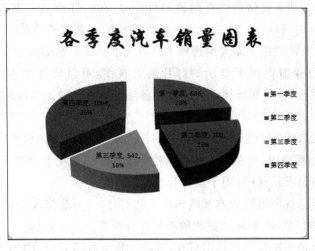

图 3-106　饼图设置后效果图

3.3　演示文稿制作

3.3.1　PowerPoint 2010 使用简介

PowerPoint 是 Microsoft Office 系列办公软件之一,主要用于制作演示文稿,以组织和展示信息。

1. PowerPoint 2010 窗口组成和视图

与 Office 2010 其他组件相似,PowerPoint 2010 的窗口界面主要由标题栏、功能区、工作区、状态栏等几部分组成。在默认视图中,工作区分为幻灯片窗格、幻灯片备注窗格、幻灯片/大纲选项卡窗格,如图 3-107 所示。

图 3-107　PowerPoint 2010 窗口

幻灯片/大纲选项卡窗格可以在编辑幻灯片时，在幻灯片和大纲选项卡之间进行切换。在编辑幻灯片时可以在幻灯片选项卡中以缩略图的形式查看幻灯片，对幻灯片进行添加、删除和更改放映顺序。而大纲选项卡是以大纲形式显示幻灯片文本，可以对文本内容进行编辑。幻灯片窗格用于显示幻灯片的大视图，可以添加文本、插入表格、图像、SmartArt 图形、图表、符号和媒体等。幻灯片备注窗格用于输入当前幻灯片的备注，可将其打印出来在放映演示文稿时用于参考。

PowerPoint 2010 中提供 5 种视图方式：普通视图、幻灯片浏览视图、阅读视图、幻灯片放映视图和备注页视图，可在右下角视图栏中或"视图"选项卡中进行切换。

（1）普通视图是默认视图，用于撰写和设计幻灯片。

（2）幻灯片浏览视图可以查看缩略图形式的幻灯片，不能修改幻灯片中的具体内容，可对整张幻灯片进行复制、删除和更改放映顺序等操作。

（3）阅读视图是在窗口中显示幻灯片，放映过程中可随时调节演示窗口的大小。

（4）幻灯片放映视图用于放映演示文稿。

（5）备注页视图以整页格式查看和使用备注，一页被分成两部分，上半部分用于展示幻灯片，下半部分用于建立备注。

2. 幻灯片的基本操作

PowerPoint 演示文稿由若干幻灯片（slide）组成，编辑演示文稿时，通常会根据需要进行添加新的幻灯片、移动幻灯片的位置和删除不需要的幻灯片等操作。

1）新建幻灯片

新建演示文稿后，会自动创建一张版式为"标题幻灯片"的幻灯片。如果还需要添加新幻灯片，可单击"开始"选项卡"幻灯片"组中的"新建幻灯片"按钮 来添加新的幻灯片，此时默认版式为"标题和内容"。

所添加的幻灯片如果版式需要更改，可在版式库中选择与幻灯片内容最为匹配的版式，方法是单击"开始"选项卡"幻灯片"组中的"版式"按钮，如图 3-108 所示。

图 3-108　版式库

2）移动幻灯片

在普通视图左侧幻灯片/大纲选项卡窗格中或在幻灯片浏览视图中，选择要移动的幻灯片的缩略图，然后将其拖动到目标位置。

3）隐藏幻灯片

隐藏幻灯片的目的是在进行幻灯片放映时不放映该幻灯片，方法是在普通视图左侧幻灯片窗格中或在幻灯片浏览视图中选择需要隐藏的幻灯片，右击，在弹出的快捷菜单中选择"隐藏幻灯片"命令。所选幻灯片的编号上就会出现一个小方框☒,表示该幻灯片处于隐藏状态,如图 3-109 所示。

4) 重用幻灯片

重用幻灯片是指将其他演示文稿中的幻灯片在当前演示文稿中重用。

单击"开始"选项卡"幻灯片"组中的"新建幻灯片"按钮，在打开菜单中选择"重用幻灯片"命令,如图 3-110 所示,窗口右侧则会打开"重用幻灯片"窗格,单击"打开 PowerPoint 文件"后,选择要添加的演示文稿文件,如图 3-111 所示。

图 3-109　隐藏幻灯片

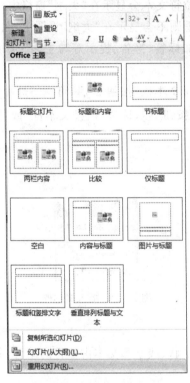

图 3-110　"重用幻灯片"命令

图 3-111　"重用幻灯片"窗格

添加幻灯片之前,可以根据需要选中"保留源格式"复选框确定是否保留源格式,然后单击幻灯片添加单张幻灯片,也可以右击,在弹出的快捷菜单中选择"插入所有幻灯片"命令。

5) 删除幻灯片

在普通视图左侧窗格中或在幻灯片浏览视图中,选择要删除的幻灯片缩略图,右击,在弹出的快捷菜单中选择"删除幻灯片"命令。

3. 幻灯片中添加对象

幻灯片中通常包含有文本、图像、声音、视频和其他对象,可以通过占位符或者"插入"选项卡添加对象。

1）使用内容占位符

"标题和内容"版式中的内容占位符是一种多用途占位符,可以接受 7 种类型(文本、表格、图表、SmartArt 图形、图片、剪贴画和媒体)中的任意一种。如果需要输入文本可在添加文本提示处单击后输入,如图 3-112 所示。占位符中心有 6 个小图标,每个图标对应一种内容类型,单击其中的小图标会打开一个对话框帮助插入该内容。

需要注意的是内容占位符只能存放一种类型的内容,一旦输入了文本,其他内容类型的图标就会消失。

2）创建文本框

在 PowerPoint 中,不能直接在幻灯片中输入文字,只能通过占位符或文本框来添加。对于文本而言应该尽可能使用占位符,因为占位符文本会显示在"大纲"窗格中,并且在更改不同格式主题时,占位符会跟着变化。文本框则不会显示在"大纲"视图中,在不同主题和模板中也不会改变位置,一般用于为图片添加标签、警告、提示等与主题关联度不高的信息。

单击"插入"选项卡"文本"组中的"绘制横排文本框"按钮 后,可在幻灯片中需要插入的位置绘制横排文本框。也可单击"文本框"按钮 ,选择"横排文本框"或"竖排文本框"命令,如图 3-113 所示。

图 3-112 内容占位符　　　　　　　图 3-113 插入文本框

3）SmartArt 图形

SmartArt 是一类特殊的向量图形对象,是形状、线条和文本占位符的结合,一般用于演示几个概念之间的关系。

单击占位符中的"插入 Smart 图形"图标 或在单击"插入"选项卡"插图"组中的"插入 Smart 图形"按钮 ,可打开"选择 SmartArt 图形"对话框,选择所需类型和布局,如图 3-114 所示。

4）插入动作

在幻灯片上选择对象后,单击"插入"选项卡"链接"组中的"动作"按钮,打开"动作设置"对话框,如图 3-115 所示,在对话框中设置"单击鼠标"或"鼠标移过"时的动作。

5）插入音频/视频

与 Word 2010 类似,在 PowerPoint 2010 中可以插入表格、图像、插图等。另外,声音、视频也可以插入到幻灯片中,并且 PowerPoint 2010 增强了视频文件、音频文件的处理能力,可以对视频文件的外观和内容进行设置。

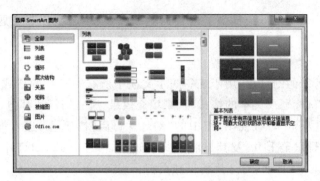

图 3-114　选择 SmartArt 图形

图 3-115　动作设置

　　如果需要插入音频,可单击"插入"选项卡"媒体"组中的"音频"按钮,打开"插入音频"对话框,在对话框中选择需要的音频文件插入即可。

4. 幻灯片的设计

1) 主题

　　主题是一组设计设置,包括颜色、字体、特殊效果(如阴影、反射、三维效果等)及背景设置,还可以包括自定义版式。新建的演示文稿默认采用 office 主题,在"设计"选项卡中可以查看 PowerPoint 2010 中预设的所有主题,如图 3-116 所示。

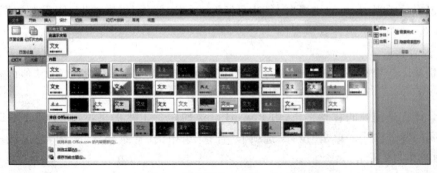

图 3-116　主题

另外，PowerPoint 2010还提供了内置的主题颜色、主题字体和主题效果，可以根据需要选择使用。

2）母版

母版是一种特殊的幻灯片，用于统一演示文稿中所有幻灯片的格式和对象。一般包括的信息有占位符、标题及文本的格式、背景填充效果、所有幻灯片都包含的图像等。

单击"视图"选项卡"母版视图"组中的"幻灯片母版"按钮，进入母版视图，在窗口左侧出现幻灯片母版（最上方）及其母版版式。如图3-117所示，幻灯片母版中有5种预设占位符：标题、文本、日期、幻灯片编号和页脚。

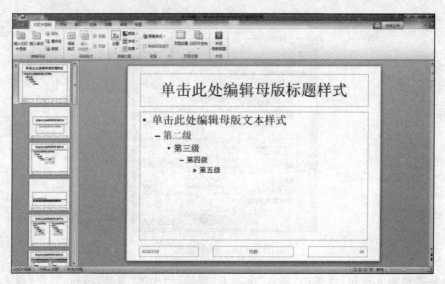

图 3-117　母版

对演示文稿使用不同的主题时，幻灯片母版会发生变化。演示文稿中的所有幻灯片使用同一主题就只需要一个幻灯片母版，如果希望对其中某些幻灯片应用不同主题，就需要新建另一个母版，因为一个母版只能应用一个主题。

可以在幻灯片母版或单独的版式母版上移动、删除和插入占位符。默认情况下，版式母版采用幻灯片母版的背景、字体、颜色主题和预设占位符位置，如果需要可以自定义版式母版。

要退出母版视图，可以选择"幻灯片母版"选项卡"关闭"组中的"关闭母版视图"按钮或从"视图"选项卡中选择其他视图。

3）设置背景

背景是应用到整个幻灯片（或幻灯片母版）的颜色、纹理、图案或图像，其他内容都位于背景之上。

背景样式是预设的背景格式，由 PowerPoint 的内置主题提供，应用不同主题时可以使用不同的背景样式。单击"设计"选项卡"背景"组中的"背景样式"按钮，会出现一个样式库，如图3-118所示。

自定义的背景填充包含纯色、渐变、纹理或图形。在要添加背景色的幻灯片空白处右击,在弹出的快捷菜单中选择"设置背景格式"命令,打开"设置背景格式"对话框,如图 3-119 所示,可根据需要使用颜色、填充图案或纹理设置幻灯片背景格式并更改背景透明度。

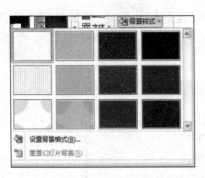

图 3-118　背景样式

图 3-119　设置背景格式

5. 添加动画效果

1）幻灯片的切换方式

幻灯片的切换指的是整张幻灯片进入或退出的方式。如果希望从第一张幻灯片到第二张幻灯片使用特定的效果,可以对第二张幻灯片设置切换效果、换片时间和切换声音等。切换方式有 3 种类型,即细微型、华丽型、动态内容,如图 3-120 所示。

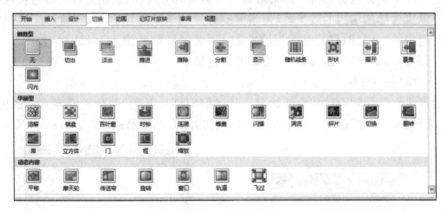

图 3-120　切换方式

2）自定义动画

动画指的是单个对象进入或退出幻灯片的方式。自定义动画效果有 4 类,即进入、强调、退出和运动路径,可以为每个对象选择多种动画效果。

添加动画后动画窗格中会有对应的一条,可以在动画窗格中调整动画顺序、添加声音效果等。动画窗格可以通过单击"动画"选项卡"高级动画"组中的"动画窗格"按钮  打开。如果创建动画的对象是项目列表时,动画窗格中可以折叠或展开与动画关联的事件,如图 3-121 所示。

图 3-121　动画窗格

6. 演示文稿的打印和放映

1）设置放映方式

单击"幻灯片放映"选项卡"设置"组中的"设置幻灯片放映"按钮，打开"设置放映方式"对话框，在对话框中可对放映方式进行修改，包括放映类型、放映选项、放映幻灯片、换片方式等，如图 3-122 所示。

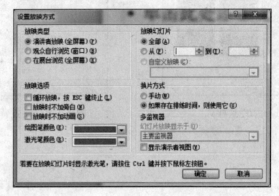

图 3-122 "设置放映方式"对话框

2）录制幻灯片演示

幻灯片演示指提前将幻灯片的播放效果进行排练并录制，录制完成后将过程保存，在播放时可以直接播放演示的效果，以便掌握幻灯片的放映速度。单击"幻灯片放映"选项卡"设置"组中的"录制幻灯片演示"按钮，打开"录制幻灯片演示"对话框，如图 3-123 所示。设置完成后，单击"开始录制"按钮即可开始录制。

3）开始放映幻灯片

开始放映幻灯片时，有"从头开始"与"从当前幻灯片开始"两种放映方式。也可以通过"自定义放映幻灯片"指定文稿中要播放的幻灯片，并调整播放顺序，如图 3-124 所示。

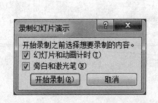

图 3-123 "录制幻灯片演示"对话框

图 3-124 自定义放映

3.3.2 演示文稿实例：课件制作

【步骤1】在大纲视图下输入内容。

新建演示文稿，在"普通视图"中左侧大纲窗格中输入如图 3-125 所示文字，并将文件保存为"课件.pptx"。

【步骤2】调整大纲中的层次结构。

选择第4和第5两张幻灯片，右击，在弹出的快捷菜单中选择"降级"命令或者单击"开始"选项卡"段落"组中的"提高列表级别"按钮 ⟱。

再将原图中第7～10张幻灯片选中后降级，第12～15张幻灯片选中后降级，调整后如图3-126所示。

图3-125　输入文字

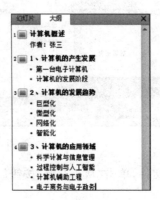

图3-126　调整大纲层次结构

【步骤3】选择主题。

在"设计"选项卡"主题"组中，设置主题为"聚合"，颜色为"龙腾四海"，如图3-127所示，字体为"Office经典2"，如图3-128所示。

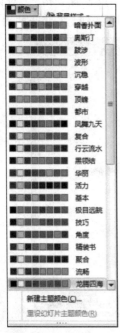

图3-127　选择主题

图3-128　选择主题颜色

【步骤4】设置切换方式。

在"切换"选项卡中,设置幻灯片的切换效果为"随机线条",效果选项为"水平","计时"组中单击"全部应用"按钮 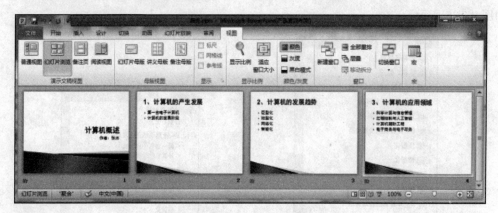 全部应用 。

将演示文稿切换到"幻灯片浏览视图",效果如图3-129所示。

图 3-129　幻灯片浏览

保存文件,单击"从头开始"按钮放映幻灯片观看效果。

3.3.3　演示文稿实例:毕业答辩

【步骤1】设计幻灯片母版。

新建演示文稿,将视图切换到"母版视图",在左侧窗格中选中"幻灯片母版"后,右击,在弹出的快捷菜单中选择"设置背景格式"命令,打开"设置背景格式"对话框,如图3-130所示。选择"填充"为"图片或纹理填充",单击"文件"按钮,在打开的对话框,选择文件

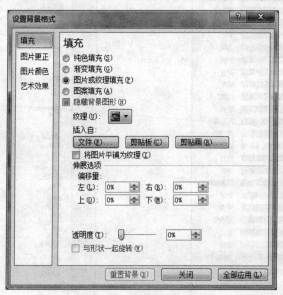

图 3-130　设置背景格式

"bj. png"作为背景图片。

在幻灯片母版中,首先单击标题占位符边框选中该标题占位符,然后在"开始"选项卡"字体"组中,设置字体为微软雅黑,字号为 38,颜色为蓝色,单击"加粗"按钮,在"段落"组中设置文本左对齐,并将标题占位符位置适当下移。最后选中文本占位符,单击"开始"选项卡"字体"组中的"减小字号"按钮 A˘,效果如图 3-131 所示。

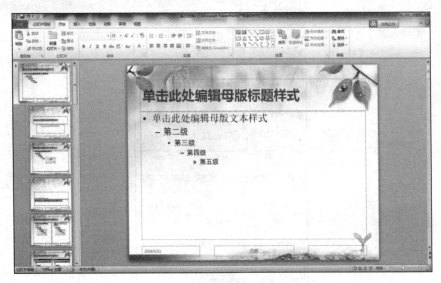

图 3-131 设置字体格式

【步骤 2】设置版式母版。

在母版视图中,选择左侧窗格中"标题幻灯片版式",设置背景为文件"fm. png"。

选中标题占位符,在"开始"选项卡"字体"组中,设置字体颜色为黑色,"段落"组中设置文本居中对齐,如图 3-132 所示。

图 3-132 设置背景

关闭"母版视图",将文件保存为"毕业答辩.pptx"。

【步骤3】插入大纲文本。

单击"开始"选项卡中的"新建幻灯片"按钮 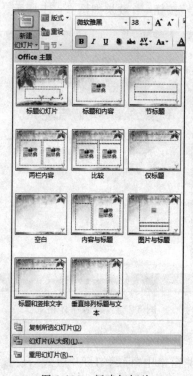，在打开菜单中选择"幻灯片(从大纲)"命令，如图3-133所示。

图 3-133　新建幻灯片

打开"插入大纲"对话框，在对话框中选择"毕业答辩.txt"文件，如图3-134所示。

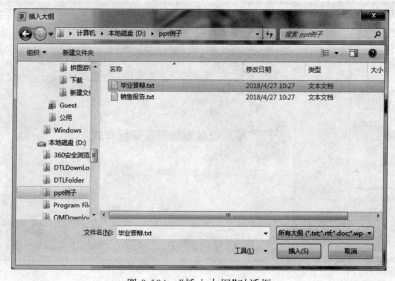

图 3-134　"插入大纲"对话框

【步骤4】调整大纲层次结构。

在普通视图左侧大纲窗格中调整大纲的层次结构,可右击幻灯片,在弹出的快捷菜单中选择"降级"命令或者单击"开始"选项卡"段落"组中的"提高列表级别"按钮 。调整后的大纲层次结构如图 3-135 所示。

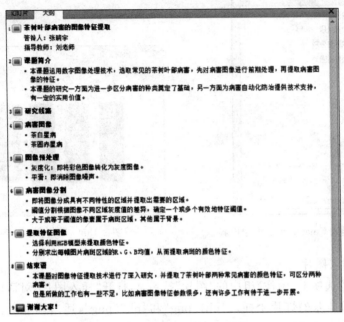

图 3-135　调整大纲层次结构

【步骤5】插入 SmartArt 图形。

选择第 3 张幻灯片,单击占位符中"插入 SmartArt 图形"图标 ,打开"选择 SmartArt 图形"对话框,单击"流程"中的"基本流程"图形,如图 3-136 所示,单击"确定"按钮关闭对话框。

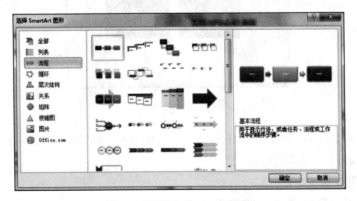

图 3-136　插入 SmartArt 图形

此时可在 SmartArt 工具中,单击"设计"选项卡"创建图形"组中的"文本窗格"按钮 ,打开文本窗格后,键入内容,如图 3-137 所示。

在 SmartArt 工具中,单击"设计"选项卡"Smart 样式"组中的"更改颜色"按钮，执行"彩色"→"强调文字颜色"命令,"Smart 样式"组的"三维"中选择"优雅"。然后将设置文本内容为增大字体,单击"加粗"按钮,并对图形进行适当缩放,调整后效果如图 3-138 所示。

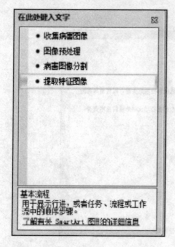

图 3-137　键入 SmartArt 图形中内容

图 3-138　调整 Smart 图形

【步骤 6】插入图片。

单击"插入"选项卡"图像"组中的"图片"按钮，打开"插入图片"对话框,选择需要插入的图片。在第 4 张幻灯片中插入"bh1.png"和"bh2.png",适当调整位置,单击"开始"选项卡"绘图"组中的"排列"按钮，选择"顶端对齐"命令,如图 3-139 所示。

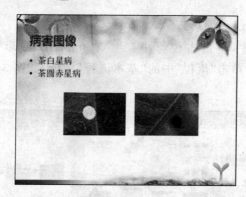

图 3-139　插入图片

按照同样的方法,在第 6 张幻灯片中插入"bh3.png"和"bh4.png",在第 7 张幻灯片中插入"cx.png",并调整位置。

【步骤 7】更改版式。

选择第 9 张幻灯片,将版式设置为"标题幻灯片"。

可将视图切换至"幻灯片浏览视图",效果如图 3-140 所示。

【步骤 8】自定义动画。

选择第 2 张幻灯片中内容占位符,在"动画"选项卡"高级动画"组中单击"添加动画"

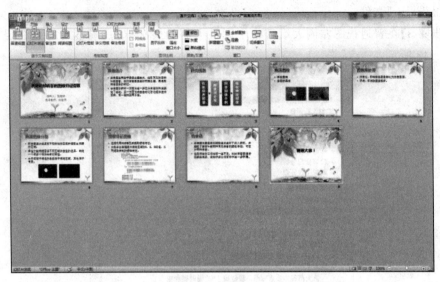

图 3-140　浏览幻灯片

按钮<img>，选择进入为形状。在右侧"动画窗格"中单击"动画右侧"按钮<img>，选择"效果选项"命令，打开对话框，如图 3-141 所示，设置"动画播放后"为蓝色。

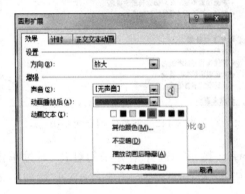

图 3-141　自定义动画

保存文件，单击"从头开始"按钮放映幻灯片，观看效果。

3.3.4　演示文稿实例：销售报告

【步骤 1】选择主题并设置母版。新建演示文稿，在"设计"选项卡"主题"组选择主题为"都市"，颜色为"流畅"，将文件保存为"销售报告.pptx"。

将视图切换至幻灯片母版视图，选择"幻灯片母版"，在文本占位符中选中文字"单击此处编辑母版文本样式"，设置字体为方正姚体，关闭母版。

【步骤 2】输入大纲文本。单击"开始"选项卡"幻灯片"组中的"新建幻灯片"按钮<img>，在打开的菜单中选择"幻灯片（从大纲）"命令，打开"插入大纲"对话框，在对话框中选择

"销售报告.txt"文件。

【步骤3】在普通视图左侧大纲窗格中调整大纲的层次结构,调整后的大纲层次结构如图 3-142 所示。

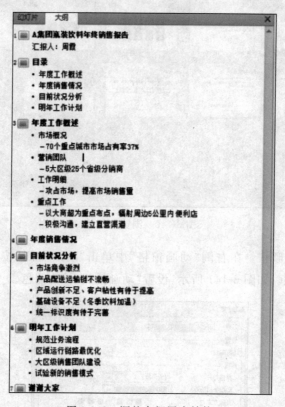

图 3-142　调整大纲层次结构

【步骤4】插入 SmartArt 图形。选择第 3 张幻灯片,通过单击文本占位符边框选中后,单击"开始"选项卡"段落"组中的"转换为 SmartArt"按钮，选择"垂直块列表"命令。

将 SmartArt 中文字字体设置为微软雅黑,字体大小分别是 24 号和 16 号。适当调整SmartArt 图形的大小和位置,效果如图 3-143 所示。

【步骤5】插入图表。选择第 4 张幻灯片,在占位符中单击"插入图表"图标，打开"插入图表"对话框,选择"柱形图"中的"簇状柱形图",单击"确定"按钮,关闭对话框后会打开 Excel 2010,可对数据源进行编辑,如图 3-144 所示。

【步骤6】自定义动画。选择第 3 张幻灯片中 SmartArt 图形,添加动画中设置进入为"飞入",打开动画窗格,在动画窗格中选择"效果选项"命令,打开"飞入"对话框,如图 3-145 所示,在"SmartArt 动画"选项卡中,将"组合图形"设置为"逐个按级别"。

选择第 4 张幻灯片中图表对象,添加动画设置进入为"随机线条",在动画窗格中选择"效果选项"命令,打开"随机线条"对话框,如图 3-146 所示,在"图表动画"选项卡中,将"组合图表"设置为"按系列"。

图 3-143　插入 SmartArt 图形

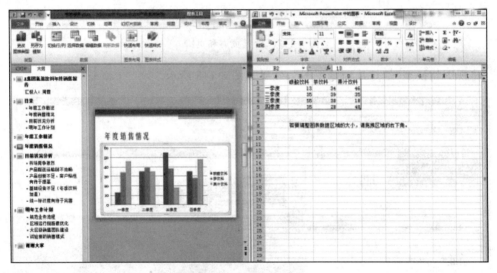

图 3-144　插入图表

图 3-145　自定义动画 1

图 3-146　自定义动画 2

【步骤 7】设置页眉页脚。单击"插入"选项卡"文本"组中的"页眉和页脚"按钮 ，打开"页眉和页脚"对话框，如图 3-147 所示，将"日期和时间"设置为自动更新当前时间，选中"幻灯片编号""标题幻灯片中不显示"复选框，单击"全部应用"按钮即可。

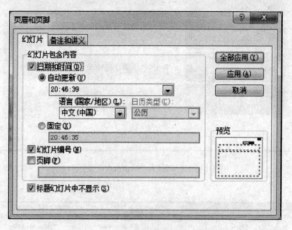

图 3-147　设置页眉和页脚

将视图切换至"幻灯片浏览视图"，效果如图 3-148 所示。

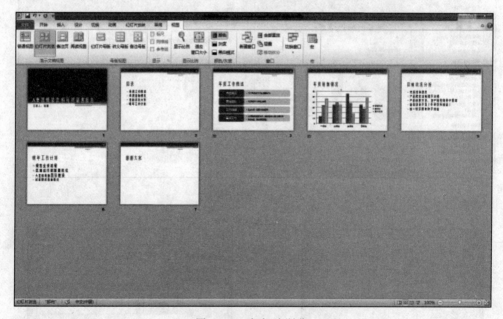

图 3-148　幻灯片浏览

保存文件，单击"从头开始"按钮放映幻灯片，观看效果。

本 章 小 结

随着科学技术、社会经济的快速发展和计算机应用的普及,Office 办公软件的学习变得越来越重要。

通过本章的学习,需要掌握使用 Word 进行文字处理、编辑和排版,处理图片、表格等多种对象,掌握使用 Excel 进行各种数据的处理、使用内置函数进行数据处理、对数据进行分类、排序及绘制图表,掌握使用 PowerPoint 制作和放映演示文稿,在幻灯片中添加文字、图片、表格、视频等,熟悉 Word、Excel 和 PowerPoint 的窗口组成及工作视图,了解科技论文的排版、商业销售报表的制作以及课件的制作。

第4章

多媒体软件的使用

多媒体技术是指能够通过计算机处理图形、图像、影音、声讯、动画等多媒体信息，并支持完成一系列交互式操作的信息技术。近年来多媒体技术得到了迅速发展，以极强的渗透力进入了各个领域，被广泛应用于文化教育、技术培训、电子图书、观光旅游、商用及家庭娱乐等方面。多媒体技术的应用离不开文字编辑、音频处理、图像处理、视频处理、动画制作等多媒体应用软件的支撑。本章主要介绍目前市场上最常用的几款多媒体软件，包括 Adobe 公司开发的音频编辑软件 Audition CS6、图像编辑软件 Photoshop CS6 以及视频编辑软件 Premiere Pro CS6 的基本知识与使用技巧。

4.1 声 音 编 辑

4.1.1 初识 Adobe Audition CS6

Adobe Audition 是 Adobe 公司开发的一款功能强大的专业音频编辑和混合环境软件，原名为 Cool Edit Pro，被 Adobe 公司收购后改名为 Adobe Audition，它是一款非常出色的数字音乐编辑器和 MP3 制作软件，最多可以混合 128 个声道，可编辑单个音频文件、创建回路并支持 45 种以上的数字信号处理效果。Audition CS6 中文版专门为在照相、广播和后期制作方面工作的音频和视频专业人员设计，是一个完善的多声道录音室，可提供灵活的工作流程且操作更简便。无论是录制音乐、无线电广播还是为录像配音，Audition CS6 中的强劲工具均可提供充足动力，以创造最高质量的丰富、细微的音响。Audition CS6 是 Cool Edit Pro 2.1 等前序版本的更新版和增强版。

1. Adobe Audition CS6 的工作界面

根据项目任务的不同，Audition CS6 将工作界面分为三类，分别是波形编辑器界面、多轨编辑器界面和 CD 编辑器界面。

1) 波形编辑器界面

波形编辑器界面是专门为编辑单轨波形文件所设置的界面。启动 Adobe Audition CS6，执行"视图"→"波形编辑器"命令，进入波形编辑器界面，如图 4-1 所示。

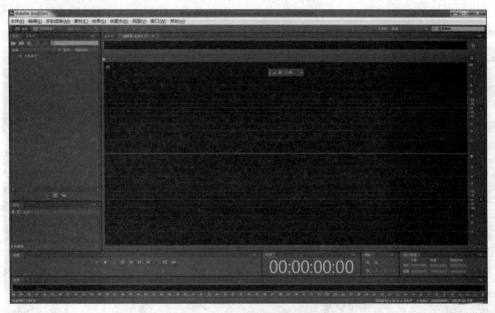

图 4-1　波形编辑器界面

2）多轨编辑器界面

启动 Adobe Audition CS6，执行"视图"→"多轨编辑器"命令，进入多轨编辑器界面，如图 4-2 所示。

图 4-2　多轨编辑器界面

3）CD 编辑器界面

启动 Adobe Audition CS6，执行"视图"→"CD 编辑器"命令，进入 CD 编辑器界面，如

图 4-3 所示。

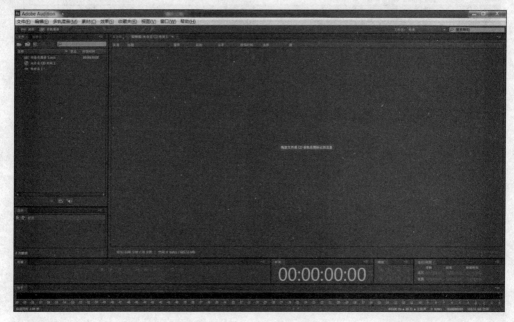

图 4-3　CD 编辑器界面

2．Adobe Audition CS6 的界面布局

Adobe Audition CS6 的工作界面支持自由布局，通过打开不同的面板及调整面板的大小与布局可以建立工作时需要的界面，使界面操作更加方便、快捷。打开或关闭相关的面板、调整面板的大小或位置可以重新布局工作界面。

Adobe Audition CS6 中各种编辑器下的面板主要有"文件"面板、"媒体浏览器"面板、"效果夹"面板、"标记"面板、"属性"面板、"历史"面板等。

"文件"面板用于显示在单轨界面和多轨界面中打开的声音文件和项目文件，"文件"面板还具有管理相关编辑文件的功能，如新建、打开、关闭、导入、删除和关闭等。导入文件如图 4-4 所示。

"媒体浏览器"面板用于查找和监听磁盘中的音频文件，找到文件后双击文件或者把文件拖曳至音轨，即可在单轨界面中打开文件，如图 4-5 所示。

"效果夹"面板用于在单轨界面或者多轨界面中为音频文件、素材或者轨道添加相应效果。单轨界面的效果夹和多轨界面的略有不同。执行"窗口"→"效果夹"命令，打开"效果夹"面板，其中有很多效果，单轨界面的效果夹面板如图 4-6 所示，多轨界面的"效果夹"面板如图 4-7 所示。

"标记"面板用于对波形进行添加、删除和合并等操作，如图 4-8 所示。

"属性"面板用于显示声音文件或者项目文件的信息，如图 4-9 所示。

"历史"面板用于记录用户的操作步骤，可以通过选择列表框中的步骤名称恢复至该步骤，如图 4-10 所示。

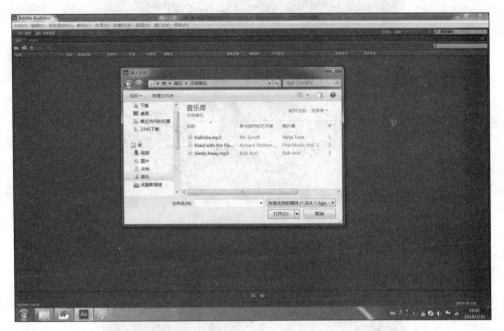

图 4-4　导入文件

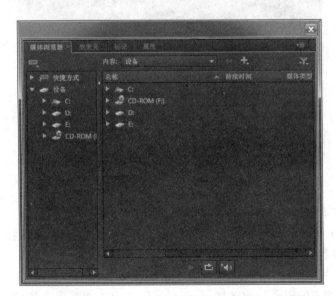

图 4-5　"媒体浏览器"面板

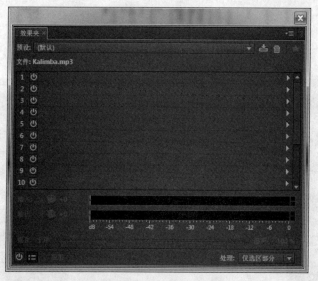

图 4-6 "效果夹"面板(单轨界面)

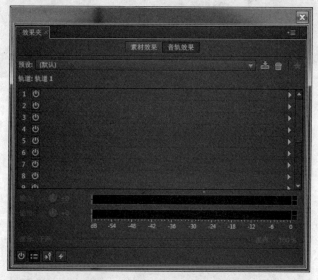

图 4-7 "效果夹"面板(多轨界面)

1）面板的基本操作

单击面板右上角的快捷菜单按钮，或右击面板名称都会弹出快捷菜单，如图 4-11 所示，可对面板进行各项操作。

2）工作区的基本操作

工作区是指用来编辑音频的区域，只有在工作区中才能完成音频的制作和编辑。在 Audition CS6 中，用户可以通过"新建工作区"命令自定义适合自己的工作区，从而提高工作效率，如图 4-12 所示。

在 Audition CS6 中，用户可以通过"删除工作区"命令将多余的工作区删除，如图 4-13 所示。执行该操作即可删除选择的工作区，在"工作区"的子菜单中可以看到刚刚

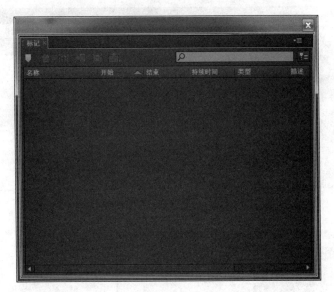

图 4-8　"标记"面板

图 4-9　"属性"面板

图 4-10　"历史"面板

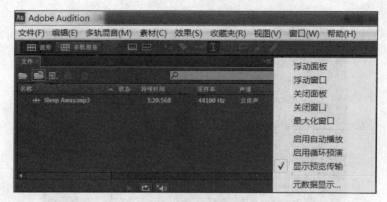

图 4-11　面板的快捷菜单

图 4-12　新建工作区

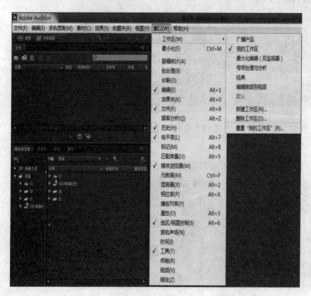

图 4-13　删除工作区

删除的工作区已经不存在了,如图 4-14 所示。

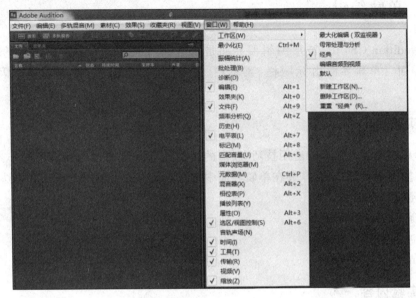

图 4-14　工作区已经被删除

在 Audition CS6 中,如果用户对调整后的工作区不满意,则可以使用 Audition CS6 提供的"重置"经典""命令对工作区进行重置,使之还原到工作区的初始状态,如图 4-15 所示。

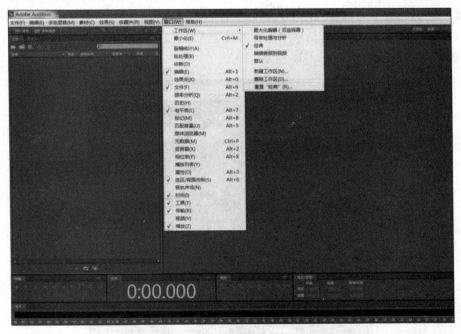

图 4-15　重置工作区

4.1.2 单轨编辑

在 Audition CS6 中,波形编辑器界面是用于编辑单轨波形文件所设置的界面,称为单轨界面。单轨界面由标题栏、菜单栏、工具栏、常用面板、编辑器窗口及状态栏组成。

1. 实验目的

掌握单轨界面中工具的使用技巧,波形的编辑技术以及撤销与恢复的操作方法。通过学习和操作本实验,熟练掌握在单轨界面中对音频文件进行编辑的技巧和方法。

(1)熟悉单轨界面。

(2)运用工具编辑音频。

(3)波形的基本编辑。

(4)单轨的其他编辑。

2. 实验内容

【实验 4-1】 认识波形文件。

操作步骤:

【步骤 1】启动 Adobe Audition CS6,导入需要处理的图片,执行"文件"→"打开"命令,进入波形编辑器界面,如图 4-1 所示。

【步骤 2】在波形编辑器视图下,执行"文件"→"导入"→"文件"命令,或按 Ctrl+I 快捷键,在弹出的"导入文件"对话框中选择需要导入的文件"礼花.wav",单击"打开"按钮,文件被导入"文件"面板,如图 4-16 所示。

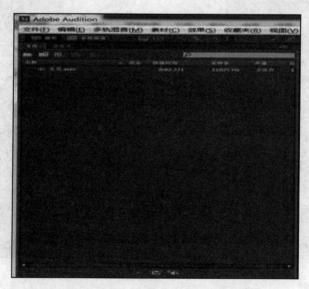

图 4-16 文件被导入"文件"面板(1)

在"文件"面板中单击"导入文件"按钮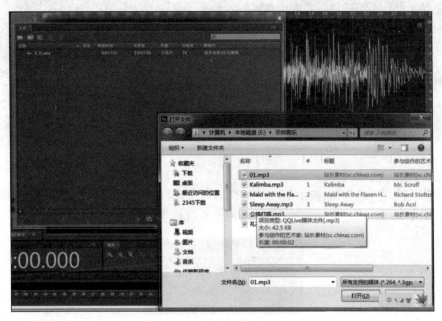，或在"文件"面板的空白区域双击，在弹出的"导入文件"对话框中选择需要导入的文件"01.mp3"，单击"打开"按钮，文件被导入"文件"面板，如图4-17所示。

图 4-17　文件被导入"文件"面板(2)

【步骤 3】在"编辑器"面板中观察波形，发现该音频是立体声，上面是左声道，下面是右声道，如图4-18所示。只有一条波形的是单声道，如图4-19所示。

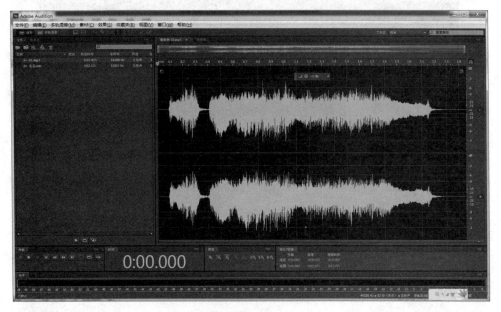

图 4-18　立体声波形

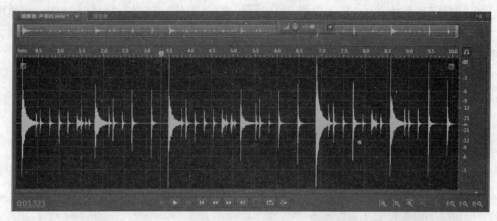

图 4-19 单声道波形

【步骤 4】单击"缩放"面板中的"水平放大(放大(时间))"和"垂直放大(放大(振幅))"按钮,如图 4-20 所示,放大局部波形,红色的水平线称为零位线,如图 4-21 所示。

图 4-20 "缩放"面板

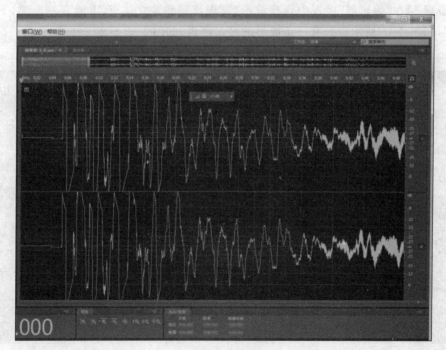

图 4-21 零位线

【步骤 5】将时间轴的格式设置为采样点,放大波形,如图 4-22 所示。

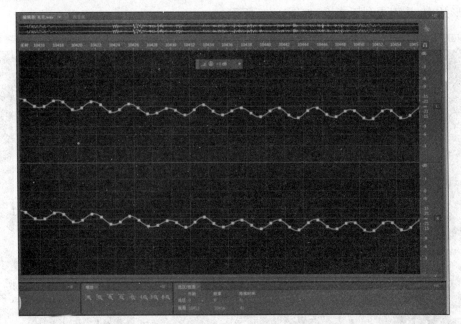

图 4-22 采样点

【实验 4-2】 单轨音频波形的基本编辑——制作手机铃声。

操作步骤:

【步骤 1】打开素材文件"公鸡打鸣.mp3",播放音频,选择音频结尾处的波形部分,如图 4-23 所示。

图 4-23 选择音频结尾处的波形

【步骤 2】单击"缩放"面板中的"放大（时间）"按钮和"放大（振幅）"按钮，将所选的波形放大，从而更利于查看，如图 4-24 所示。

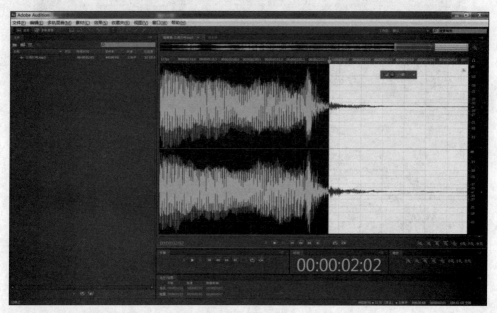

图 4-24　放大波形

【步骤 3】选择一段需要删除的波形，如图 4-23 所示，按 Delete 键或执行"编辑"→"删除"命令，将选择区域的波形删除，如图 4-25 所示。

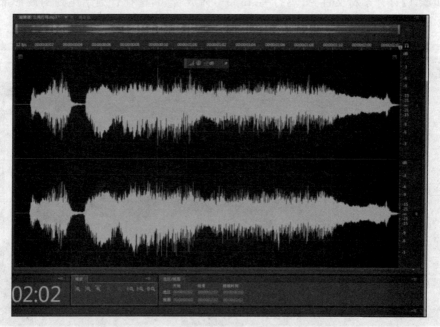

图 4-25　删除波形

【步骤4】按照步骤3中的方法,再删除两段波形,如图4-26和图4-27所示,删除后的效果如图4-28所示。

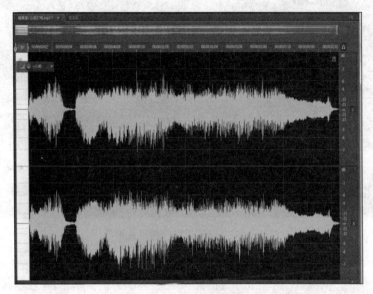

图 4-26　选择需要删除的波形(1)

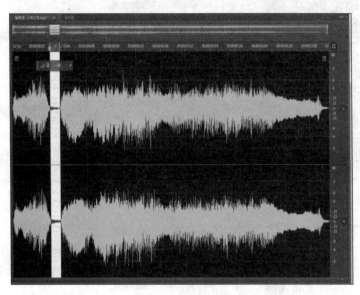

图 4-27　选择需要删除的波形(2)

【步骤5】在"编辑器"面板中双击,即可选中整个波形,如图4-29所示。执行"编辑"→"复制"命令,如图4-30所示,即可将选中的波形复制到剪贴板。

【步骤6】将时间指示器移动至准备粘贴的位置(波形的末尾处),如图4-31所示。

【步骤7】在菜单栏中执行"编辑"→"粘贴"命令,如图4-32所示,或者在"编辑器"面板中打开快捷菜单并执行"粘贴"命令,如图4-33所示。将选择的音频波形粘贴到指定位置,即可完成复制、粘贴音频波形的操作,粘贴后的效果如图4-34所示。

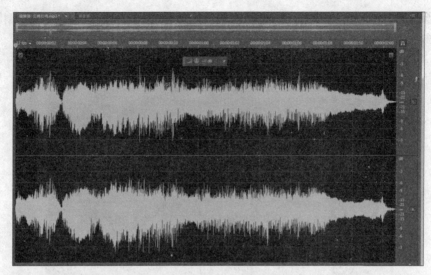

图 4-28　删除选择的两段波形

图 4-29　选中整个波形

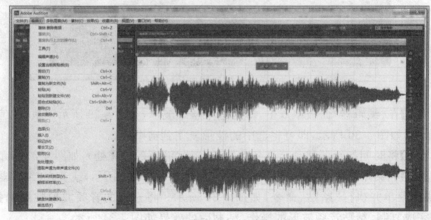

图 4-30　将波形复制到剪贴板

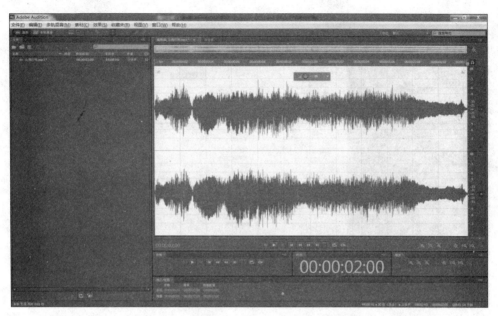

图 4-31　移动时间指示器

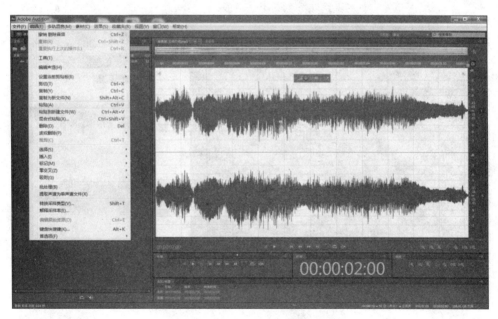

图 4-32　通过菜单栏执行"粘贴"命令

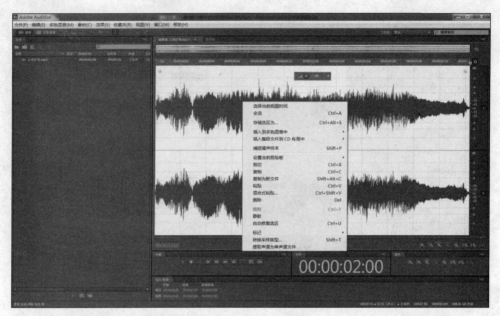

图 4-33　通过快捷菜单执行"粘贴"命令

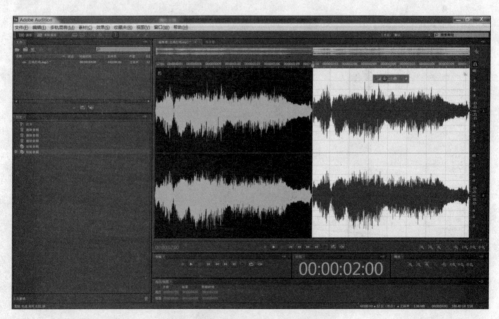

图 4-34　复制和粘贴音频波形

大学信息技术实用教程

【步骤8】使用相同的方法多次复制和粘贴音频波形后,得到最终想要的音频效果,如图 4-35 所示。

图 4-35　最终的音频波形

【步骤9】向左拖曳右上角的"淡出"按钮，制作音频的淡出效果,如图 4-36 所示。

图 4-36　制作音频的淡出效果

【步骤10】向右拖曳左上角的"淡入"按钮，制作音频的淡入效果,如图 4-37 所示。

【步骤11】在菜单栏中执行"文件"→"另存为"选项,如图 4-38 所示。

【步骤12】在弹出的"存储为"对话框中设置文件名、保存位置以及格式,单击"确定"按钮,即可完成个人手机铃声的制作,如图 4-39 所示。

图 4-37 制作音频的淡入效果

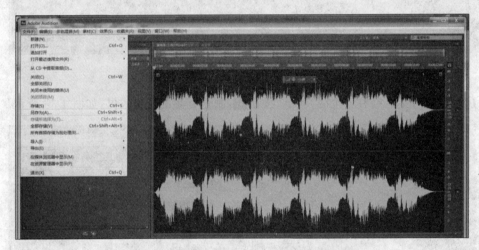

图 4-38 选择"另存为"选项

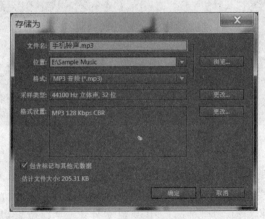

图 4-39 "存储为"对话框

4.1.3　多轨编辑

在 Audition CS6 中,多轨编辑器界面是指能够完成多轨音频合成处理的界面,简称多轨界面。多轨界面是一种非常灵活、实时的编辑环境,可以在回放时更改播放设定,并立即监听结果。多轨界面由标题栏、菜单栏、工具栏、常用面板、编辑器窗口及状态栏组成,如图 4-2 所示。

1. 实验目的

掌握创建多轨声道、管理与设置多条轨道以及将多轨缩混为新文件的方法。通过学习和操作本实验,熟练掌握多轨音频在合成和制作方面的技巧与方法。

(1) 多轨界面。

(2) 创建多轨声道。

(3) 管理和设置多条轨道。

(4) 缩混为新文件。

2. 实验内容

使用 Audition CS6 编辑多轨音频之前,首先需要新建多轨合成项目,多轨合成是指在多条音频轨道上对不同的音频文件进行合成和编辑,同时不破坏原素材。Audition CS6 的多轨界面可以使不同的音频块同时发声或不同时发声,可以为每个音频块添加各种各样的音效,并且可以立即监听效果。当对整体效果感到满意后,可以生成一个单独的音频块,这个过程称为缩混。

【实验 4-3】　多轨音频合成处理实例——制作配乐诗朗诵。

操作步骤:

【步骤 1】启动 Adobe Audition CS6,执行"文件"→"新建"→"多轨混音项目"命令,如图 4-40 所示。弹出"新建多轨混音"对话框,如图 4-41 所示,在"混音项目名称"文本框中

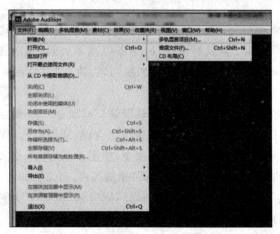

图 4-40　执行"多轨混音项目"命令

输入多轨项目的文件名称"多轨音频",选择文件位置后单击"确定"按钮,即可在"编辑器"面板中看到新建的项目文件"多轨混音.sesx",如图 4-42 所示,即可完成多轨合成项目的新建。

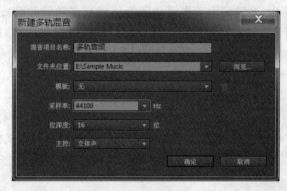

图 4-41 "新建多轨混音"对话框

图 4-42 新建项目文件"多轨混音.sesx"

【步骤 2】创建多轨项目文件后,在菜单栏中执行"多轨混音"→"轨道"→"添加单声道轨(/添加立体声轨/添加 5.1 声轨)"命令,如图 4-43 所示,即可完成音频轨道的添加。如果需要将视频导入 Audition CS6,则需要添加视频轨,执行"多轨混音"→"轨道"→"添加视频轨"命令即可完成操作。

【步骤 3】选择刚刚创建的轨道,执行"多轨混音"→"轨道"→"删除所选择轨道"命令,如图 4-44 所示,或按 Ctrl+Alt+Backspace 快捷组合键,即可将选择的轨道删除。

【步骤 4】执行"文件"→"导入"→"文件"命令,如图 4-45 所示,选择"配乐诗朗诵"文件夹中的素材文件"古韵配乐.mp3""春晓.wav""小鸟鸣声.mp3",如图 4-46 所示。

【步骤 5】在"文件"面板中将"古韵配乐.mp3"拖曳到"轨道 1",将"春晓.wav"拖曳到"轨道 2",将"小鸟鸣声.mp3"拖曳到"轨道 3",如图 4-47 所示。

【步骤 6】选择"时间选区"工具 ■,在"轨道 2"中选中 0~00:00:02:00.0s 的波形,如

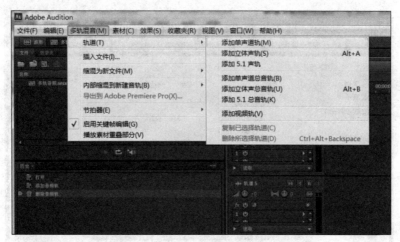

图 4-43　执行"添加单声道轨"命令

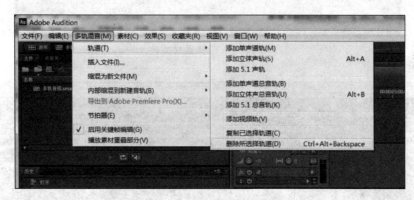

图 4-44　删除所选择轨道

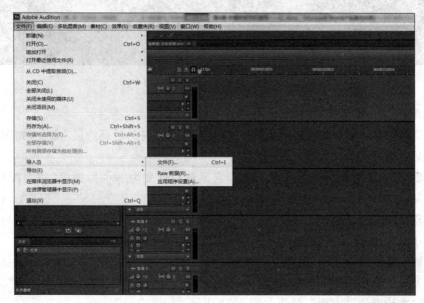

图 4-45　导入音频文件

图 4-46　选择素材文件

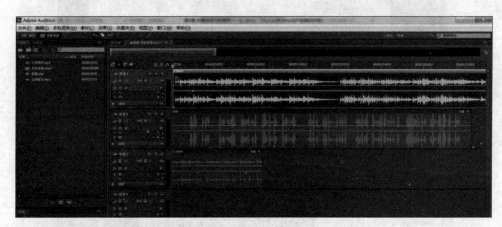

图 4-47　将音频拖曳至轨道

图 4-48 所示。

　　【步骤 7】执行"编辑"→"波形删除"→"所选择素材内的时间选区"命令,如图 4-49 所示,执行后的效果如图 4-50 所示。

　　【步骤 8】将鼠标指针移动到"轨道 1",当鼠标指针变为 ⊣ 时,拖曳"古韵配乐.mp3"音频段,使其与"春晓.wav"音频段对齐,如图 4-51 所示。

　　【步骤 9】将鼠标指针移动到"轨道 2",拖曳"春晓.wav"音频段至 00:00:11:00.0s,使其与"小鸟鸣声.mp3"音频段的末尾对齐,如图 4-52 所示。

　　【步骤 10】单击"轨道 1"的名称,使其变为可编辑状态,如图 4-53 所示。输入新的名称"背景音乐",然后按 Enter 键,即可完成重命名轨道的操作。依次将"轨道 2""轨道 3"重命名为"古诗朗诵""前奏",效果如图 4-54 所示。

图 4-48　选中一段时间的波形

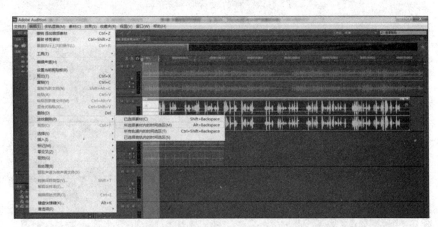

图 4-49　执行"所选择素材内的时间选区"命令

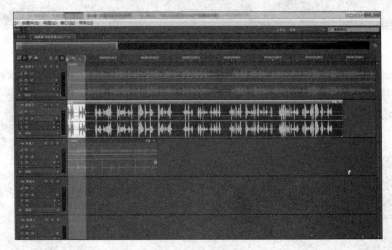

图 4-50　执行后的效果

图 4-51　将两段音频对齐(1)

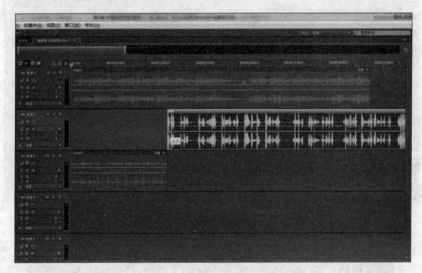

图 4-52　将两段音频对齐(2)

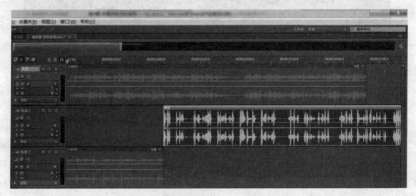

图 4-53　将"轨道 1"重命名

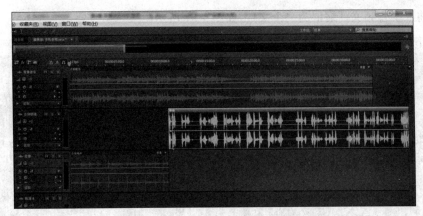

图 4-54 将"轨道 2"和"轨道 3"重命名

【步骤 11】在"编辑器"窗口中选择需要调整的轨道,然后滑动"音量"按钮以调整音量的大小,也可以在其后面的参数栏中直接输入数值,输入范围为负无穷至+15dB。依次将 3 个轨道的音量调整为+2dB、+6dB、−2dB,如图 4-55 所示。

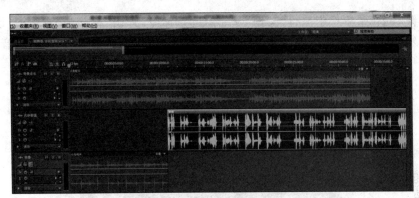

图 4-55 调整 3 个轨道的音量

【步骤 12】在菜单栏中执行"多轨混音"→"缩混为新文件"→"完整混音"命令,如图 4-56

图 4-56 执行"完整混音"命令

所示。将 3 个音频文件缩混为一个文件,如图 4-57 所示。

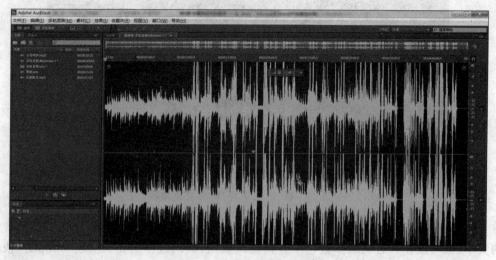

图 4-57　将 3 个音频文件缩混

【步骤 13】在菜单栏中执行"文件"→"另存为"命令,弹出"存储为"对话框,设置文件名为"配乐诗朗诵",设置保存位置及格式,单击"确定"按钮,即可完成多轨混音制作,如图 4-58 所示。

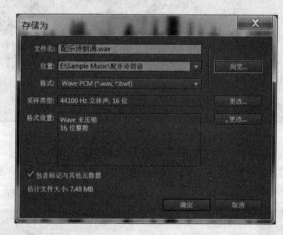

图 4-58　"存储为"对话框

4.2　图　像　编　辑

4.2.1　初识 Adobe Photoshop CS6

Adobe Photoshop 是 Adobe 公司开发和发行的一款图像编辑软件,简称 PS。Photoshop 主要用于处理位图图像,可以完成图像格式和模式的转换,能够实现图像的色彩调整等功能,使用图像编辑和绘图工具可以对图像进行有效的后期处理,功能强大,应用非常广泛,在平面广告设计、数码照片处理、视觉创意、艺术文字、建筑效果图后期修饰及网页设计等方面都有涉及,具有不可替代的重要作用。Photoshop CS6 是 Adobe 公司推出的第 13 代 Photoshop 软件,它在前续版本的基础上进行了较大的更新,新增了很多功能,包括自动存储功能、视频处理功能、可变操作界面、重新规划滤镜菜单、内容感知移动工具等,加强了 3D 图像编辑,该版本也是目前应用较为广泛的一个版本。

1. Adobe Photoshop CS6 的工作界面

随着版本的不断升级,Photoshop CS6 的工作界面变得更加合理和人性化。Photoshop CS6 采用了暗色调的用户界面,图形处理区域更加开阔,文档的切换也变得更加快捷,创造了更加方便的工作环境。启动 Photoshop CS6,图 4-59 所示为工作界面。工作界面包含菜单栏、工具箱、工具选项栏、面板以及状态栏等。

图 4-59　Photoshop CS6 的工作界面

1）菜单栏

Photoshop CS6 包含 11 个主菜单,这些菜单按主题进行组织,包括文件、编辑、图像、图层、文字、选择、滤镜、视图、窗口和帮助。单击菜单栏中的命令即可打开相应的菜单。如图 4-60 所示,"图像"菜单包含对图像进行常规编辑的命令。

2）工具箱

Photoshop CS6 的工具箱提供了 65 种工具,默认位置在工作区的左侧,它将Photoshop CS6 的功能以图标的形式聚集在一起,通过工具箱的名称和形态就可以了解其功能。单击工具箱顶部的双箭头可以切换工具箱的显示形式,分为单排显示和双排显示,将鼠标指针放置到某个图标上即可显示该工具的名称,长按按钮图标即可显示该工具组中的其他隐藏工具,如图 4-61 所示。

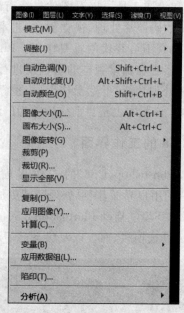

图 4-60 "图像"菜单

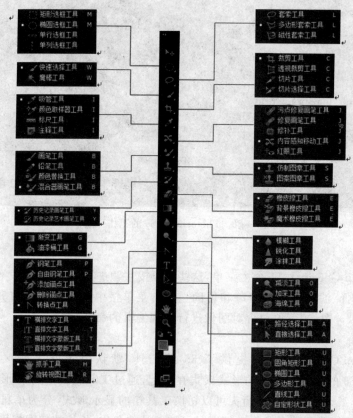

图 4-61 工具箱

3）工具选项栏

工具选项栏默认位于菜单栏的下方，用于设置工具的属性，根据所选工具的不同，工具选项栏中的内容也会随之变换。在工具箱中选择一个工具后，工具选项栏中会显示该工具对应的属性设置。例如，当选择仿制图章工具时，其选项栏如图 4-62 所示。

图 4-62 工具选项栏

4）面板

Photoshop CS6 中一共有 26 个面板，在"窗口"菜单中可以选择需要的面板并将其在工作界面中打开。这些面板主要用来配合图像的编辑、对操作进行控制以及设置参数等。常用的面板有"图层"面板、"通道"面板、"颜色"面板、"历史记录"面板、"导航器"面板、"信息"面板、"样式"面板等。

"图层"面板是 Photoshop CS6 中最常用的面板之一，可以对图像的图层进行各种编辑，还可以为图层添加效果、设置图层蒙版、设置图层之间的混合模式和不透明度等，如图 4-63 所示。

"通道"面板可以显示和编辑图像的所有颜色信息，可以通过该面板创建、保存和管理通道，如图 4-64 所示。

图 4-63 "图层"面板

图 4-64 "通道"面板

"颜色"面板用于设置前景色和背景色的颜色，在面板中单击右侧的前景色色块即可设置前景色，单击背景色色块即可设置背景色，单击并拖曳右侧的滑块即可设置选择的颜色，如图 4-65 所示。

"历史记录"面板可以将图像恢复到操作过程中的某一步的状态，也可以再次回到当前的操作状态，或者将处理结果创建为快照或新文件，如图 4-66 所示。

图 4-65 "颜色"面板

图 4-66 "历史记录"面板

"导航器"面板用于观察图像，通过该面板可以方便地进行图像的缩放，如图 4-67 所示。

"信息"面板可以提供鼠标指针所在位置的色彩信息及坐标值，如图 4-68 所示。

"样式"面板可以迅速实现图层特效，是图层风格效果的快速应用。Photoshop CS6 中预设了丰富的风格样式数据库，在制作立体按钮等效果时可以直接利用，如图 4-69 所示。

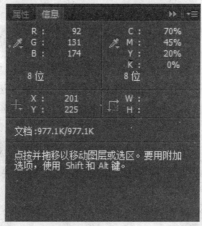

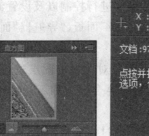

图 4-67 "导航器"面板　　　　图 4-68 "信息"面板　　　　图 4-69 "样式"面板

5）状态栏

状态栏位于工作界面的最底部，可以显示当前文件的大小、尺寸、当前使用的工具和窗口缩放比例等信息，单击状态栏中的三角形图标可以设置需要显示的内容，如图 4-70 所示。

图 4-70 状态栏

6）实用的工作区

随着 Photoshop 的发展，其功能日益强大，应用范围也越来越广泛，可以应用于绘画、摄影和排版等领域。Photoshop CS6 针对不同用户提供了不同的工作区，方便不同用户使用，如图 4-71 所示。

图 4-71 "摄影"
工作区

2. 图像处理基础知识

在使用 Photoshop CS6 进行图像处理之前，首先需要了解一些与图像处理相关的知识，以便准确、快速地处理图像。下面将针对像素与分辨率、位图与矢量图、图像的色彩模式、常用的图像格式等图像处理基础知识进行讲解。

1）像素与分辨率

在 Photoshop 中，图像主要分为位图图像与矢量图像，而图像的尺寸及清晰度则是由图像的像素与分辨率控制的。

像素（pixel）是构成位图图像的最小单位。通常情况下，一幅普通的数码图像必然有连续的色相和明暗度。如果把图像放大数倍，则会发现这些连续色调是由许多色彩相近的小方点所组成的，这些小方点就是像素，如图 4-72 所示。构成一幅图像的像素越多，其色彩信息就越丰富，效果就越好，文件所占的空间也就更大。

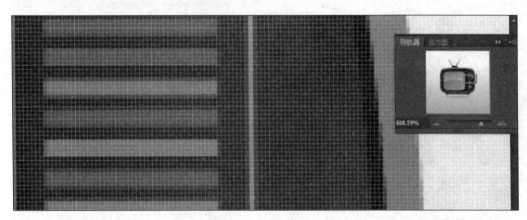

图 4-72 像素

分辨率指位图图像的细节精细度，分辨率越高，可显示的细节就越多，画面就越精细，同时也会增加文件占用的存储空间。在 Photoshop 中，图像的分辨率所使用的单位是像素/英寸（ppi），即每英寸图像所显示的像素数目。

2）位图图像与矢量图像

计算机图形主要分为位图图像和矢量图像。Photoshop 是典型的位图软件，但也包含一些矢量功能。

位图图像在技术上被称为栅格图像，也称为点阵图像。位图图像由像素组成，每个像素都会被分配一个特定的位置和颜色值。在处理位图图像时所编辑的对象是像素，一般用于照片品质的图像处理,如图 4-73 所示。如果将其放大 8 倍,此时就可以清晰地观察到图像中有很多很小的方块(即像素),如图 4-74 所示。

图 4-73　位图原图

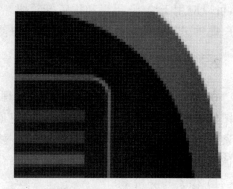

图 4-74　局部放大位图

矢量图像也称为矢量对象,是根据几何特性绘制图形的。与位图图像不同,矢量文件中的图形元素称为矢量图像的对象,每个对象都是一个自成一体的实体,具有颜色、形状、轮廓、大小和屏幕位置等属性,如图 4-75 所示。矢量图像的特点是放大后图像不会失真,和分辨率无关,如图 4-76 所示。

图 4-75　矢量图原图

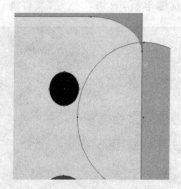

图 4-76　局部放大矢量图

3) 图像的色彩模式

图像的色彩模式是将某种颜色表现为数字形式的模型,它决定了显示和打印图像颜色的方式,常用的色彩模式有 RGB 模式、CMYK 模式、Lab 模式、灰度模式、位图模式等。

RGB 模式被称为真彩色模式,是 Photoshop 中默认使用的色彩模式,也是最常用的一种颜色模式。RGB 模式的图像由 3 个颜色通道组成,分别是红色通道(Red)、绿色通道(Green)和蓝色通道(Blue)。每个通道均使用 8 位颜色信息,每种颜色的取值范围是 0~255,这三个通道通过组合可以产生 1670 万余种不同的颜色。在 RGB 模式中,用户可以使用 Photoshop 中的所有命令和滤镜,RGB 模式的图像文件比 CMYK 模式的图像文件要小得多。不管是扫描输入的图像还是绘制图像,一般都采用 RGB 模式存储。

CMYK 模式是一种印刷色彩模式，4 个字母分别表示青色（Cyan）、洋红色（Magenta）、黄色（Yellow）和黑色（Black），分别代表印刷中的 4 种油墨的颜色，每种颜色的取值范围是 0%～100%。CMYK 模式本质上与 RGB 模式没有区别，只是产生色彩的原理不同。和 RGB 相反，颜色越叠加，数值就越大，色调就越黑暗，所以 CMYK 模式产生颜色的方法又称为色光减色法。在 Photoshop 中，一般不采用 CMYK 模式，因为这种模式的图像文件不仅占用的存储空间大，而且不支持很多滤镜。所以，一般在需要印刷时才将图像转化为 CMYK 模式。

Lab 模式中的 L 为明度通道，a、b 通道为色彩通道，是目前比较接近人眼视觉的一种颜色模式，它显示的色彩范围比 RGB 和 CMYK 更广泛。

灰度模式可以使用 256 级的灰度表现图像，使图像的过渡更加平滑细腻。灰度模式的图像只有明暗度，没有色相和饱和度。其中，0% 为黑色，100% 为白色，K 值用来衡量黑色油墨的用量。使用黑白和灰度扫描仪产生的图像常用灰度模式显示。

位图模式的图像又称为黑白图像，用黑、白两种颜色值表示图像中的像素。其中，每个像素都使用 1b 的分辨率记录色彩信息，占用的存储空间较小，因此它占用的磁盘空间最少。位图模式只能制作黑、白颜色对比强烈的图像。如果要将一幅彩色图像转换成黑白颜色的图像，必须先将其转换成灰度模式的图像，然后再将其转换为黑白模式的图像，即位图模式的图像。

4）常用的图像格式

在 Photoshop CS6 中，文件的保存格式有很多种，不同的图像格式各有优缺点，常用的图像格式主要有 PSD 格式、BMP 格式、JPEG 格式、GIF 格式、PNG 格式、TIFF 格式等。

PSD 格式是 Photoshop 中的默认格式，也是唯一支持全部图像色彩模式的格式。以 PSD 格式保存的图像文件包含图层、通道及色彩模式等众多的数据信息，虽然在保存时进行了适当的压缩，但图像文件仍然很大，会比其他格式的图像文件占用更多的磁盘空间。

BMP 格式是 DOS 和 Windows 平台上常用的一种图像格式。BMP 格式支持 1～24 位的颜色深度，可用的颜色模式有 RGB、索引颜色、灰度和位图等，但不能保存 Alpha 通道。BMP 格式的特点是其包含的图像信息比较丰富，几乎不会对图像进行压缩，但其占用的磁盘空间较大。

JPEG 格式是一种有压缩的网页格式，不支持 Alpha 通道，也不支持透明。JPEG 格式的最大特点是文件比较小，是应用十分广泛的一种图像格式，绝大多数的设备都支持 JPEG 格式。

GIF 格式是一种通用的图像格式，它是一种有损压缩格式，支持透明和动画。另外，使用 GIF 格式保存的文件不会占用太多的磁盘空间，是网页中常用的图像格式。

PNG 格式是一种无损压缩的网页格式，它结合了 GIF 格式和 JPEG 格式的优点，不仅无损压缩、体积更小，而且支持透明和 Alpha 通道。由于 PNG 格式不完全适用于所有浏览器，所以其在网页中比 GIF 格式和 JPEG 格式使用得少。

TIFF 格式用于在不同的应用程序和不同的计算机平台之间交换文件，是一种通用的位图文件格式,几乎所有的绘图、图像编辑和页面版式应用程序均支持该文件格式。

4.2.2　图像处理案例

在图像处理领域中,Photoshop 的功能强大,是一个重要的工具。在不同的应用中,图像的处理方法及着重点也有所不同,在使用时要根据具体的应用灵活地使用不同的制图技巧。Photoshop 的处理流程一般为:手绘(抠图)→修图→调色→合成→特效。本节通过案例带动知识点的方式讲解 Photoshop CS6 在实际案例中的处理方法。

1.　实验目的

掌握 Photoshop CS6 的基本操作及使用技巧,能应用 Photoshop CS6 完成图像的基本处理,强调通过实例操作熟练掌握该软件的使用,为熟练使用计算机进行图形制作和进一步学习其他图形软件打下基础。通过学习和操作本实验,初步掌握 Photoshop CS6 中基本工具和命令的使用方法,能独立完成对图片的综合处理。

(1) 图层的基本操作。

(2) 图像的修饰与编辑。

(3) 创建并编辑选区。

(4) 路径与矢量工具。

(5) 蒙版的应用。

(6) 文字的处理。

(7) 滤镜的使用。

2.　实验内容

【实验 4-4】　制作圆形图片。

生活中人们最常见的图片大多是中规中矩的矩形图片,但在一些具体的展示和制图过程中,圆形或者其他形状的图片往往会发挥意想不到的效果。本实验将介绍如何使用 Photoshop CS6 制作圆形图片。

操作步骤:

【步骤 1】启动 Adobe Photoshop CS6,导入需要处理的图片。执行"文件"→"打开"命令,或按 Ctrl+O 快捷键,选择需要打开的文件"素材 1.jpg",如图 4-77 所示。

【步骤 2】执行"窗口"→"导航器"命令或单击▓按钮,打开"导航器"面板,滑动浏览器下方的小三角,将图片的缩放比例改变为 100%,如图 4-78 所示。

执行"图像"→"图像大小"命令,打开"图像大小"对话框,依照图 4-79 进行设置:把"文档大小"的单位设置为"百分比","宽度""高度"均设置为 110,这将把图像放大 10%;勾选"重定图像像素"复选框并把插补方法设定为"两次立方",当以 10% 的增量放大图像时,一般不会使图像变模糊或变柔和(注意:有时需要把图像放大很多遍,可以将上述操作过程重复执行多次,每执行一次,图像便放大 10%),如图 4-80 所示。

图 4-77　打开文件"素材 1.jpg"

图 4-78　改变图片的缩放比例

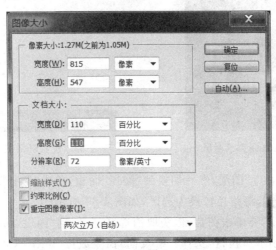

图 4-79　"图像大小"对话框

图 4-80　放大图像

【步骤 3】执行"图层"→"复制图层"命令或在"图层"面板中将背景图层拖曳到下方的"新建图层"按钮 ▣ 上再释放鼠标,即可复制背景图层,如图 4-81 所示。(注意:背景图层位于"图层"面板的底部,默认为锁定状态,对其进行处理前,通常需要复制该图层或者将其转换为普通图层。)

【步骤 4】在左侧的工具栏中选择形状工具,右击椭圆工具 ◯,在工具选项栏中将参数设置为形状、无填充、无描边,如图 4-82 所示。在需要制作圆形的区域按住 Shift 键,单击并画出圆形形状,"图层"面板中即会出现"椭圆 1"的"形状"图层,如图 4-83 所示。

图 4-81　复制背景图层

图 4-82　设置椭圆工具的参数

【步骤 5】选择"椭圆 1"图层,然后切换到"路径"面板,单击"路径"面板下方的"将路径作为选区载入"按钮 ▦,将路径转换为选区,如图 4-84 所示。

保持选区(注意:不要单击图片,以免取消选区。),回到"图层"面板,选择之前复制的背景图层"背景图层 副本",执行"选择"→"反向"命令或按 Shift+Ctrl+I 组合键,将选区反向选中,如图 4-85 所示。

图 4-83 "椭圆 1"的"形状"图层

图 4-84 将路径转换为选区

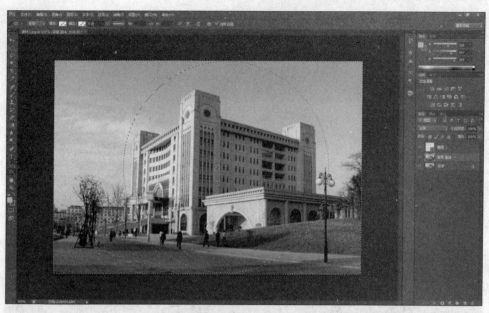

图 4-85　反向选中选区

【步骤 6】按 Delete 键删除选区内容，并单击"图层"面板中相应图层前的 <img> 按钮，隐藏"椭圆 1"图层和"背景"图层，如图 4-86 所示。

图 4-86　删除选区内容

【步骤 7】按 Ctrl＋D 快捷键可以取消选区。执行"文件"→"存储为"命令，将图片格式修改为 PNG 格式并保存，如图 4-87 所示。

图 4-87　保存图片

【实验 4-5】　制作安徽农业大学建校 90 周年纪念币。

操作步骤：

【步骤 1】启动 Adobe Photoshop CS6，导入需要处理的图片。执行"文件"→"打开"命令或按 Ctrl＋O 快捷键，选择需要打开的文件"安徽农业大学图书馆.png"，打开"导航器"面板，调整缩放比例，将图像边缘的路灯部分放大。选择"仿制图章"工具 ，按住 Alt 键，在图像右侧边缘单击进行取样，松开 Alt 键后再次取样，进行多次覆盖，将边缘的路灯部分去除，如图 4-88 所示。（注意：Photoshop CS6 中和修复图像相关的工具主要包括污点修复画笔工具、修复画笔工具、修补工具、内容感知移动工具、红眼工具以及仿制图章工具，其中，仿制图章工具和污点修复画笔工具最为常用，都是利用图像中的样本像素进行瑕疵的校正。使用图像修复与修补工具对图像进行修复，可以几种工具交替使用，如在本步骤中也可以使用污点修复画笔工具 完成修复。）

【步骤 2】执行"文件"→"打开"命令或按 Ctrl＋O 快捷键，打开文件"背景.jpg"，如图 4-89 所示。使用移动工具 将图书馆图形拖曳到背景图像中，执行"编辑"→"自由变换"命令或按 Ctrl＋T 快捷键调整图像的大小（在调整过程中按住 Shift 键并拖曳定界框的一角以保持图像为正圆，调整图像在背景中的位置，按 Enter 键确认），如图 4-90 所示。

【步骤 3】在工具箱中选择椭圆工具 ，在工具选项栏设置参数，如图 4-91 所示。按住 Shift 键绘制一个正圆形路径。执行"编辑"→"自由变换路径"命令或按 Ctrl＋T 快捷键调整正圆形路径在图像中的位置，如图 4-92 所示。

【步骤 4】在工具箱中选择横排文字工具 ，执行"窗口"→"字符"命令，打开"字符"面板，选择字体并设置字号，将文字颜色设置为黑色（R0，G0，B0），如图 4-93 所示。单击路径，在路径上输入文字，文字会沿路径排列，如图 4-94 所示。

图 4-88　去除图像边缘的路灯

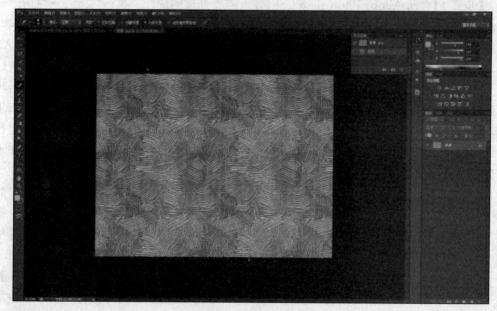

图 4-89　打开文件"背景.jpg"

图 4-90　调整图像的大小和位置

图 4-91　调协椭圆工具的参数

图 4-92　调整正圆形路径的位置

图 4-93 将文字颜色设置为黑色

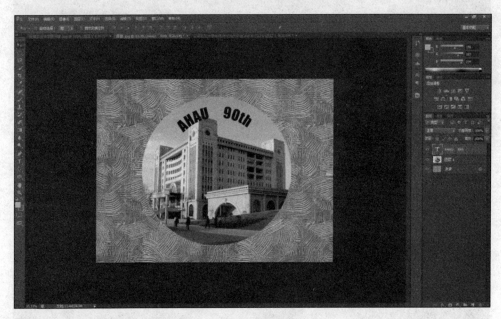

图 4-94 在路径上输入文字

【步骤5】执行"图层"→"向下合并"命令或按 Ctrl＋E 快捷键,将文字与下面的图层合并,如图 4-95 所示。

执行"滤镜"→"风格化"→"浮雕效果"命令,在"浮雕效果"对话框中设置参数,如图 4-96 所示。

【步骤6】执行"图像"→"调整"→"去色"命令或按 Shift＋Ctrl＋U 快捷组合键,可以去除颜色,如图 4-97 所示。按 Ctrl＋I 快捷键可以将图像反相,如图 4-98 所示,从而反转纹理的凹凸方向。

【步骤7】在"图层"面板中双击"图层 1"缩略图,或在"图层"面板底部单击"添加图层

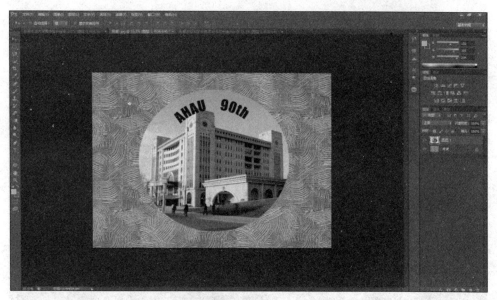

图 4-95　合并文字与图层

图 4-96　"浮雕效果"对话框

样式"按钮 ，打开"图层样式"对话框，在左侧列表中选择"投影"选项并设置参数，如图 4-99 所示。选择"渐变叠加"选项并设置参数，如图 4-100 所示。

添加图层样式后的效果如图 4-101 所示。

【步骤 8】执行"窗口"→"调整"命令，打开"调整"面板，在"调整"面板中单击"创建新的曲线调整图层"按钮 ，创建"曲线"调整图层，单击曲线，添加 3 个控制点，并拖曳这些控制点以调整曲线，如图 4-102 所示。单击曲线面板底部的按钮 ，创建剪贴蒙版，使"曲线"只调整"硬币"，不影响背景，如图 4-103 所示。

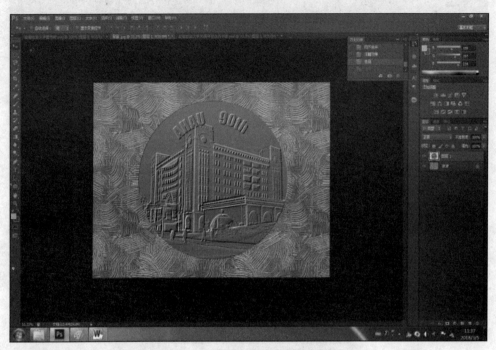

图 4-97 去除图像的颜色

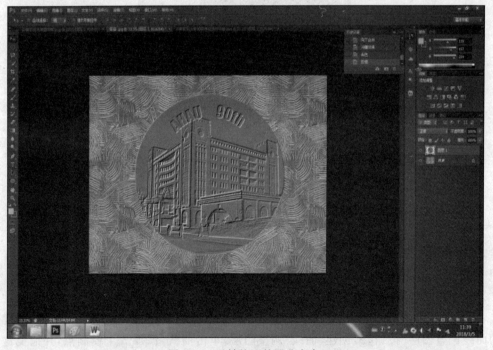

图 4-98 反转纹理的凹凸方向

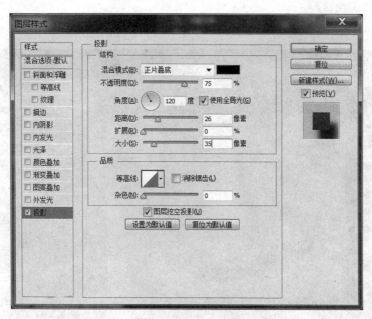

图 4-99　设置投影参数

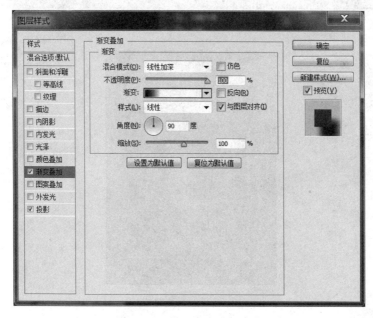

图 4-100　设置渐变叠加参数

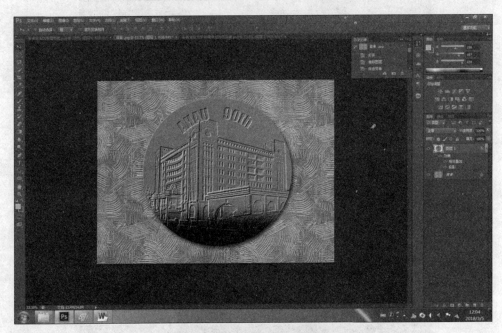

图 4-101　设置参数后的效果

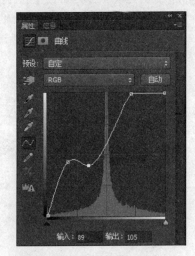

图 4-102　调整曲线

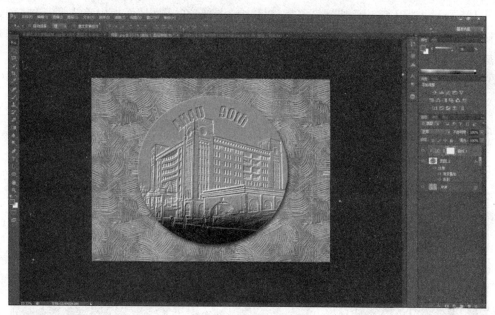

图 4-103　创建剪贴蒙板

【步骤 9】执行"选择"→"载入选区"命令或在"图层"面板中选择"图层 1"，按住 Ctrl
键的同时单击"图层 1"缩略图，载入选区。执行"选择"→"变换选区"命令，在选区上显示
定界框，按住 Shift＋Alt 快捷组合键，拖曳定界框的一角，保持中心点位置不变，将选区成
比例缩小，如图 4-104 所示，按 Enter 键确认操作。

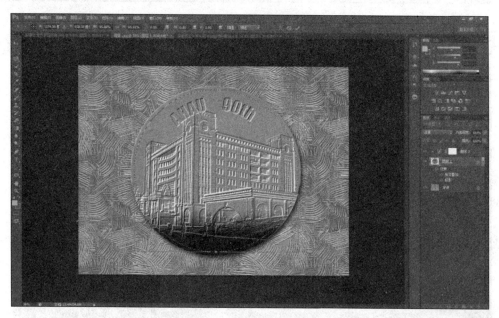

图 4-104　将选区成比例缩小

【步骤 10】执行"选择"→"反向"命令或按 Shift＋Ctrl＋I 快捷组合键反选图像，如

图 4-105 所示。按 Ctrl+C 快捷键复制选区内的图像,在"图层"面板中单击底部的"创建新图层"按钮 ,得到新图层"图层 2",按 Ctrl+V 快捷键将复制选区内的图像粘贴到新图层。在"图层"面板中选中"图层 2"并拖曳,将该图层移动到"图层"面板的顶层。执行"图层"→"释放剪贴蒙版"命令或按 Alt+Ctrl+G 快捷组合键释放剪贴蒙版,如图 4-106 所示。

图 4-105　反选图像

图 4-106　释放剪贴蒙板

大学信息技术实用教程

【步骤 11】在"图层"面板中双击"图层 2"缩略图,或在"图层"面板的底部单击"添加图层样式"按钮 fx.,打开"图层样式"对话框,在左侧列表中选择"斜面和浮雕"效果选项并设置参数,如图 4-107 所示。

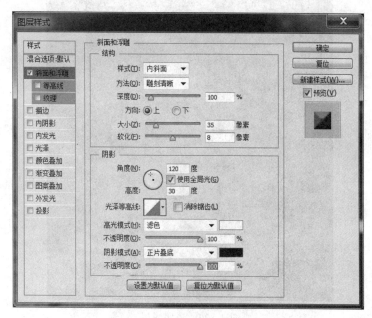

图 4-107 "图层样式"对话框

在纪念币的周围形成立体边缘,银纪念币的效果如图 4-108 所示。

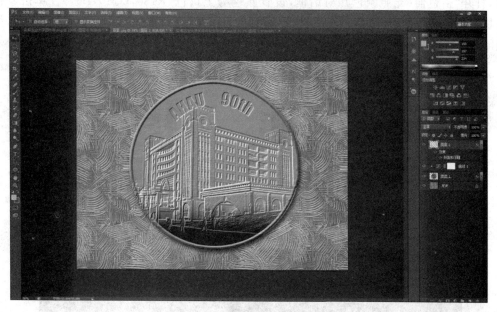

图 4-108 银纪念币的效果图

【步骤 12】按 Ctrl+Shift+Alt+E 快捷组合键盖印图层,如图 4-109 所示,用该图层制作金纪念币。

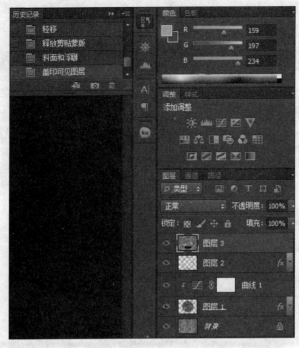

图 4-109　盖印图层

　　执行"滤镜"→"渲染"→"光照效果"命令,打开"光照效果"对话框,单击右侧的颜色色块,打开"拾色器(光照颜色)"对话框,设置颜色为土黄色(R180,G140,B65)。单击着色色块,打开"拾色器(环境色)"对话框,设置颜色为深黄色(R103,G85,B1)并设置参数,如图 4-110 所示。

图 4-110　"拾色器(环境色)"对话框

金纪念硬币的效果如图 4-111 所示。执行"文件"→"存储为"命令或按 Shift＋Ctrl＋S 快捷组合键保存文件。

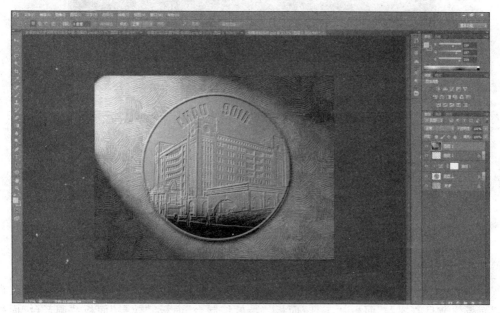

图 4-111　金纪念币的效果图

4.3　视　频　编　辑

4.3.1　初识 Adobe Premiere Pro CS6

Adobe Premier 是 Adobe 公司开发的一款常用的数字视频编辑软件,其功能强大,提供了采集、剪辑、字幕设计、音频编辑与美化、视频特效、输出、DVD 刻录等一整套处理流程,为制作数字视频作品提供了完整的创作环境,深受广大视频制作、编辑爱好者的喜爱。

Premiere Pro CS6 是 Adobe 公司于 2012 年推出的一款经典软件,它在前续版本的基础上进行了较大的更新,可以实时编辑 HDV 格式和 DV 格式的视频影像,并可以与 Adobe 公司推出的其他软件进行整合。目前这款软件被广泛应用于电影、电视、多媒体、网络视频、动画设计以及家庭 DV 等领域的后期制作,具有很高的知名度。

1. Adobe Premiere Pro CS6 的工作界面

启动 Premiere Pro CS6 之后会出现欢迎界面,通过该界面可以打开最近编辑的影片文件以及执行新建项目、打开项目等操作。在默认状态下,Premiere Pro CS6 可以显示用户最近使用过的 5 个项目文件的路径,以名称列表的形式显示在"最近使用项目"一栏中,用户只需单击所要打开的项目文件名,就可以快速地打开该项目文件并进行编辑,如图 4-112 所示。

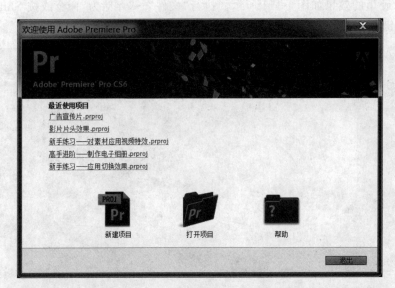

图 4-112　Premiere Pro CS6 的欢迎界面

Premiere Pro CS6 的工作界面主要由菜单栏、"项目"面板、"时间线"面板、"源监视器"面板、"节目监视器"面板、"工具"面板、"特效控制台"面板、"效果"面板、"调音台"面板和"历史"面板等功能面板组成,如图 4-113 所示。

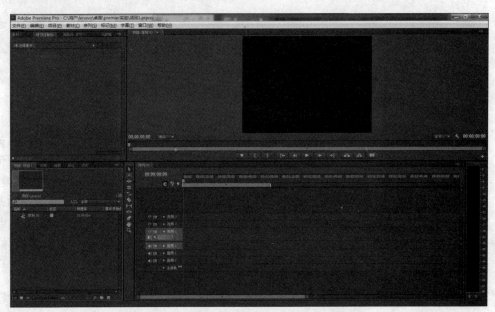

图 4-113　Premiere Pro CS6 的工作界面

(1) 菜单栏。

Premiere Pro CS6 共有 9 个菜单选项:文件、编辑、项目、素材、序列、标记、字幕、窗口和帮助,如图 4-114 所示。所有操作命令都包含在这些菜单及其子菜单中。

文件(F) 编辑(E) 项目(P) 素材(C) 序列(S) 标记(M) 字幕(T) 窗口(W) 帮助(H)

图 4-114　Premiere Pro CS6 的菜单栏

（2）"项目"面板。

"项目"面板主要用于导入、存放和管理素材,编辑影片所用的全部素材应事先存放于"项目"面板内,再进行编辑使用。"项目"面板的素材可用"列表"和"图标"两种视图方式显示,如图 4-115 和图 4-116 所示,包括素材的缩略图、名称、格式、出入点等信息。当素材较多时,也可以对素材进行分类和重命名,使之更加清晰。导入、新建素材后,所有素材都存放在"项目"面板中,用户可以随时查看和调用"项目"面板中的所有文件（素材）,可以通过单击"播放—停止切换"按钮预览素材。在"项目"面板中双击任意素材即可在"素材监视器"窗口中播放。

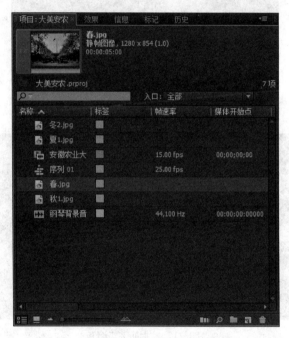

图 4-115　"项目"面板—"列表"视图

（3）"时间线"面板。

"时间线"面板是视频制作的基础,它提供了组成项目的视频序列、特效、字幕和切换效果的临时图形总览。"时间线"面板是以轨道的方式实施视频和音频组接、素材编辑的阵地,用户的编辑工作都需要在"时间线"面板中完成。素材片段按照播放时间的先后顺序及合成的先后层顺序,在时间线上从左至右、由上至下排列在各自的轨道上,可以使用各种编辑工具对这些素材进行编辑操作。"时间线"面板分为上下两个区域,上方为时间显示区,下方为轨道区,如图 4-117 所示。

（4）"监视器"面板。

"监视器"面板中有左右两个监视器,左侧是源监视器,主要用于预览和裁剪"项目"面板中选中的某一原始素材;右侧是节目监视器,主要用于预览"时间线"面板中已经编辑的

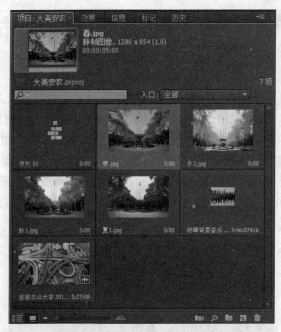

图 4-116 "项目"面板—"图标"视图

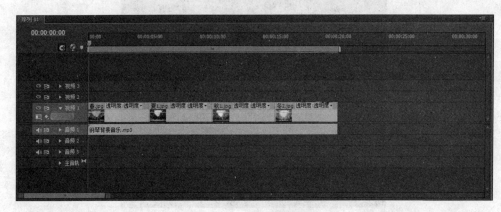

图 4-117 "时间线"面板

素材,节目监视器也是最终输出视频效果的预览窗口,如图 4-118 所示。

图 4-118 "监视器"面板

"源监视器"面板的上部分是素材名称。单击右上角的三角形按钮会弹出快捷菜单，内含关于素材窗口的所有设置，可根据项目的不同要求以及编辑的需求对素材源窗口进行模式选择。中间部分是监视器。可以在项目窗口或时间线窗口中双击素材，也可以将项目窗口中的任一素材直接拖曳至素材源监视器中将其打开。监视器的下方分别是素材时间编辑滑块的位置时间码、窗口比例选择、素材总长度时间码显示。下方是时间标尺、时间标尺缩放器以及时间编辑滑块。下部分是素材源监视器的控制器及功能按钮。

　　"节目监视器"面板在很多地方与素材监视器相似，源监视器用于预览原始视频素材，而节目监视器用于预览在时间线中编辑过的视频段落。节目监视器显示视频节目，在"时间线"面板的视频序列中组装的素材、图形、特效和切换效果；也可以使用节目监视器中的"提升" 和"提取" 按钮移除影片，如图 4-119 所示。要想在节目监视器中播放序列，只需单击窗口中的"播放-停止切换"按钮 或按空格键。

图 4-119　移除影片

　　(5)"工具"面板。

　　Premiere Pro CS6 的"工具"面板是进行视频与音频编辑工作的重要工具，其中的工具主要用于在"时间线"面板中编辑素材，如图 4-120 所示。在"工具"面板中单击此工具即可将其激活。

　　(6)"特效控制台"面板。

　　使用"特效控制台"面板可以快速创建与控制音频和视频的特效及切换效果，当为某一段素材添加了音频、视频特效后，还需要在"特效控制台"面板中进行相应的参数设置和关键帧添加，如图 4-121 所示。制作画面的运动和透明度效果也需要在"特效控制台"面板进行设置。

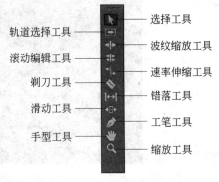

　　轨道选择工具　　　选择工具
　　滚动编辑工具　　　波纹缩放工具
　　剃刀工具　　　　　速率伸缩工具
　　滑动工具　　　　　错落工具
　　手型工具　　　　　工笔工具
　　　　　　　　　　　缩放工具

图 4-120　"工具"面板

　　(7)"效果"面板。

　　"效果"面板中存放了 Premiere Pro CS6 自带的各种音频和视频特效，以及切换效果

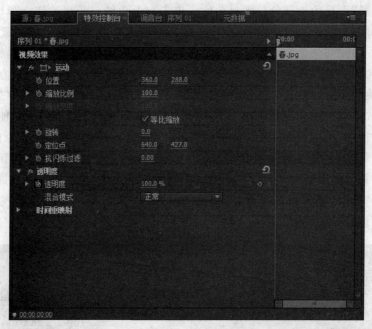

图 4-121 "特效控制台"面板

和预设效果。例如"视频特效"文件夹中包含了变换、图像控制、实用、扭曲、时间等特效类型,如图 4-122 所示。用户可以方便地为"时间线"面板中的各种素材添加特效。"效果"面板按照特殊效果分类为五大文件夹,而每一大类又细分为很多小类。用户还可以安装第三方特效插件,这些特殊效果也会出现在该面板相应类别的文件夹中。

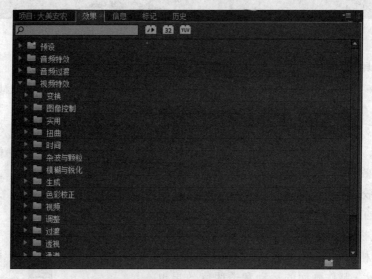

图 4-122 "效果"面板

(8)"调音台"面板。

"调音台"面板主要用于完成对音频素材的各种加工和处理工作,如混合音频轨道、调整各声道音量的平衡或录音等,如图 4-123 所示。单击并拖曳音量衰减器控件可以提高或降低轨道的音频级别。使用圆形和旋钮状控件可以摇动或平衡音频。

图 4-123 "调音台"面板

(9)"历史"面板。

使用"历史"面板可以无限制地执行撤销操作。进行编辑工作时,"历史"面板会记录作品的制作步骤。如果要返回到项目之前的状态,则只须单击"历史"面板中的"历史状态"按钮即可,如图 4-124 所示。

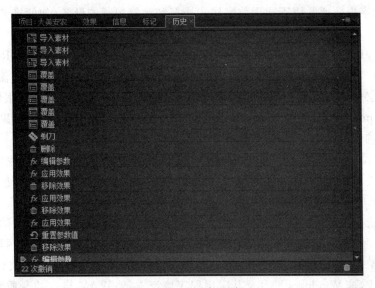

图 4-124 "历史"面板

2. 视频编辑的基础知识

在学习使用 Premiere Pro CS6 进行视频编辑之前，首先需要了解数字视频与音频技术的一些基本知识。以下将针对常见的视频和音频格式、视频编辑中的常见术语、视频制作的前期准备以及视频编辑的基本流程等视频编辑的基本知识进行讲解。

（1）常见的视频格式。

数字视频包含 DV 格式和数字视频的压缩技术。目前，视频压缩编码的方法有很多，应用的视频格式也有很多种，下面介绍几种常用的视频存储格式。

AVI 格式：AVI(Audio Video Interactive)是一种专门为 Windows 环境设计的数字视频文件格式，这种视频格式的优点是兼容性好、调用方便、图像质量高，缺点是占用空间大，AVI 格式是应用最广泛、应用时间最长的格式之一。

MPEG 格式：MPEG(Moving Picture Experts Group)是国际标准组织 ISO 认可的媒体封装形式，受到大部分机器的支持，其存储方式多样，可以适应不同的应用环境，包括 MPEG-1、MPEG-2、MPEG-4 多种视频格式。

WMV 格式：WMV(Windows Media Video)是微软公司开发的一组数位视频编解码格式的通称，微软公司希望用其取代 QuickTime 之类的技术标准以及 WAV、AVI 之类的文件扩展名。

ASF 格式：ASF(Adranced Streaming Format)是一种可以直接在网上观看视频节目的文件压缩格式，以一个可以在网上即时观赏的视频"流"格式存在，其图像质量比 VCD 稍差，但是比同是视频"流"格式的 RAM 格式要高。

DIVX 格式：一项由 DivXNetworks 公司发明的类似于 MP3 格式的数字多媒体压缩技术；DIVX 基于 MPEG-4，可以在对文件尺寸进行高度压缩时保留非常清晰的图像；用该技术制作的 VCD 可以得到与 DVD 画质相当的视频，而制作成本却要低廉得多。

DV：数字视频通常用于指用数字格式捕获和存储视频的设备（如便携式摄像机），包含 DV 类型Ⅰ和 DV 类型Ⅱ两种 AVI 文件。

REAL VIDEO 格式（RA、RAM）：又称为 REAL MEDIA(RM)，是由 RealNetworks 公司开发的一种流媒体视频文件格式，主要定位于视频流应用方面，是视频流技术的创始者。该格式必须通过损耗图像质量的方式控制文件的体积，图像质量通常很低。

QuickTime 格式（MOV）：是由苹果公司创立的一种视频格式，由于苹果计算机在专业图形领域的统治地位，该格式基本成为电影制作行业的通用标准。

FLV 格式：是 FLASH VIDEO 的简称，FLV 流媒体格式是一种新的视频格式，由于它形成的文件体积极小，加载速度极快，从而使得网络观看视频文件成为可能。

（2）常见的音频格式。

音频是指用来表示声音强弱的数据序列，由模拟声音经采样、量化和编码而得到。不同的数字音频设备一般对应不同的音频格式文件，以下介绍几种常见的音频格式。

WAV 格式：是由微软公司开发的一种声音文件格式，也称波形声音文件，是最早的数字音频格式，被 Windows 平台及其应用程序广泛支持；WAV 格式的音质和 CD 相当，是目前广为流行的声音文件格式。

MIDI 格式：MIDI(Musical Instrument Digital Interface)又称为乐器数字接口，是数字音乐/电子合成乐器的统一国际标准，它定义了计算机音乐程序、数字合成器及其他电子设备交换音乐信号的方式，规定了不同厂家的电子乐器与计算机连接的电缆和硬件及设备间数据传输的协议，可以模拟多种乐器的声音。

MP3 格式：全称为 MPEG-1 Audio Layer3，在 1992 年合并至 MPEG 规范中；MP3 格式能够以高音质、低采样率对数字音频文件进行压缩，其文件体积小、音质好。

MP3 Pro 格式：由瑞典 Coding 科技公司开发，可以在基本不改变文件大小的情况下改善原先的 MP3 格式音乐的音质，能够在使用较低比特率压缩音频文件的情况下最大程度地保持压缩前的音质。

WMA 格式：WMA(Windows Media Audio)是微软公司在互联网音频和视频领域的力作，其音质要强于 MP3 格式，更远胜于 RA 格式，是以减少数据流量但保持音质的方法达到比 MP3 格式压缩率更高的目的，适合在网上在线播放，只要安装了 Windows 操作系统，就可以直接播放 WMA 格式的音乐。

MP4 格式：是采用美国电话电报公司(AT&T)所研发的以知觉编码为关键技术的 a2b 音乐压缩技术，由美国网络技术公司(GMO)及 RIAA 联合公布的一种新的音乐格式；MP4 格式有效地保证了音乐版权的合法性，体积比 MP3 格式更小，但音质却没有下降。

(3) 视频编辑中的常见术语。

视频编辑中的常见术语主要有以下几个。

帧：指影片中的一个单独的图像。无论是电影或是电视，都是利用动画的原理使图像产生运动的。

动画：指一种将一系列差别很小的画面以一定速率放映而产生视觉的技术。

帧速率(帧/秒)：指视频中每秒包含的帧数。PAL 制影片的帧速率是 25 帧/秒，MTSC 制影片的帧速率是 29.97 帧/秒，电影的帧速率是 24 帧/秒，二维动画的帧速率是 12 帧/秒。

采集：是指从摄像机、录像机等视频源获得的视频数据，然后通过 IEEE 1394 接口接收和翻译视频数据，将视频信号保存到计算机硬盘的过程。

源：指视频的原始媒体或来源。通常指便携式摄像机、录像带等。配音是音频的重要来源。

素材：指影片中的小片段，可以是音频、视频、静态图像或标题。

模拟信号：指非数字信号。大多数录像带使用的是模拟信号，而计算机使用的则是数字信号，用 1 和 0 处理信息。

数字信号：由 1 和 0 组成的计算机数据，相对于模拟信息的数字信息。

导入：将一组数据从一个程序置于另一个程序的过程。文件一旦被导入，数据将被改变以适应新的程序，但不会改变源文件。

导出：在应用程序之间分享文件的过程。导出文件时，如果数据转换为接收程序可以识别的格式，则源文件将保持不变。

转场：指从一个场景结束后到另一个场景开始之间出现的内容。通过添加转场，剪辑人员可以将单独的素材和谐地融合成一部完整的影片。

制式：指传送电视信号所采用的技术标准。基带视频是一种简单的模拟信号，由视频模拟数据和视频同步数据构成，用于接收端正确地显示图像，信号的细节取决于应用的视频标准或制式（NTSC/PAL/SECAM）。

渲染：为输出服务，将项目中的所有源文件收集在一起以创建最终影片的过程。

（4）视频制作的前期准备。

在进行视频制作之前，前期的准备工作是必不可少的。第一是创意，打算表现什么心里要有数。第二是剧本的策划。剧本的策划是制作一部优秀的视频作品的首要工作，在编写剧本时，首先要拟定一个比较详细的提纲，然后根据提纲做好细节的详细描述，剧本的表现形式多种多样，如绘画形式、小说形式等。第三是准备素材，素材组成了视频作品的各个部分。在 Premiere Pro CS6 中经常使用的素材有 AVI 格式和 MOV 格式的视频文件、WAV 格式和 MP3 格式的音频文件、各种格式的静态图像（包括 BMP、JPG、PCX、TIF 等）、FLM 格式的文件、由 Premiere 制作的字幕（title）文件等。可以直接从已有的素材库中提取影视素材，也可以在实地拍摄后通过捕获视频信号的方式获取素材。

（5）视频编辑的基本流程。

Premiere Pro 数字视频作品之所以被称为一个项目而不是视频产品，原因就是使用 Premiere Pro 不仅能创建作品，还可以管理作品资源以及创建和存储字幕、切换效果和特效等。运用 Premiere Pro CS6 视频编辑软件进行视频编辑工作的基本流程如下：制定脚本和收集素材→建立 Premiere Pro 项目→导入作品元素→添加字幕→编排作品元素→编辑视频素材→应用切换效果→添加视频特效→编辑音频素材→生成影视文件。4.3.2 节将以制作一个视频作品的整个流程为例，帮助读者熟悉制作视频的基本流程。

4.3.2　视频编辑案例

Premiere Pro CS6 是一款强大的数字视频编辑工具，其功能强大、易于掌握，为制作数字视频作品提供了完整的创作环境。本节从实用角度出发，以综合案例的形式，在介绍软件功能的同时，帮助读者轻松掌握视频制作的一般流程。

1. 实验目的

掌握 Premiere Pro CS6 的基本操作及使用技巧，熟悉 Premiere Pro 的工作流程，包含如何将数字视频素材和图形加载到 Premiere Pro 项目中，并把它们编辑成一段简短的影片。编辑完项目之后，将影片导出为 QuickTime 或 Windows Media 文件格式，以便使用其他应用程序进行观看。

（1）Premiere Pro CS6 的基本操作。

（2）素材的导入、编排和归类。

（3）掌握字幕、字幕特技与运动的设置方法。

（4）掌握视频的切换方式。

（5）掌握视频特效的应用。

（6）编辑音频素材。

（7）导出影片。

2．实验内容

【实验 4-6】 制作"大美安农"宣传片。

随着宣传方式的日益多样化,视频宣传短片成为了一种备受欢迎的宣传形式。校园宣传短片是宣传校园文化的一种视频表现形式,这种短小精美的宣传片更容易吸引大众的关注,从而获得更高的关注度和更好的宣传效果。本实验是制作一个主题为"大美安农"的校园宣传影片,用"暖春""盛夏""金秋""凝冬""耕耘硕果""大美安农,梦想起航"等富有感染力的主题版块,配以丰富的实景图片和动听的背景音乐,展示独具魅力的安徽农业大学校园的美丽风貌。通过学习和操作本实验,初步掌握 Premiere Pro CS6 中基本工具和命令的使用方法,能够独立完成宣传短片的制作。

操作步骤:

【步骤 1】启动 Premiere Pro CS6,在欢迎界面中单击"新建项目"按钮,在"新建项目"对话框中设置文件的名称和路径,如图 4-125 所示。

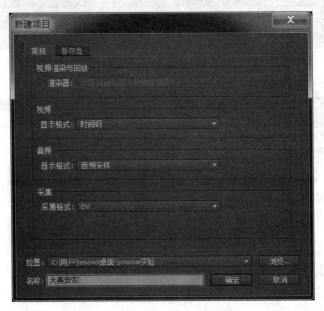

图 4-125 "新建项目"对话框

【步骤 2】在"新建序列"对话框中选择"设置"选项卡,设置编辑模式为"自定义"、画面大小设置为 640×480,如图 4-126 所示,单击"确定"按钮进入 Premiere Pro CS6 的工作界面。

【步骤 3】执行"文件"→"导入"命令或在"项目"面板中双击,打开"导入"对话框,然后选择该实验需要的素材,如图 4-127 所示。将选择的素材导入项目文件,如图 4-128 所示。

【步骤 4】在"项目"面板中单击工具栏中的"新建文件夹"按钮,创建 4 个文件夹,分

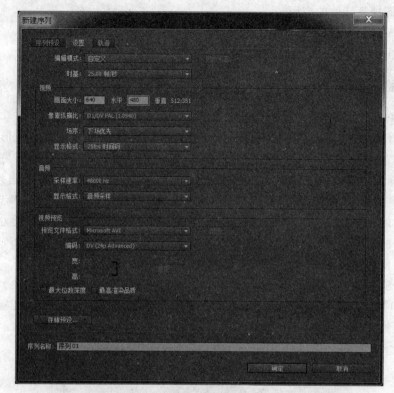

图 4-126 "新建序列"对话框

图 4-127 "导入"对话框

图 4-128　将素材导入项目文件

别命名为"图片""字幕""视频""音乐",如图 4-129 所示。把"项目"面板中的素材分别拖曳至对应的文件夹中,对项目中的文件进行分类管理,如图 4-130 所示。

图 4-129　新建 4 个文件夹

　　【步骤 5】将素材"春 1.jpg"添加到"时间线"面板的"视频 1"轨道上,将其入点放在00：00：00：00 的位置,如图 4-131 所示。在素材"春 1.jpg"上右击,在弹出的快捷菜单中选择"速度/持续时间"选项,如图 4-132 所示。在打开的"素材速度/持续时间"对话框中

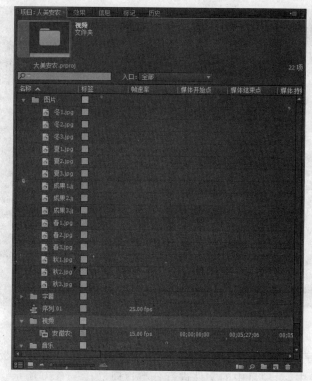

图 4-130　将素材加入文件夹

图 4-131　放置素材至轨道

将素材的持续时间改为 3s,如图 4-133 所示。

　　将其他图片素材依次添加到"时间线"面板的"视频 1"轨道中,顺序依次为春、夏、秋、冬和成果,并将这些素材的持续时间都修改为 3s,如图 4-134 所示。

　　【步骤 6】执行"窗口"→"效果"命令,在打开的"效果"面板中展开"视频切换"文件夹,如图 4-135 所示。在"效果"面板中双击"卷页"文件夹将其展开,然后选择其中的"翻页"切换效果,如图 4-136 所示。将"翻页"切换效果拖曳到"时间线"面板中的素材"春 1.jpg"的出点处,在"春 1.jpg"与"春 2.jpg"之间添加翻页切换效果,如图 4-137 所示。

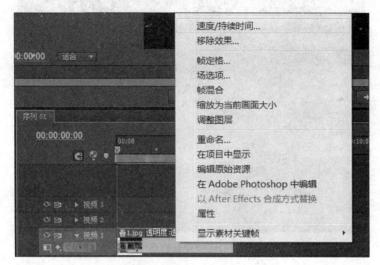

图 4-132 选择"速度/持续时间"选项

图 4-133 "素材速度/持续时间"对话框

图 4-134 将素材添加到轨道

图 4-135　打开"视频切换"文件夹

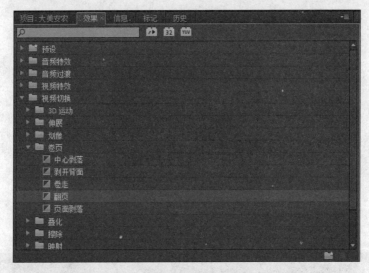

图 4-136　设置切换效果

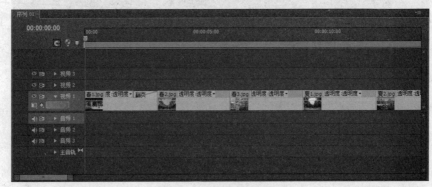

图 4-137　添加翻页效果

继续在"春2.jpg"和"春3.jpg"的出点处依次添加"卷走"("卷页"文件夹中)和"推"("滑动"文件夹中)切换效果,如图4-138所示。

图 4-138　添加切换效果(1)

在"节目监视器"面板中单击"播放-停止切换"按钮 ▶,查看编辑好的视频效果,如图 4-139 所示。

图 4-139　查看编辑好的视频效果

【步骤7】在"夏1.jpg""夏2.jpg"和"夏3.jpg"的出点处依次添加"点划像""划像交叉"("划像"文件夹中)和"拆分"("滑动"文件夹中)切换效果,如图4-140所示。

在"秋1.jpg""秋2.jpg"和"秋3.jpg"的出点处依次添加"风车""棋盘"("擦除"文件夹中)和"互换"("滑动"文件夹中)切换效果,如图4-141所示。

在"冬1.jpg""冬2.jpg"和"冬3.jpg"的出点处依次添加"交叉伸展"("伸展"文件夹中)、"缩放拖尾"("缩放"文件夹中)和"漩涡"("滑动"文件夹中)切换效果,如图4-142所示。

在"成果1.jpg"和"成果2.jpg"的出点处依次添加"油漆飞溅"("擦除"文件夹中)和"交叉叠化(标准)"("叠化"文件夹中)切换效果,如图4-143所示。

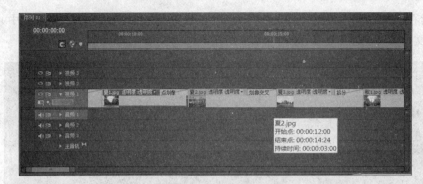

图 4-140　添加切换效果(2)

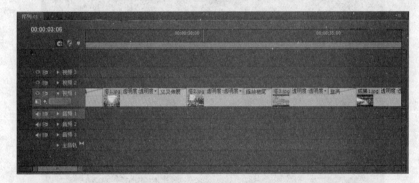

图 4-141　添加切换效果(3)

图 4-142　添加切换效果(4)

图 4-143　添加切换效果(5)

【步骤8】在"时间线"面板中选择素材"春1.jpg",执行"窗口"→"特效控制台"命令,在打开的特效控制台中展开"运动"选项,将"缩放比例"参数值设置为120,如图4-144所示。调整素材"春1.jpg"在"节目监视器"面板中的显示尺寸,如图4-145所示。

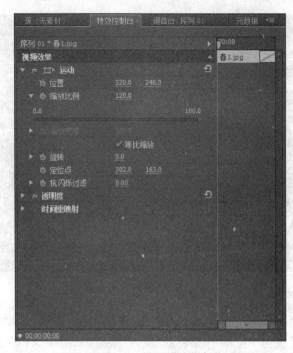

图 4-144　设置缩放比例

图 4-145　调整素材的显示尺寸

利用同样的方法,依次将各图片素材调整至合适的显示尺寸。

【步骤9】在"时间线"面板的"视频 1"轨道上选择素材"春 1.jpg",然后执行"窗口"→"特效控制台"命令,打开特效控制台面板,在第 0 秒的位置单击"透明度"选项中的"添加/移除关键帧"按钮◆,然后将该帧的透明度设置为 0,如图 4-146 所示。

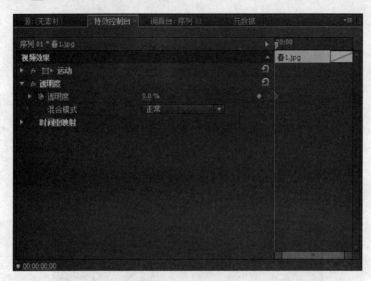

图 4-146　设置透明度

将时间线移到第 1 秒的位置,单击"透明度"选项中的"添加/移除关键帧"按钮◆,然后将该帧的透明度设置为 100,制作素材的"淡入"效果,如图 4-147 所示。

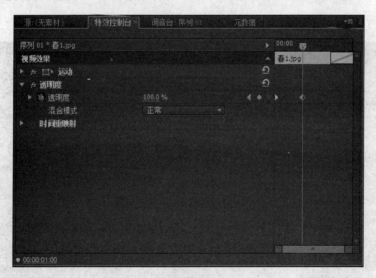

图 4-147　制作素材的"淡入"效果

【步骤10】单击"视频 1"轨道上的"显示关键帧"按钮◆,在弹出的快捷菜单中选择"显示透明度控制"选项,如图 4-148 所示。

将时间线移到第 44 秒的位置,选择素材"成果 3.jpg",然后单击"添加/移除关键帧"按钮◆或在按住 Ctrl 键的同时单击"时间视频轨道"面板上的透明线,即可在此时间位置

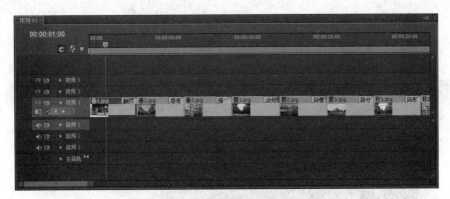

图 4-148　选择"显示透明度控制"选项

为素材"成果 3.jpg"添加一个关键帧,如图 4-149 所示。

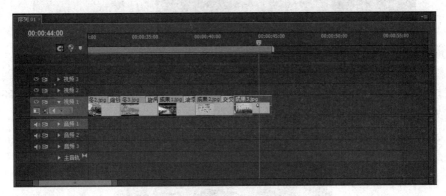

图 4-149　添加一个关键帧

将时间线移到第 45 秒的位置,利用同样的方法为素材"成果 3.jpg"添加另一个关键帧,将此位置的关键帧向下拖曳,使该帧的透明度为 0,制作该素材的"淡出"效果,如图 4-150 所示。

图 4-150　制作素材的"淡出"效果

【步骤 11】选择"项目"面板中的"字幕"文件夹,然后单击"新建分项"按钮，,在弹出的菜单中选择"字幕"选项,如图 4-151 所示。

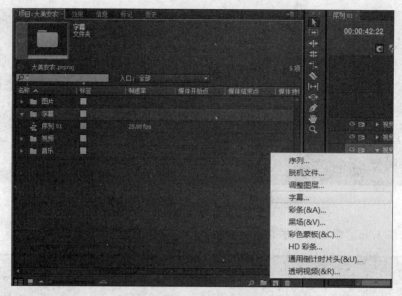

图 4-151　选择"字幕"选项

在打开的"新建字幕"对话框中将视频的宽度设置为 640，高度设置为 480，将字幕名称命名为"暖春"，如图 4-152 所示。

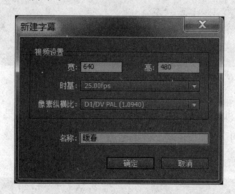

图 4-152　"新建字幕"对话框

在"字幕"窗口中单击工具栏上的"输入工具"按钮 ，在字幕预览区中单击并输入文字"暖春"。在"字幕属性"选项卡中的"属性"选项组中设置文字字体为 LiSu，字体大小为60，字距为－5。在"字幕属性"选项卡中展开"描边"选项组，然后单击"外侧边"选项右侧的"添加"链接，在展开的选项中设置描边的颜色为红色，大小为 20，如图 4-153 所示。关闭"字幕"窗口，创建的"字幕"文件夹将生成在"项目"面板的"字幕"文件夹中。

使用同样的方法创建"盛夏""金秋""凝冬"字幕文件夹，其属性设置与"暖春"相同，文字效果和位置如图 4-154 所示。

【步骤 12】新建一个名为"诗句 1"的字幕文件，然后使用"垂直文字"工具 在"字幕"窗口中输入文字"90 年辛勤耕耘"，设置文字字体为 STXingkai，字号为 40，字距为 5。设置文字的填充颜色为金黄色，然后设置"外侧边"的描边颜色为红色，大小为 20，文字效果

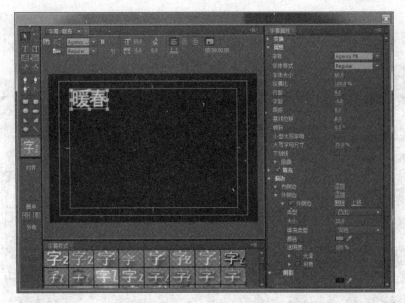

图 4-153　设置描边的颜色

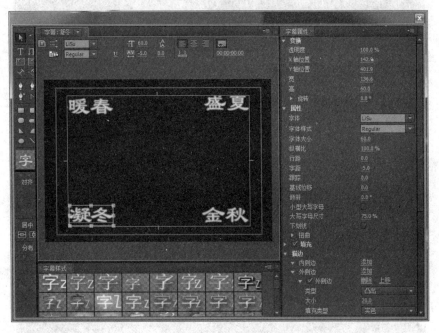

图 4-154　文字效果和位置

如图 4-155 所示。

　　创建一个名为"诗句 2"的字幕文件,文字内容为"90 年累累硕果",文字属性与"诗句
1"相同,文字的排列效果如图 4-156 所示。

　　【步骤 13】创建"题名"字幕文件,内容为"大美安农",字体为 LiSu,字号为 90,字距为
10。设置文字的填充颜色为褐色,设置"外侧边"的描边颜色为白色,大小为 20,效果如
图 4-157 所示。

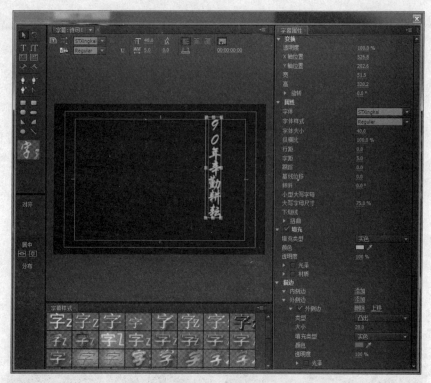

图 4-155 "90 年辛勤耕耘"文字效果

图 4-156 "90 年累累硕果"文字效果

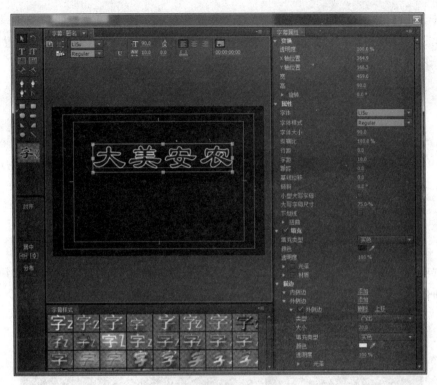

图 4-157 "大美安农"文字效果

创建"梦想起航"字幕文件，内容为"梦想起航"，字体为 LiSu，字号为 90，填充颜色为白色，效果如图 4-158 所示。

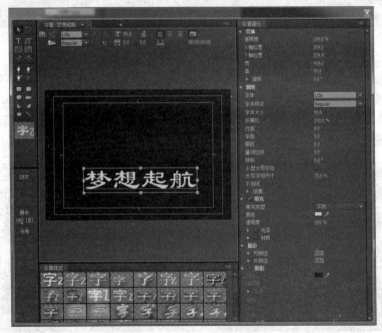

图 4-158 "梦想起航"文字效果

【步骤 14】在"项目"面板中选择"暖春""盛夏""金秋""凝冬"和"诗句 1"字幕素材,执行"素材"→"速度/持续时间"命令,在打开的"素材速度/持续时间"对话框中设置持续时间为 9 秒,如图 4-159 所示。

图 4-159　"素材速度/持续时间"对话框

将"项目"面板中的"暖春""盛夏""金秋""凝冬"和"诗句 1"字幕素材依次添加到"时间线"面板的"视频 2"轨道中,如图 4-160 所示。

图 4-160　将素材添加到轨道

【步骤 15】将"项目"面板中的"安徽农业大学宣传片.mp4"素材拖曳到"时间"面板的"视频 1"轨道中,将其入点放在 00:00:45:00 的位置,将时间线移动到 00:01:16:00 的位置,单击工具栏的"剃刀工具"按钮，然后在 00:01:16:00 的位置单击,将视频素材切断,如图 4-161 所示。

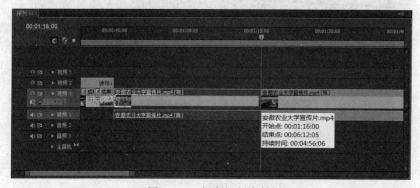

图 4-161　切断视频素材

单击工具栏中的"选择工具"按钮,然后选择视频素材后面的部分,按 Delete 键将其删除,如图 4-162 所示。

图 4-162　删除素材后面的部分

在"时间线"面板的"视频 1"轨道中选中"安徽农业大学宣传片.mp4"视频素材,设置该素材的持续时间为 10 秒,如图 4-163 所示。

图 4-163　设置素材的持续时间(1)

【步骤 16】将"项目"面板中的"题名"素材添加到"时间线"面板的"视频 2"轨道中,将其入点放在 00:00:45:00 的位置,并将该素材的持续时间设置为 10 秒,如图 4-164 所示。

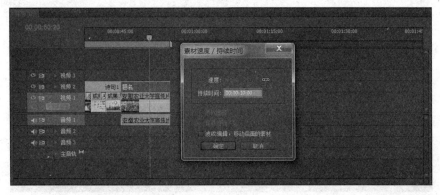

图 4-164　设置素材的持续时间(2)

将"项目"面板中的"诗句 2"素材添加到"时间线"面板的"视频 3"轨道中,将其入点放在 00∶00∶39∶00 的位置,并将该素材的持续时间设置为 6 秒,如图 4-165 所示。

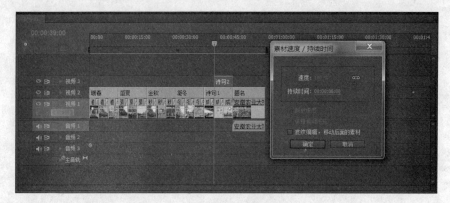

图 4-165　设置素材的持续时间(3)

将"项目"面板中的"梦想起航"素材添加到"时间线"面板的"视频 3"轨道中,将其入点放在 00∶00∶49∶00 的位置,如图 4-166 所示。

图 4-166　将素材添加到轨道

将"梦想起航"素材的出点拖曳至素材边缘,使其出点和"题名"素材的出点对齐,如图 4-167 所示。

图 4-167　对齐两个素材的出点

【步骤17】选择"暖春"字幕，将时间线移到第 0 秒的位置，然后打开"特效控制台"面板，展开"透明度"选项，单击右方的"添加/移除关键帧"按钮 ◆，将该帧透明度设置为 0，如图 4-168 所示。将时间线移到第 1 秒的位置，单击透明度右方的"添加/移除关键帧"按钮 ◆，将该帧的透明度设置为 100，如图 4-169 所示，制作素材的"淡入"效果。

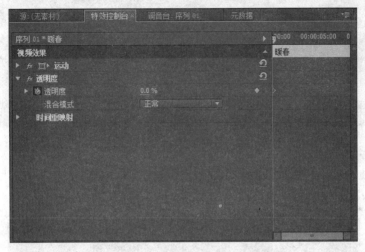

图 4-168　设置帧的透明度为 0

图 4-169　设置帧的透明度为 100

将时间线移到第 8 秒的位置，单击透明度右方的"添加/移除关键帧"按钮 ◆，保持该帧的透明度为 100，将时间线移到第 9 秒的位置，单击透明度右方的"添加/移除关键帧"按钮 ◆，将该帧的透明度设置为 0，制作素材的"淡出"效果。然后使用同样的方法为"盛夏""金秋"和"凝冬"字幕制作"淡入/淡出"效果，如图 4-170 所示。

【步骤18】选择"暖春"字幕，将时间线移到第 0 秒的位置，在"特效控制台"面板中展开"运动"选项，单击"位置"选项右方的"添加/移除关键帧"按钮 ◆，保持该帧的位置不

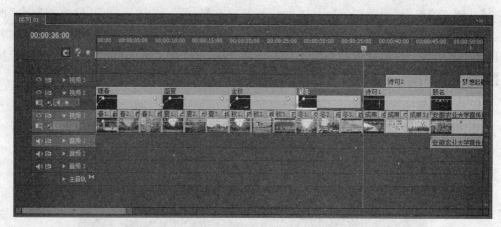

图 4-170 制作"淡入/淡出"效果

变,如图 4-171 所示。将时间线移到第 9 秒的位置,单击"位置"选项右方的"添加/移除关键帧"按钮 ◆ ,设置该帧的位置坐标为(680,240),如图 4-172 所示。

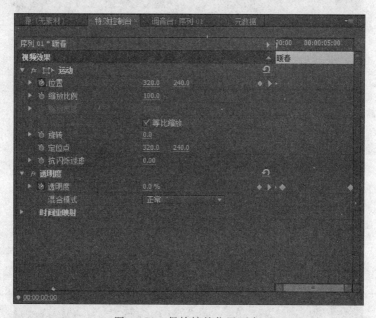

图 4-171 保持帧的位置不变

在"节目监视器"面板中单击"播放-停止切换"按钮 ▶ ,查看素材的移动效果,如图 4-173 所示。

选择"盛夏"字幕,将时间线移到第 9 秒的位置,在"特效控制台"面板中展开"运动"选项,单击"位置"选项右方的"添加/移除关键帧"按钮 ◆ ,保持该帧的位置不变。将时间线移到第 18 秒的位置,单击"位置"选项右方的"添加/移除关键帧"按钮 ◆ ,设置该帧的位置坐标为(320,580)。在"节目监视器"面板中单击"播放-停止切换"按钮 ▶ ,查看素材的移动效果,如图 4-174 所示。

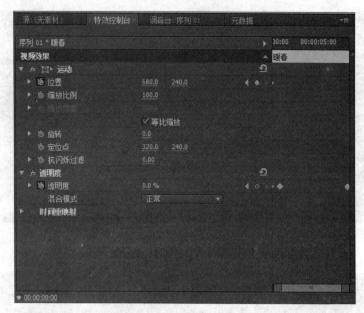

图 4-172　设置帧的坐标

图 4-173　查看素材的移动效果(1)

选择"金秋"字幕,将时间线移到第 18 秒的位置,在"特效控制台"面板中展开"运动"选项,单击"位置"选项右方的"添加/移除关键帧"按钮◆,保持该帧的位置不变。将时间线移到第 27 秒的位置,单击"位置"选项右方的"添加/移除关键帧"按钮◆,设置该帧的位置坐标为(0,240)。在"节目监视器"面板中单击"播放-停止切换"按钮▶,查看素材的移动效果,如图 4-175 所示。

选择"凝冬"字幕,将时间线移到第 27 秒的位置,在特效控制台面板中展开"运动"选项,单击"位置"选项右方的"添加/移除关键帧"按钮▶,保持该帧的位置不变。将时间线移到第 36 秒的位置,单击"位置"选项右方的"添加/移除关键帧"按钮▶,设置该帧的位置坐标为(320,-60)。在"节目监视器"面板中单击"播放-停止切换"按钮▶,查看素材

图 4-174　查看素材的移动效果(2)

图 4-175　查看素材的移动效果(3)

的移动效果,如图 4-176 所示。

图 4-176　查看素材的移动效果(4)

【步骤19】打开"效果"面板,选择"擦除"文件夹中的"径向划变"切换效果,然后将该切换效果添加到"视频2"轨道中的"诗句1"素材的入点,如图4-177所示。双击"诗句1"素材的"径向划变"切换效果图标,在打开的特效控制台中设置切换效果的持续时间为5秒,如图4-178所示。

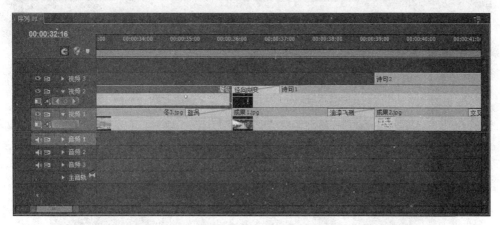

图 4-177　将切换效果添加到轨道

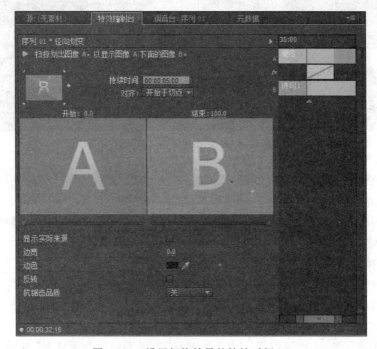

图 4-178　设置切换效果的持续时间(1)

继续将"径向划变"切换效果添加到"视频3"轨道中的"诗句2"素材的入点,然后将持续时间修改为5秒,如图4-179所示。

在"节目监视器"面板中单击"播放-停止切换"按钮▶,查看素材的切换效果,如图4-180所示。

图 4-179　设置切换效果的持续时间(2)

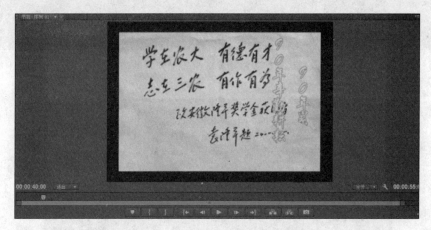

图 4-180　查看素材的切换效果

【步骤 20】打开"效果"面板,展开"视频特效"文件夹,选择"生成"文件夹中的"镜头光晕"特效,将该特效添加到"视频 2"轨道中的"题名"素材中,如图 4-181 所示。展开"镜头光晕"选项,将时间线移到第 46 秒的位置,为"光晕亮度"选项添加一个关键帧,设置该帧的值为 0,如图 4-182 所示。将时间线移到第 47 秒的位置,为"光晕亮度"选项添加一个关键帧,设置该帧的值为 100,制作光晕的"淡入"效果。

将时间线移到第 48 秒的位置,为"光晕亮度"选项添加一个关键帧,保持该帧的值为 100,将时间线移到第 49 秒的位置,为"光晕亮度"选项添加一个关键帧,设置该帧的值为 0,制作光晕的"淡出"效果。

将时间线移到第 47 秒的位置,为"光晕中心"选项添加一个关键帧,保持该帧的坐标为(160,192),将时间线移到第 48 秒的位置,为"光晕中心"选项添加一个关键帧,设置该帧的坐标为(500,192),如图 4-183 所示。

展开"透明度"选项,为"题名"素材制作"淡入"效果(方法如前所述),如图 4-184所示。

【步骤 21】打开"效果"面板,展开"视频切换"文件夹,选择"滑动"文件夹中的"推"切

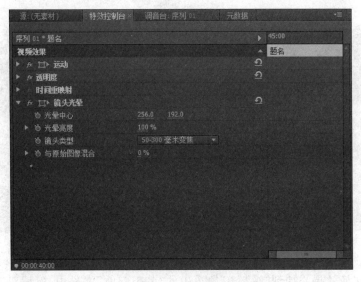

图 4-181　添加特效至轨道

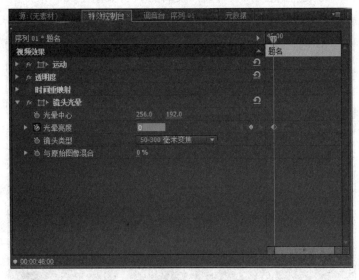

图 4-182　设置关键帧的值为 0

图 4-183　设置关键帧的坐标

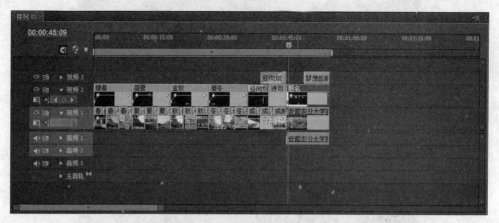

图 4-184　制作"淡入"效果

换效果,将该切换效果添加到"视频 3"轨道中的"梦想起航"素材中,然后双击素材中的切换效果图标,打开"特效控制台"面板,选择"反转"选项,如图 4-185 所示。

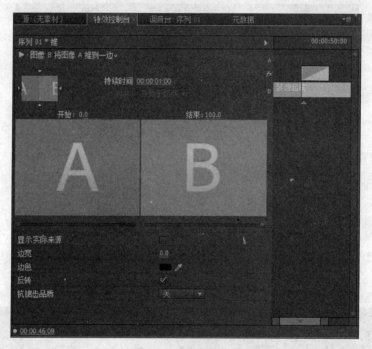

图 4-185　"特效控制台"面板

打开"效果"面板,展开"视频特效"文件夹,选择"风格化"文件夹中的"Alpha 辉光"特效,将该特效添加到"视频 3"轨道中的"梦想起航"素材中,效果如图 4-186 所示。

打开"效果"面板,将时间线移到第 52 秒的位置,为"发光"和"亮度"选项添加一个关键帧,设置该帧的值为 0,将时间线移到第 53 秒的位置,为"发光"和"亮度"选项添加一个关键帧,设置该帧的值分别为 25 和 255,如图 4-187 所示。

图 4-186　将特效添加到轨道

图 4-187　设置关键帧的值

利用同样的方法为"视频 2"轨道中的"题名"素材添加"Alpha 辉光"特效,设置"Alpha 辉光"的参数与"梦想起航"素材中的参数相同(分别在第 46 秒和第 47 秒添加关键帧)。

【步骤 22】为"视频 2"轨道中的"安徽农业大学宣传片.mp4"视频素材制作"淡入"效果,该素材的透明度关键帧的设置效果如图 4-188 所示。

图 4-188　透明度关键帧的设置

【步骤 23】将"项目"面板中的"背景音乐. mp3"素材添加到"时间线"面板中的"音频1"轨道上,将其入点放置在 00:00:00:00 的位置,如图 4-189 所示。

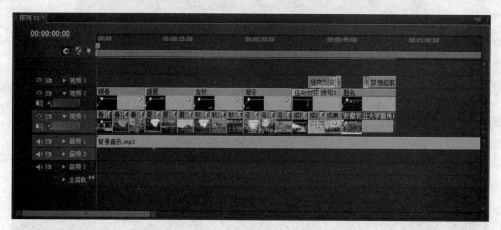

图 4-189　添加素材到轨道

将时间线移动到 00:00:55:00 的位置,单击"工具"面板中的"剃刀工具"按钮 ,然后在时间为 00:00:55:00 的位置单击,将音频素材切断。单击工具栏中的"选择工具"按钮 ,然后选择音频素材后面的部分,按 Delete 键将其删除,如图 4-190 所示。

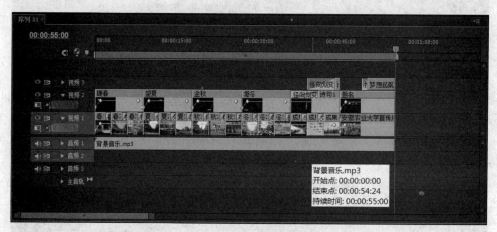

图 4-190　删除音频素材后面的部分

将时间线分别移动到 00:00:54:00 和 00:00:55:00 的位置,单击"添加/移除关键帧"按钮 ,为音频素材添加两个关键帧,将音频素材中 00:00:55:00 位置的关键帧向下拖曳到最下端,如图 4-191 所示,制作音频的"淡出"效果。

【步骤 24】执行"文件"→"导出"→"媒体"命令或按 Ctrl＋M 快捷键,打开"导出设置"对话框,在"格式"下拉列表框中选择一种影片格式,如图 4-192 所示。在"输出名称"选项中单击输出的名称,打开"另存为"对话框,设置文件的名称和存储路径,单击"保存"按钮,如图 4-193 所示。返回"导出设置"对话框,在"音频"选项卡中设置音频的参数,如图 4-194 所示。然后单击"导出"按钮,将项目文件导出为影片文件。

图 4-191　制作音频的"淡出效果"

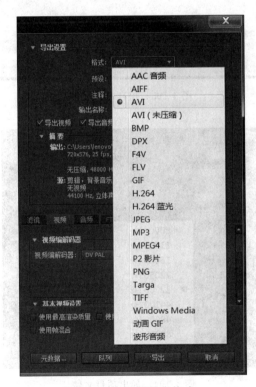

图 4-192　选择导出格式

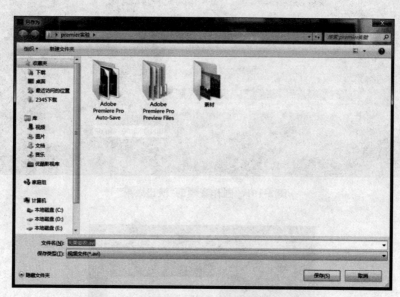

图 4-193　保存项目文件

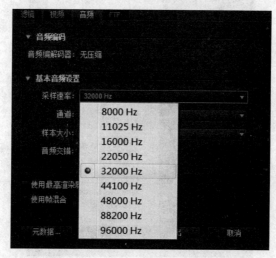

图 4-194　导出项目文件

将项目文件导出为影片文件后,可以在相应的位置找到导出的文件,并且可以使用媒体播放器对该文件进行播放,效果如图 4-195 所示。

图 4-195　使用媒体播放器播放影片文件

本 章 小 结

本章以案例带动知识点的方式介绍了 Adobe 公司开发的音频编辑软件 Audition、图像编辑软件 Photoshop、视频编辑软件 Premiere 的操作方法,以及它们在实际案例中的应用。本章每个小节先对相应软件的基础知识进行概括介绍,为读者后续的案例学习奠定基础,然后细致讲解相关知识点在案例中的具体操作方法,对每个操作步骤均进行了大量的配图讲解,条理清晰,浅显易懂,实用性强。通过本章的学习,读者可以初步了解多媒体的相关知识,掌握常用多媒体应用软件的操作和应用方法。

第5章

网页设计与制作

万维网(World Wide Web,WWW)是 Internet 提供的服务之一,它是由许多互相链接的网页组成的信息资源网络,以丰富的文字资料、光彩夺目的图像以及生动活泼的动画效果等,吸引着无数的用户。

本章将介绍 HTML、CSS、JavaScript 以及如何使用 Dreamweaver CS6 制作网页。首先概述网页设计的相关知识、工作模式、网站设计流程,然后讲解 HTML 的文档结构、常见标签及属性、Dreamweaver CS6 工作界面、CSS 语法及其在 HTML 文件中的添加方法、两种常见网页布局方法(表格布局和 Div 布局)、JavaScript 语法及其在 HTML 文件中的添加方法,并以 Dreamweaver CS6 为例设计一些相关的实验。最后,介绍下一代 HTML 标准,即 HTML5。

5.1 网页设计概述

5.1.1 网站与网页

1. 简介

WWW 由遍布世界各地的 Web 服务器组成,而 Web 服务器又由许多网页(如图 5-1 所示)构成,网页中的超链接可将其链接到其他网页,构成万维网纵横交织的结构。

实际上,网页就是一个纯文本文件,通常是 HTML 格式,扩展名为 html 或 htm,存放在互联网上某个位置的某台计算机中。浏览网页时,在网页上右击,在弹出的快捷菜单中选择"查看源文件"命令,如图 5-2 所示,即可看到网页的实际内容。

网页通过网址来识别与存取,当我们在浏览器的地址栏中输入网址后按 Enter 键或单击超链接后,经过一段复杂而又快速的程序,网页文件会被传送到我们的计算机中,最终通过浏览器解释、展示出来。

通过超级链接连接在一起的一系列逻辑上可视为一体的页面,称为网站。其中,作为一个组织或个人在 WWW 上开始的页面,称为首页或主页。

2. 工作模式

WWW 采用浏览器/服务器(Brower/Server,B/S)工作模式,如图 5-3 所示。服务器

图 5-1　网页示例

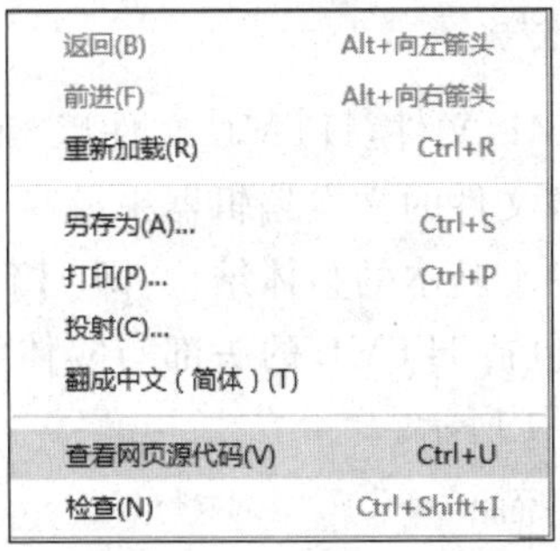

图 5-2　"查看网页源代码"菜单项

是指驻留在 Internet 上某台计算机上的程序,通常用于存储用户所需信息,并能在用户需要时运行脚本和程序。其任务是等待客户机的连接,监听客户机的请求并为这些请求提供服务。而浏览器是指访问 Web 的客户端软件,将 WWW 上的网页文件翻译成网页形式呈现出来。

Web浏览器 ──HTTP请求→ Web服务器 ──SQL请求→ 数据库服务器
Web浏览器 ←HTTP结果── Web服务器 ←SQL结果── 数据库服务器

图 5-3　B/S 模式

浏览器是用户与服务器进行通信的软件,常见的有微软的 Internet Explorer、谷歌的 Chrome 浏览器、腾讯的 QQ 浏览器等。

3. 网站设计流程

网站设计主要有 3 个阶段：规划准备阶段、网页设计实现阶段、网站发布维护阶段。

(1) 规划准备阶段：包括需求分析、搜集资料、规划网站结构和页面内容。

(2) 网页设计实现阶段：包括网页总体设计、各页面设计制作、链接各页面。

(3) 网站发布维护阶段：包括测试网站、发布网站、维护更新网站。

5.1.2 HTML

HTML(Hypertext Markup Language)，即超文本标记语言，通过标记符号来标记网页中的各个部分，告诉浏览器如何显示其中的内容，例如文字如何处理、画面如何安排、图片如何显示等。浏览器按顺序阅读网页文件，然后根据标记符来解释和显示其标记的内容，对书写出错的标记不指出其错误，也不停止其解释执行过程，只能通过显示效果来分析出错原因和出错部位。

需要注意的是，不同的浏览器可能对同一标记符会有不完全相同的解释，因此在不同浏览器中打开网页可能会有不同的显示效果。

1. HTML 文档结构

一个网页对应于一个 HTML 文件，HTML 文件以 html 或 htm 作为扩展名。可以使用任何能够生成 TXT 类型源文件的文本编辑器来编写 HTML 文件。

标准的 HTML 文件具有一个基本的整体结构，即 HTML 文件的开头标记<html>与结尾标记</html>，其中又包括 HTML 的头部与实体两大部分。有 3 个双标记符用于页面整体结构的确认，如图 5-4 所示。

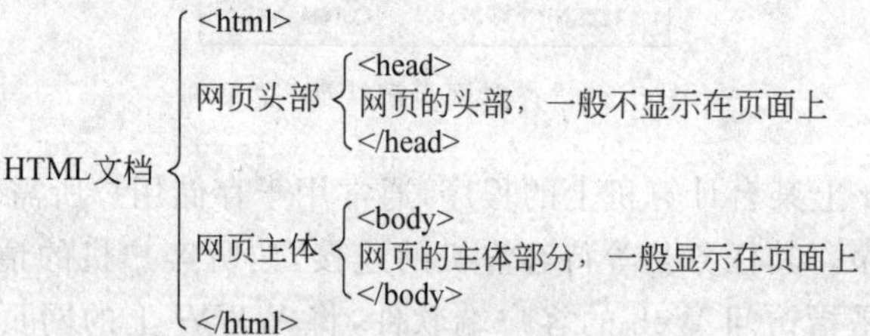

图 5-4　HTML 文档基本结构

标记符<html>说明该文件是用 HTML 来描述的，是文件的始标记。而</html>则表示该文件的结束，是文件的尾标记。

<head>用于表示头部信息的开始，</head>用于表示头部信息结束。头部中包含的标记有页面的标题、序言、说明等内容，一般不作为内容来显示，但影响网页显示的效果。

<body>标记页面正文的开始，</body>标记页面正文的结束。

由于 HTML 是纯文本文件，使用记事本程序即可编写网页。当然，也可选用所见即所得软件，如 Dreamweaver、Frontpage 等制作网页。使用这些软件可以在不熟悉甚至不

懂 HTML 的情况下进行网页设计。

【实验 5-1】　用记事本编写网页——制作第一个网页。

操作步骤：

【步骤 1】打开记事本，输入内容如下：

```
<html>
<head>
  <title>这是我的第一个网页</title>
</head>
<body>
大家好！
</body>
</html>
```

【步骤 2】将文件保存为网页文件。

执行"文件"→"保存"命令，在打开的"另存为"对话框中，选择保存类型为所有文件（*.*），文件名为 5-1.html，并修改保存路径，如图 5-5 所示。

图 5-5　保存为网页文件

【步骤 3】在所保存路径中找到 5-1.html 文件，双击文件图标，用浏览器打开，效果如图 5-6 所示。

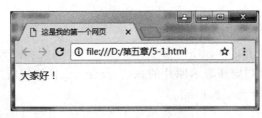

图 5-6　第一个网页

需要注意的是,<title></title>用于定义网页的标题,它的内容显示在网页窗口的标题栏中。

2. 常见标签

(1) HTML 标题是通过<h1>、<h2>、<h3>、<h4>、<h5>、<h6>定义。
(2) HTML 段落是通过<p>标签定义。
(3) HTML 链接是通过<a>标签定义。
(4) HTML 图像是通过<img>标签定义。

3. 属性

可以在需要时为 HTML 标签添加属性,属性一般以名称/值对的形式出现在开始标签中。

例如:

<p align="center">是将段落居中对齐。

<body bgcolor="black">是将网页背景颜色设置为黑色。

<body background="bg.jpg">是将 bg.jpg 作为网页的背景图片,如果图片较小,则会在屏幕上平铺。

【实验 5-2】 常见标签及属性。

操作步骤:

【步骤 1】打开记事本,输入如下内容:

```
<html>
<body>
<h1>这里是标题 1</h1>
<h2>这里是标题 2</h2>
<h3>这里是标题 3</h3>
<h4>这里是标题 4</h4>
<h5>这里是标题 5</h5>
<h6>这里是标题 6</h6>
<p>第一段</p>
<p>第二段</p>
<a href="5-1.html">第一个网页</a>
<img src="5-2.jpg" width="300" height="200" />
</body>
</html>
```

其中,href 属性指明了超链接的目标链接。

在<img src="5-2.jpg" width="300" height="200" />中,src 属性指定所显示图片的文件名,width 属性指定所显示图片的宽度,height 属性指定所显示图片的高度。

【步骤 2】将文件保存为 5-2.html。

【步骤 3】用浏览器打开 5-2.html,效果如图 5-7 所示,并测试网页中的超链接。

图 5-7　预览网页

　　需要注意的是,为保证能正常链接,须将 5-1. html 文件和 5-2. html 文件放在同一路径下。

5.1.3　Dreamweaver CS6 简介

　　Dreamweaver 是 Macromedia 公司开发的可视化网页制作工具,使用所见即所得的界面,也有 HTML 编辑的功能,与 Flash、Fireworks 合在一起称为网页设计三剑客。其中,Dreamweaver 用于制作网页文件、Flash 用于制作网页动画、Fireworks 用于处理网页中的图片。

　　2005 年,Macromedia 被 Adobe 公司收购,更名为 Adobe Dreamweaver(之前称为 Macromedia Dreamweaver),随后相继推出 Dreamweaver CS3、Dreamweaver CS4、Dreamweaver CS5、Dreamweaver CS5. 5 和 Dreamweaver CS6 等版本。

　　本章以 Dreamweaver CS6 为例,执行"开始"按钮→"程序"→Adobe Dreamweaver CS6 命令,启动 Dreamweaver CS6。显示如图 5-8 所示欢迎屏幕,可以根据需要打开已有网页文件或新建网页文件。

　　打开编辑窗口后,Dreamweaver CS6 工作界面如图 5-9 所示,该窗口包括菜单栏、插入面板、文档区、属性面板、状态栏、面板组等。

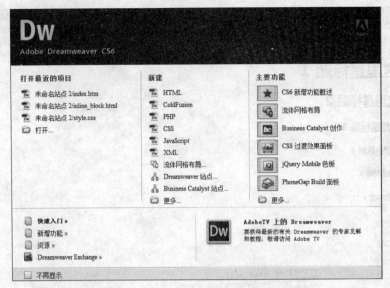

图 5-8　Dreamweaver CS6 欢迎屏幕

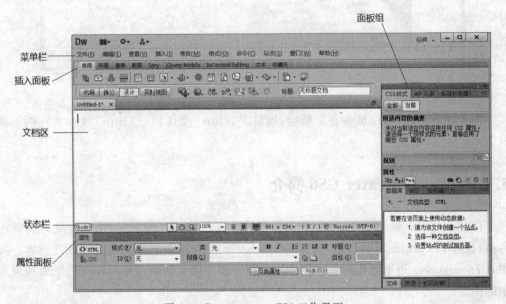

图 5-9　Dreamweaver CS6 工作界面

1. 菜单栏

Dreamweaver CS6 的工作界面主要包含 10 个菜单：文件、编辑、查看、插入、修改、格式、命令、站点、窗口、帮助，网页制作所用到的所有功能都包含在菜单中。

2. "插入"面板

"插入"面板包含"常用""布局""表单""数据"、Spry、jQuery Mobile、InContext

Editing、"文本""收藏夹"9个选项卡,如图 5-10 所示。

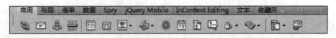

图 5-10 "插入"面板

3. 文档区

文档区显示当前创建和编辑的网页文档,是用户的主要工作区。在该工作区中可以输入文字、插入图片、设置超链接等。

文档顶端是文档窗口标题栏,显示当前打开网页文档的文件名。如果打开多个网页文件,单击各文件名可以切换文档。

文档窗口有 3 种视图:设计视图、代码视图、拆分视图,可以通过"文档"工具栏(如图 5-11 所示)进行视图间的切换。

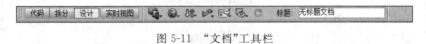

图 5-11 "文档"工具栏

4. 状态栏

位于文档窗口的下方,提供与当前文档有关的一些信息,如图 5-12 所示。状态栏左侧显示 HTML 标记的部分是标签选择器,显示环绕当前选定内容的标签的层次结构。

图 5-12 状态栏

单击该层次结构中的任何标签即可选择该标签及其全部内容,例如单击<body>标签则选择整个文档。

5. "属性"面板

不同的对象具有不同的属性,"属性"面板用于查看和更改当前所选对象的属性。双击"属性"面板中的"属性"标签,可以折叠或展开属性面板。属性面板中的内容根据选定的元素会有所不同,如图 5-13 所示为表格中单元格的属性。

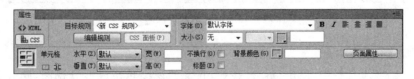

图 5-13 "属性"面板

6. 面板组

在 Dreamweaver CS6 工作界面的右侧是面板组。每个面板都集成了不同类型的功能,通过"窗口"菜单可以对这些面板进行打开和关闭控制。

【实验 5-3】 用 Dreamweaver CS6 设计网页。

操作步骤：

【步骤 1】新建网页文件 5-3.html。

打开 Dreamweaver，执行"文件"→"新建"命令，打开"新建文档"对话框，如图 5-14 所示。选择空白页，页面类型为 HTML，布局为＜无＞，单击"创建"按钮，即可新建一个网页文件，默认文件名为 Untitled-1.html。可执行"文件"→"保存"命令，将其另存为 5-3.html。

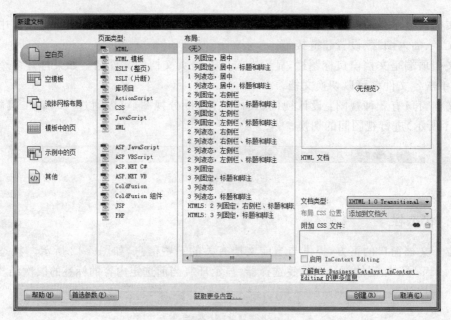

图 5-14　"新建文档"对话框

【步骤 2】设置网页标题。

将"文档"工具栏右侧标题文本框内输入"李白介绍"，如图 5-15 所示。

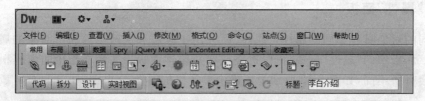

图 5-15　设置网页的标题

【步骤 3】输入文本。

可在"文档"工具栏中，单击"拆分"按钮，将文档视图转换成拆分视图，此时文档区域左侧显示代码视图，右侧显示设计视图。

在右侧设计视图中输入如下内容，如图 5-16 所示。

李白

字太白，号青莲居士，唐朝诗人，有"诗仙"之称。代表作有《静夜思》《梦游天姥吟留别》《将进酒》等。

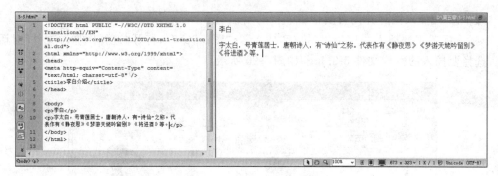

图 5-16 拆分视图下输入文本

【步骤 4】将第一段内容修改为标题 1。

选中第一段内容"李白",单击"插入"面板中"文本"选项卡内的 h1 按钮,如图 5-17 所示,将第一段文字设置为标题 1。

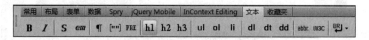

图 5-17 "文本"选项卡

在左侧代码视图中查看,可见:"<p>李白</p>"已经改为"<h1>李白</h1>"。

【步骤 5】设置页面背景颜色为♯FFFFCC。

单击"属性"面板中的"页面属性"按钮,如图 5-18 所示,打开"属性"对话框。

图 5-18 "属性"对话框

选择分类为外观(HTML),在"外观(HTML)"中设置背景为♯FFFFCC,单击"确定"按钮即可,如图 5-19 所示。

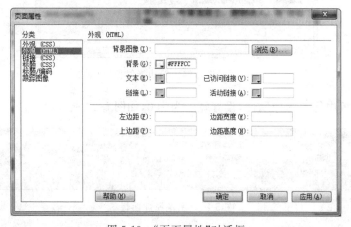

图 5-19 "页面属性"对话框

【步骤 6】插入图片并设置属性。

将鼠标置于要插入图片位置,执行"插入"→"图像"命令,打开"选择图像源文件"对话框,选择要插入的图像文件 5-3.jpg,如图 5-20 所示。

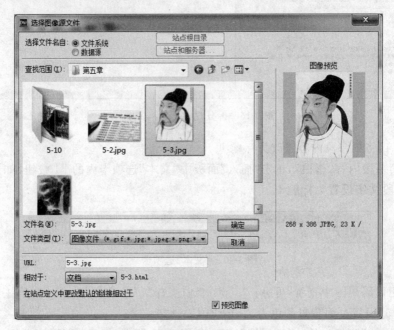

图 5-20 "选择图像源文件"对话框

单击"确定"按钮后,弹出"图像标签辅助功能属性"对话框,设置"替换文本"为"李白图片",如图 5-21 所示。

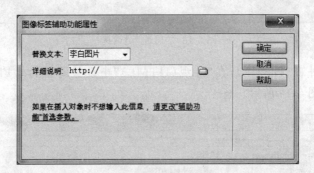

图 5-21 "图像标签辅助功能属性"对话框

在属性面板中修改图像属性,设置宽度为 100,如图 5-22 所示。

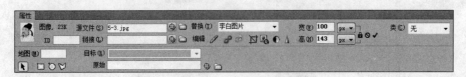

图 5-22 图像属性面板

【步骤 7】设置文字超链接和图片超链接。

选择网页中文字"《静夜思》",在属性面板中设置链接为 http：//www.baidu.com，如图 5-23 所示。

图 5-23　超链接设置

单击选中页面中的图片后,在"属性"面板中设置"链接"为 5-3.jpg。

【步骤 8】在浏览器中预览/调试。

单击"文档"工具栏中的"在浏览器中预览/调试"按钮，选择浏览器预览网页文件，如图 5-24 所示。

图 5-24　选择浏览器预览

效果如图 5-25 所示,可单击网页中文字超链接和图片超链接进行测试。

图 5-25　预览测试网页

5.2 CSS 与文字格式

5.2.1 CSS 概述

HTML 标签原本用于定义文档内容,例如 ＜h1＞表示"这是标题 1",＜p＞表示"这是段落",＜table＞ 表示"这是表格"。文档布局由浏览器来完成,而不是使用任何的格式化标签。但为了满足日益丰富的需求,HTML 不断地添加各种显示标签(如字体标签＜font＞)和显示属性(如颜色属性),导致文档内容越来越不够清晰,网页代码混乱,代码维护困难。

为了解决这个问题,万维网联盟在 HTML 之外创造层叠样式表单(Cascading Style Sheets,CSS),用于对布局、字体、颜色、背景和其他图文效果实现更加精确的控制。和 HTML 一样,CSS 也可以用任何一种文本编辑工具来编写。

CSS 样式可以精确地定位网页上的元素和控制其格式属性,使得设计者能够对页面的布局添加更多的控制,同时实现格式和结构的分离以保证 HTML 文件的清晰。使用 CSS 对页面布局会更加精确,如行间距、字间距的设定。另外,通过修改 CSS 样式可以快速更新所有应用该样式的网页,实现多网页同时更新。

5.2.2 CSS 语法

1. 基本语法

CSS 语法由两部分构成:选择器和一条或多条声明(声明用花括号包围),如下所示:

```
selector {property: value;}
```

每条声明由属性和值两部分组成,属性和值之间用冒号分开。如果有多个声明,声明之间用分号隔开,例如:

```
p{ color: green; font-size: 10px; }
```

p 是选择器,color 和 font-size 是属性,green 和 10px 是值,作用是将 p 元素内的文字颜色定义为绿色,并将字体大小设置为 10 像素。

2. 基本选择器

1) 标签选择器

标签选择器用于重新定义标签的默认显示效果或统一常用元素的基本样式,可以快速、方便地控制页面标签的默认显示效果。标签选择器是在 CSS 中使用率最高的一类选择器,例如:

```
p{ color: green;}
```

作用是将所有段落文本颜色设为绿色。

2）类选择器

类选择器不仅能够为相同的网页对象定义不同的样式,还能实现不同元素拥有相同的样式。类选择器以点(.)前缀开头,然后跟随一个自定义的类名,例如:

```
.center {text-align: center}
```

应用样式时需使用 class 属性来实现,例如＜h1 class＝"center"＞...＜/h1＞,HTML 中所有元素都支持 class 属性。

3）ID 选择器

ID 选择器和类选择器类似,以井号(♯)作为前缀,然后跟随一个自定义的 ID 名。应用样式时使用 id 属性来实现,HTML 中所有元素都支持 id 属性。

ID 选择器只能在文档中应用一次,常用于建立复合内容。

4）复合内容

用于定义同时影响两个或多个标签、类或 ID 的复合规则。例如:

```
div#myID1  p { color: green; font-size: 10px; }
```

作用是将 id 为 myID1 的 div 标签内所有 p 标签字体颜色设置为绿色,字体大小设置为 10 像素。

5.2.3 CSS 添加方法

1. 外部样式表

外部样式是将 CSS 规则保存在 HTML 文档之外的样式文件(.css)中。外部 CSS 样式能够被网站中的一个或多个网页使用,利用外部 CSS 样式可以对网页格式进行集中控制。外部 CSS 样式使用的方法有两种:链接和导入。

链接外部样式表是 CSS 应用中最常见的形式,适合大型网站的使用,多个网页可以同时链接到一个样式文件,使用时在 HTML 文件中＜head＞＜/head＞标记之间加上链接代码即可,例如:

```
<link href="style.css" rel="stylesheet" type="text/css" />
```

导入是从内部样式表的＜style＞里导入一个外部样式表,例如:

```
<style type="text/css">
@import url("style.css");
</style>
```

2. 内部样式表

内部样式表是在 HTML 中,只用于它所在的网页文档,直接存放在头部＜head＞＜/head＞中的＜style＞＜/style＞标记内,例如:

```
<style type="text/css">
p { color: green; font-size: 10px; }
</style>
```

3. 内联样式表

内联样式直接出现在 HTML 标记中,例如:

```
<p style="color: red;">
```

【实验 5-4】 使用样式表。

操作步骤:

【步骤 1】打开 Dreamweaver CS6,新建网页文件。

打开 Dreamweaver CS6,新建网页文件,并将其保存为 5-4. html 文件中,在设计视图中输入如下内容:

望庐山瀑布

李白

日照香炉生紫烟,

遥看瀑布挂前川。

飞流直下三千尺,

疑是银河落九天!

选择第一段内容"望庐山瀑布",单击"插入"面板中"文本"选项卡的"标题 1"按钮 **h1**,将第一段文字设置为标题 1。

选择第二段内容"李白",单击"插入"面板中"文本"选项卡的"标题 2"按钮 **h2**,将第二段文字设置为标题 2。

【步骤 2】使用 CSS 设置页面属性。

在属性面板中,单击"页面属性"按钮,打开"页面属性"对话框,选择"分类"为"外观(CSS)",设置"文本颜色"为♯FFFFFF(即白色),"背景颜色"为♯000000(即黑色),如图 5-26 所示。

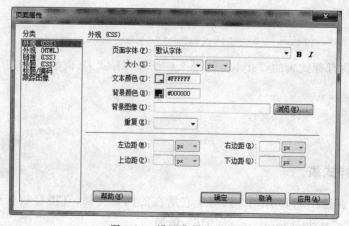

图 5-26　设置背景和文本

在窗口右侧 CSS 样式面板中单击"全部"按钮后,选择"所有规则"中的 body,添加属性 text-align,设置属性值为 center,如图 5-27 所示。

【步骤 3】新建 CSS 规则。

单击 CSS 样式面板中的"新建 CSS 规则"按钮 ⬇,打开"新建 CSS 规则"对话框,设置"选择器类型"为"类(可应用于任何 HTML 元素)","选择器名称"为 red,如图 5-28 所示。

图 5-27　text-align 属性

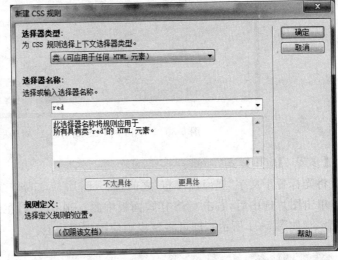

图 5-28　"新建 CSS 规则"对话框

单击"确定"按钮,打开".red 的 CSS 规则定义"对话框,设置 Font-size 为 36px,Color 为 #F00,如图 5-29 所示。

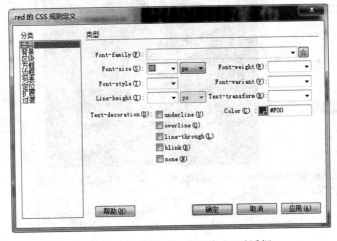

图 5-29　".red 的 CSS 规则定义"对话框

用同样的方法新建 CSS 规则,选择器类型为类(可应用于任何 HTML 元素),选择器名称为 right,在".right 的 CSS 规则定义"对话框选择"分类"为"方框",将 Float 设置为 right,如图 5-30 所示。

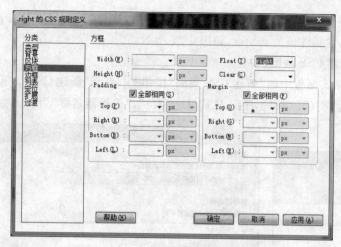

图 5-30 "right 的 CSS 规则定义"对话框

【步骤 4】应用样式。

将光标置于文字"望庐山瀑布"之前,插入图片 5-4.jpg。

单击图片选中后,右击 CSS 样式面板中的 .right 规则,在弹出的快捷菜单中选择"应用"命令(如图 5-31 所示),即可将该规则应用到图片上。

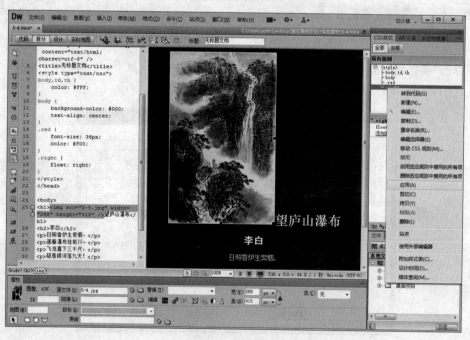

图 5-31 应用样式

按同样的方法,分别选择页面中文字"紫烟"和"银河",应用"CSS 样式"面板中 .red 规则。

【步骤 5】设置超链接。

选择页面中文字"李白",在"属性"面板中将链接设置为 5-3.html,如图 5-32 所示。

图 5-32　设置超链接

【步骤 6】预览/测试网页。

保存文件,单击"文档"工具栏中的"在浏览器中预览/调试"按钮，选择浏览器预览并测试网页,如图 5-33 所示。

图 5-33　预览网页

5.3　页面布局基础

5.3.1　网页基本组成

文字与图片是构成网页的两个最基本的元素。除此之外,网页的元素还包括超链接、音频、视频、动画、程序、导航栏、表单、框架、悬停按钮等元素。

实际上,各种资源文件与网页文件是互相独立存放的,源文件中存放的只是资源的链接位置,资源文件和网页文件甚至可以在不同的计算机上。通过这些不同元素的组合,产生网页信息资源,显示各种各样的信息。

1. 文字

文字是网页内容的主体,网页内容大多通过文字来表达。虽然文字的表达效果不如图像、声音等直观,但文字所占空间小,一个中文字符只占 2 个字节,所以文字在网络传输中的速度很快,是其他元素无法相比的。一般网页中出现的中文字体多采用宋体,字号一般使用 9 磅或 12 像素。

在网页中输入文字的方法和 Word 中类似,也可以从其他文档中复制文字粘贴到网页文件中。

1) 插入特殊字符

执行"插入"→HTML→"特殊字符"命令,即可选择要插入的字符,如图 5-34 所示,例如在网页中只允许字符之间包含一个空格,可以通过多次插入"不换行空格"或多次使用快捷组合键 Ctrl+Shift+Space 插入连续多个空格。

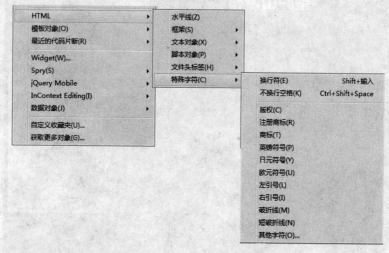

图 5-34 "特殊字符"菜单

在"特殊字符"菜单中选择"其他字符"命令,可打开"插入其他字符"对话框,如图 5-35 所示。

2) 插入水平线

水平线常用于在网页内组织信息,可以使用一条或多条水平线以可视方式分隔文本和对象。将光标置于页面中需要插入的位置,单击"插入"面板"常用"选项卡中的"水平线"按钮,或者执行"插入"→HTML→"水平线"命令,即可插入一条水平线。插入水平线后,可以在属性面板中进行设置,如图 5-36 所示。

其中,可以用像素为单位或页面大小百分比指定水平线的宽度和高度。对齐用于指定水平线的对齐方式(默认、左对齐、居中对齐和右对齐)。类可于附加样式表。

3) 插入文本列表

网页中经常会使用文本列表,常见的有项目列表和编号列表两种类型。

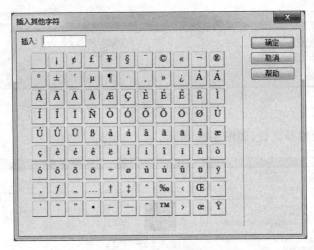

图 5-35　"插入其他字符"对话框

图 5-36　用属性面板设置水平线

【实验 5-5】　编号列表和项目列表。

操作步骤：

【步骤 1】打开 Dreamweaver CS6，新建网页文件 5-5.html，在设计视图中输入内容如下：

目录

人物生平

主要成就

主要作品

《黄鹤楼送孟浩然之广陵》

《静夜思》

《梦游天姥吟留别》

《将进酒》

《早发白帝城》

【步骤 2】插入水平线并设置属性。

将光标置于文字"目录"后，单击"插入"面板"常用"选项卡中的"水平线"按钮，即可插入一条水平线。

选中该水平线，在"属性"面板中，将水平线宽度设置为 500 像素，对齐方式设置为"左对齐"，如图 5-37 所示。

【步骤 3】设置编号列表

选择第 2～4 行文字，单击"插入"面板"文本"选项卡中的"编号列表"按钮，将第 2、

图 5-37　设置水平线

3、4 行文字设置为编号列表,如图 5-38 所示。

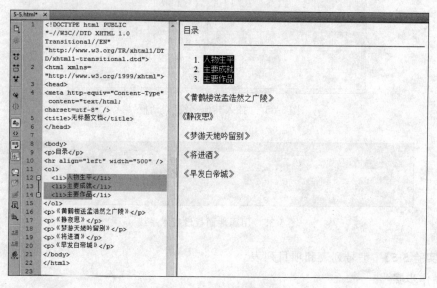

图 5-38　设置编号列表

【步骤 4】设置项目列表。

选择第 5～9 行文字,单击"插入"面板"文本"选项卡中的"项目列表"按钮 **ul**,将第 5～9 行文字设置为项目列表,如图 5-39 所示。

2. 图像

图像的视觉效果直观强烈,通常将图片点缀在文字旁,以增强文字排版效果,但是需要注意图像使用的次数和大小,防止影响网页下载速度。

网络上常用的图像文件格式主要有 JPEG(Joint Photographic Experts Group)、GIF(Graphics Interchange Format)和 PNG(Portable Network Graphic)3 种。JPEG 是为照片图像设计的文件格式,支持数百万种色彩。GIF 仅包含 256 种颜色,提供了出色的、几乎没有丢失的图像压缩,适用于卡通、LOGO、图形、动画等。PNG 即可移植网络图形格式,是一种位图文件存储格式,可以进行无损压缩。

1)插入及设置图像

插入图像可以单击"插入"面板"常用"选项卡中的"图像"按钮 ⌨·,或者执行"插入"→"图像"命令。图像默认采用原始尺寸,图像的宽度和高度可以根据需要调整,单位一般采用像素。

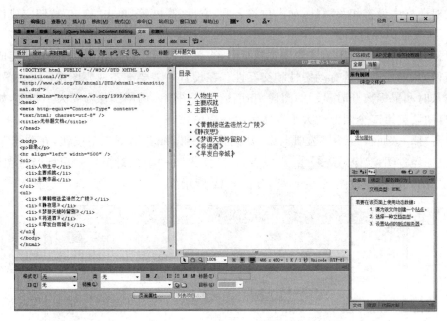

图 5-39　设置项目列表

图像插入后,可在"属性"面板中修改图像属性,如图 5-40 所示。

图 5-40　设置图像属性

2) 插入图像占位符

有时会因为布局的需要,实现在页面中插入一个占位符,等到图片制作完成后再将图片加入到页面中。操作过程如下:

单击"插入"面板"常用"选项卡中的"图像"按钮 的下三角按钮,在弹出菜单中选择"图像占位符" ,或者执行"插入"→"图像对象"→"图像占位符"命令,弹出"图像占位符"对话框,如图 5-41 所示。

图 5-41　"图像占位符"对话框

在对话框中设置相关属性,如占位符名称、宽度、高度等,单击"确定"按钮完成设置。

3)插入鼠标经过图像

鼠标经过图像是指用浏览器浏览网页时,当鼠标经过一幅图像时,图像随即变成另外一幅图像,从而使网页具有动态性和交互性。在设置前需要准备两幅图像:原始图像(当页面载入时和鼠标离开时显示的图像)和鼠标经过图像。两幅图像需要大小相等,如果不同,则自动调整第二个图像的大小以匹配第一幅图像。

单击"插入"面板"常用"选项卡中的"图像"按钮 右侧下三角按钮,在弹出菜单中选择"鼠标经过图像" ,或者执行"插入"→"图像对象"→"鼠标经过图像"命令,弹出"插入鼠标经过图像"对话框,如图 5-42 所示。

图 5-42 "插入鼠标经过图像"对话框

3. 超链接

超链接(Hyperlink)是一种连接其他网页或站点之间的元素。只要将鼠标指针移动至超链接上,指针就会变成手形,单击可以在网页间跳转。链接目标可以是另外一个网页,也可以是相同网页中的不同位置,也可以是一幅图片、一个文件或一个应用程序。

1)绝对路径和相对路径

绝对路径是被链接文档的完整 URL,包括使用的传输协议、域名、文件路径,例如:

$$http://www.ahau.edu.cn/xxgk/xxjj/index.htm$$

一般创建外部链接时(即从一个网站链接到其他网站的网页)使用绝对路径。

相对路径是指以当前文档所在位置为起始点到被链接文档经过的路径,一般适合创建本地链接。

2)空链接

空链接是未指派的链接,用于向页面上的对象或文本附加行为。可以通过在属性面板中链接文本框键入♯或 javascript:void(0)来创建。

3)下载文件链接

网页设计时常常需要提供文件下载的功能,需要建立下载文件超链接。只需在属性面板中的链接文本输入下载的文件名即可。

4)导航栏

页面中的导航栏是必需的元素,浏览者可以通过导航栏对网站的结构有整体的了解,通过单击导航栏中的菜单项,可以进入其他网页或频道。

导航栏实际上是超链接的综合应用,通常为方便浏览,将若干超链接有序地排列在网页的上方或左侧。导航栏中的超链接可以是文字、图片、Flash、按钮等,常见的有横向导航栏、纵向导航栏、浮动导航栏、下拉菜单式导航栏等。如图 5-43 所示的导航栏为横向文字型导航栏,而且有纵向弹出式菜单,位于页面的上方。

图 5-43　导航栏

4. 表格

表格是常用的页面元素之一,可以使用表格存储文本或数据。表格的组成元素包括行、列、单元格等。

1) 插入表格

单击"插入"面板"常用"选项卡中的"表格"按钮 ⊞ 或执行"插入"→"表格"命令,即可打开"表格"对话框,如图 5-44 所示。

图 5-44　"表格"对话框

行数、列:用于设置表格的行数和列数。

表格宽度:用于设置表格的宽度,单位有像素和百分比。以百分比为单位时,表示表格宽度与浏览器宽度的百分比。

边框粗细:默认为 1,单位为像素。

单元格边距:用于设置单元格内容和单元格边框之间的距离,单位为像素。

单元格间距：用于设置相邻单元格之间的距离，单位为像素。

标题：有 4 个选项，即"无""左""顶部""两者"。用于设置表格是否启用标题及标题的位置。

辅助功能：用于设置表格的标题和表格的摘要。

2）选择表格元素

在对表格进行操作之前，需要先选择被操作的对象。

（1）选择整张表。

方法一：将鼠标移至表格左上角，当鼠标变成网格图标时单击左键。

方法二：单击某个单元格后，在状态栏左侧标签选择器中选择＜table＞。

方法三：单击某个单元格后，执行"修改"→"表格"→"选择表格"命令。

方法四：单击某个单元格后，单击表格标题菜单，选择"选择表格"，选中后表格右侧和下方出现选择柄，如图 5-45 所示。

（2）选择行。

方法一：将鼠标移至行的最左边缘，当鼠标变成朝右的黑色箭头时单击。

方法二：单击需选择行中任一单元格后，在状态栏左侧标签选择器中选择＜tr＞。

（3）选择列。

方法一：将鼠标移至行的最上边缘，当鼠标变成朝下的黑色箭头时单击。

方法二：单击某个单元格后，单击列标题菜单，选择"选择列"，如图 5-46 所示。

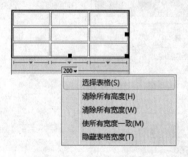

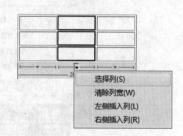

图 5-45　表格标题菜单　　　　　　　图 5-46　列标题菜单

（4）选择单元格。

方法一：按住 Ctrl 键单击该单元格。

方法二：单击该单元格后，在状态栏左侧标签选择器中选择＜td＞。

3）设置表格属性

选中表格后，可以在属性面板中设置表格的行、列、宽、填充、间距、边框等，如图 5-47 所示。

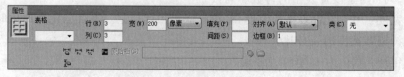

图 5-47　表格的"属性"面板

将鼠标置于单元格中,即可打开单元格的属性面板,设置单元格的水平、垂直对齐方式,宽,高,背景颜色等,如图 5-48 所示。

图 5-48　单元格的"属性"面板

5.3.2　表格布局

为了将网页制作得整齐美观,需要在添加网页元素之前对网页的整体进行布局,将复杂的网页细分为多个部分。即先将页面进行区域划分和内容组织,然后对每个具体区域进行详细的设计。

在网页设计中,表格除了可以有序地排列数据外,还可以用于精确地定位网页元素,用于网页的排版布局。要实现网页的排版布局,一般先向网页中插入一个或几个大表格(有时还需要在表中嵌套表),预先设计好行和列的分布,然后把文本、图像等页面元素插入表格的单元格中。一般将边框设置为 0,在浏览器中浏览时则不会显示这个表格边框。

【**实验 5-6**】　表格布局——校园风光。

操作步骤:

【步骤 1】新建文件,插入表格。

打开 Dreamweaver CS6,新建网页文件 5-6.html。

单击"插入"面板"常用"选项卡中的"表格"按钮田或执行"插入"→"表格"命令,打开"表格"对话框,设置表格为 5 行 1 列,宽度为 970 像素,边框粗细、单元格边距、单元格间距均为 0,如图 5-49 所示。

图 5-49　设置表格

【步骤 2】插入嵌套表格。

将光标置于第 1 行单元格内,在单元格内插入一个 1 行 3 列的表格,表格宽度为 100%,边框粗细、单元格边距、单元格间距均为 0。

在第 2 行单元格中插入一个 1 行 8 列的表格,设置表格宽度为 80%,边框粗细、单元格边距、单元格间距均为 0。

在第 4 行单元格中插入一个 3 行 3 列的表格,设置表格宽度为 70%,边框粗细、单元格边距均为 0,单元格间距为 18,如图 5-50 所示。

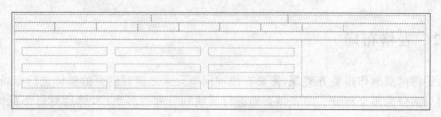

图 5-50　嵌套表格

【步骤 3】插入页面元素。

第一行单元格中嵌入了一个 1 行 3 列的表格,在该表格的三个单元格内依次插入图片 top1. png、top2. png、top3. jpg。

第二行单元格中嵌入了一个 1 行 8 列的表格,在该表格的 8 个单元格中依次输入文字"首页"(在"首"和"页"之间插入两个不换行空格)、"学校概况""校园风光""招生信息""人才培养""师资队伍""教学研究""文档下载"。

在第三行单元格中输入">>>校园风光"。

第四行单元格中嵌入了一个 3 行 3 列的表格,在 9 个单元格中依次插入图片 1. jpg、2. jpg、3. jpg、4. jpg、5. jpg、6. jpg、7. jpg、8. jpg、9. jpg。

在第五行单元格中输入"版权所有©张三"。其中,©符号可以执行"插入"→"HTML"→"特殊字符"→"版权"命令进行插入。

在浏览器中预览,效果如图 5-51 所示。

【步骤 4】设置表格、单元格为居中对齐。

选中最外层宽度为 970 像素的表格,在属性面板中设置对齐方式为居中对齐。用同样的方法,依次设置第二行内嵌表格、第四行内嵌表格为居中对齐。

选中第五行单元格,在属性面板中设置水平对齐方式为居中对齐,预览效果如图 5-52 所示。

【步骤 5】设置导航栏样式。

在 CSS 样式面板右下方单击"新建 CSS 规则"按钮 ,新建类 . dh,在" dh 的 CSS 规则定义"对话框中设置 Font-size 为 18px,Font-weight 为 500,Color 为#FFFFFF,如图 5-53 所示。

【步骤 6】应用导航栏样式。

将鼠标置于第二行任意一个单元格内,在状态栏左侧标签选择器中单击<body>标签后的第一个<tr>标签,如图 5-54 所示。

在属性面板中,设置高为 35,类为 dh,背景颜色设置为#63a50a,如图 5-55 所示。

图 5-51　插入页面元素

图 5-52　设置"居中对齐"

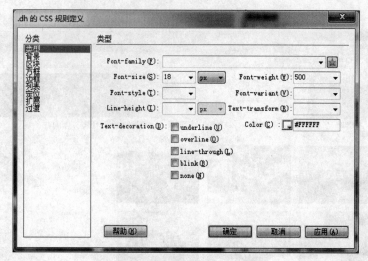

图 5-53　.dh 的 CSS 规则定义

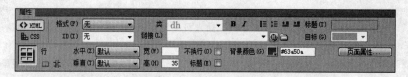

图 5-54　标签选择器

图 5-55　设置行属性

【步骤 7】单击"文档"工具栏中的"在浏览器中预览/调试"按钮，选择浏览器预览并测试网页，如图 5-56 所示。

5.3.3　Div 布局

Div 元素用于在页面中定义一个区域。Div 标签可以嵌套，本身没有表现属性，需要使用 CSS 控制 Div 元素的表现效果。

【实验 5-7】　DIV 布局——图片库。

操作步骤：

【步骤 1】新建网页文件，插入 Div。

打开 Dreamweaver CS6，新建网页文件 5-7.html。

单击"插入"面板"布局"选项卡中的"插入 Div 标签"按钮 或执行"插入"→"布局对象"→"Div 标签"命令，打开"插入 Div 标签"对话框，设置 ID 为 main，如图 5-57 所示。

然后单击对话框中的"新建 CSS 规则"按钮，打开"新建 CSS 规则"对话框，如图 5-58 所示。

图 5-56　预览、测试网页

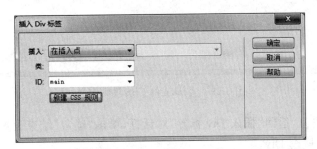

图 5-57　插入 Div♯main

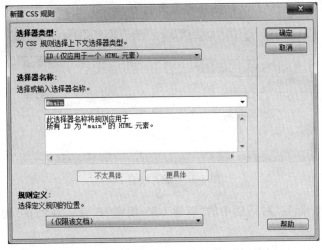

图 5-58　新建.pic 规则

单击"确定"按钮后,打开"♯main 的 CSS 规则定义"对话框。选择分类为方框,如图 5-59 所示,并设置属性如下:

width:668px。

height:580px。

margin-right:auto。

margin-left:auto。

注意,在设置 margin-right 和 margin-left 前要将 margin 中"全部相同"复选框的勾选去掉。

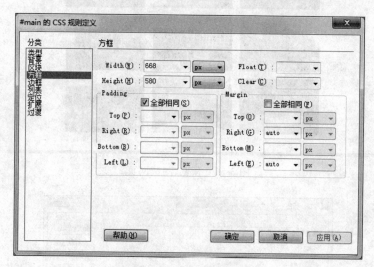

图 5-59　♯main 的 CSS 规则定义

单击"确定"按钮,返回"插入 Div 标签"对话框,单击"确定"结束设置。

【步骤 2】插入嵌套 Div。

删除 Div 中文字"此处显示 id "main" 的内容"并将光标置于 Div ♯main 中,按照步骤 1 所述方法,再插入一个 Div 标签并将类命名为 pic,如图 5-60 所示。

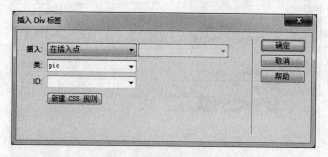

图 5-60　插入嵌套 Div

单击"插入 Div 标签"对话框中的"新建 CSS 规则"按钮。在". pic 的 CSS 规则定义"对话框中设置属性如下:

background-color:♯FFFFCC。

text-align：center。

width：auto。

height：180px。

margin：5px。

float：left。

border：1px solid ♯CCCCCC。

【步骤3】插入图片。

先删除 Div 中文字"此处显示 class "pic" 的内容"，然后插入实验 5-6 中的 1.jpg。选中图片后，单击 CSS 样式面板中的"新建 CSS 规则"按钮，在打开的"♯main.pic img 的 CSS 规则"对话框（如图 5-61 所示）中设置属性如下：

```
margin: 3px;
border: 1px solid #CCC;
```

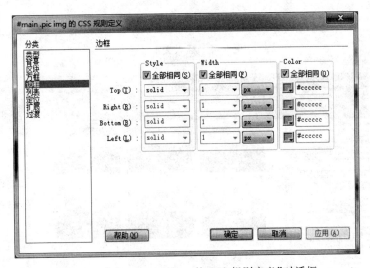

图 5-61 "♯main.pic img 的 CSS 规则定义"对话框

【步骤4】插入文本描述。

将光标置于图片后（注意不要按回车键），插入 Div（类名为 info），单击"新建 CSS 规则"按钮，打开"新建 CSS 规则"对话框，并设置".info 的 CSS 规则"规则如下：

text-align：center。

width：200px。

margin：5px。

单击"文档"工具栏中的"在浏览器中预览/调试"按钮，预览测试网页如图 5-62 所示。

【步骤5】完成其余内容。

选中 div.pic 后复制，然后将光标置于 div.pic 后粘贴 8 次，如图 5-63 所示。

单击"文档"工具栏的"代码"按钮切换至代码视图，将代码中出现的 9 个 1.jpg 依次

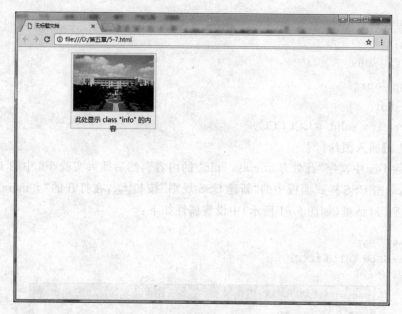

图 5-62　插入文本描述

图 5-63　复制 Div

改为 1. jpg、2. jpg、3. jpg、4. jpg、5. jpg、6. jpg、7. jpg、8. jpg、9. jpg。并将 9 个 Div 中文字描述"此处显示　class "info" 的内容"依次改为"八教""八教西侧""二教""九教""林学楼北""林学楼西""南大门""南门大道""一教",如图 5-64 所示。

【步骤 6】预览测试网页。

单击"文档"工具栏中的"在浏览器中预览/调试"按钮 ，选择浏览器预览并测试网页,如图 5-65 所示。

```
<div id="main">
  <div class="pic"><img src="5-6/1.jpg" width="200" height="135" />
    <div class="info">八教</div>
  </div>
  <div class="pic"><img src="5-6/2.jpg" alt="" width="200" height="135" />
    <div class="info">八教西侧</div>
  </div>
  <div class="pic"><img src="5-6/3.jpg" alt="" width="200" height="135" />
    <div class="info">二教</div>
  </div>
  <div class="pic"><img src="5-6/4.jpg" alt="" width="200" height="135" />
    <div class="info">九教</div>
  </div>
  <div class="pic"><img src="5-6/5.jpg" alt="" width="200" height="135" />
    <div class="info">林学楼北</div>
  </div>
  <div class="pic"><img src="5-6/6.jpg" alt="" width="200" height="135" />
    <div class="info">林学楼西</div>
  </div>
  <div class="pic"><img src="5-6/7.jpg" alt="" width="200" height="135" />
    <div class="info">南大门</div>
  </div>
  <div class="pic"><img src="5-6/8.jpg" alt="" width="200" height="135" />
    <div class="info">南门大道</div>
  </div>
  <div class="pic"><img src="5-6/9.jpg" alt="" width="200" height="135" />
    <div class="info">一教</div>
  </div>
</div>
```

图 5-64　修改代码

图 5-65　预览

5.4 用 JavaScript 脚本语言编写动态网页

5.4.1 JavaScript 脚本语言概述

JavaScript 是因特网上最流行的客户端脚本语言。JavaScript 是一种基于对象和事件驱动并具有安全性能的脚本语言,通过嵌入或调用的方式在网页中实现动态交互功能,弥补了 HTML 语言的先天不足,可在所有主要的浏览器中运行。

1. 在网页中插入 JavaScript 代码

使用<script>标签,可以将 JavaScript 源代码直接放在网页文档中。一般来说,JavaScript 代码可以被嵌入网页中的任何位置,如<head>标签内、<body>标签内,甚至<html >标签外,浏览器都能够正确地解析。

单击"插入"面板"常用"选项卡中的"脚本"按钮 ,打开"脚本"对话框,在内容文本框中输入要插入网页中的 JavaScript 代码,如图 5-66 所示。例如,输入"document. write ("<h1>第五章 网页设计</h1>")"。

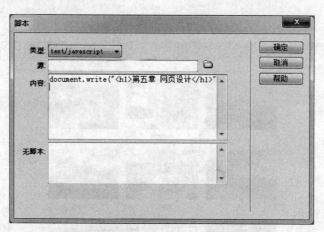

图 5-66 "脚本"对话框

2. 使用 JavaScript 文件

与 CSS 文件一样,JavaScript 代码也可以存放在独立的文件中以便重复调用。JavaScript 文件是文本类型文件,扩展名为 js,在任何文本编辑器中都可以被打开和编辑。

需要使用 JavaScript 文件时,可在"脚本"对话框(如图 5-64 所示)中,设置"源"为 JavaScript 文件名即可。

5.4.2 JavaScript 语法基础

1. 变量

与其他语言类似,JavaScript 变量是存储信息的容器,可用于存放值(例如 a=10)和表达式(例如 x=a+b),使用=向变量赋值,例如"score=85;"。

使用关键字 var 来声明变量,例如"var score;"。变量可以使用短名称(例如 x 和 y),也可以使用描述性更好的名称(例如 score、fenshu、totalvolume),变量名称区分大小写。

2. 数据类型

JavaScript 中常见的数据类型有:

(1) 数字型:可以带小数点,也可以不带,例如 12.00、25。极大数或极小数用科学记数法表示,例如 217e6。

(2) 字符串:可以是单引号或双引号括起来的任意文本,例如 "Jack"和'Bill'。

(3) 布尔型:只有两个值(true 和 false),常用于条件测试。

(4) Null:空值,表示什么也没有,可用于清空变量。

(5) 数组:数据下标从 0 开始,例如"var scores=[80,90,85];",其中 scores[1]的值是 90。

3. 运算符和表达式

JavaScript 中常见的运算符有算术运算符(+、-、*、/、%、++、--)、赋值运算符(=、+=、-=、*=、/=、%=)、字符串连接运算符(+)、比较运算符(==、===、!=、>、<、>=、<=)、逻辑运算符(&&、||、!)以及条件运算符(?:)等。

表达式是运算符和操作数的组合,表达式通过求值确定表达式的值。表达式可以分为算术表达式、赋值表达式、字符串表达式和逻辑表达式等。

例如,"year+"年"+month+"月"+day+"日""是一个字符串表达式。

4. 语句

和其他编程语言类似,语句可用于实现基本的程序控制和操纵功能。一般情况下,程序语句的执行是按照编写顺序执行的。有时也会根据逻辑判断来决定程序代码的执行顺序。常见的语句有以下 5 种。

(1) 表达式语句:表达式的尾部加上一个分号就形成表达式语句,例如"x=a+b;"。

(2) 条件语句:主要有 if 语句和 switch 语句。

(3) 循环语句:主要有 while 语句和 for 语句。

(4) 跳转语句:有 break 语句、continue 语句和 return 语句。

(5) 空语句:只有一个独立的分号,作用是创建一个主体为空的条件或者循环。

5. 函数

JavaScript 是函数式编程语言，函数是功能相对独立的代码块。函数的定义格式如下：

```
function 函数名(参数表)
{
    函数执行部分;
    return 表达式;
}
```

例如：

```
function f(){
    return "Hello world";
}
```

用于定义函数 f()，函数的功能是返回字符串"Hello world"。可以使用"document. write (f());"调用函数，在文档中输出字符串"Hello world"。

6. 事件

JavaScript 通过对事件的响应与用户进行交互，例如，用户将鼠标移到某段文字或图片上会触发一个鼠标移动事件、用户单击一个按钮会触发一个单击事件，需要浏览器进行处理，浏览器响应事件并进行处理的过程称为事件处理。

常见的事件有：onClick 事件、onDbClick 事件、onLoad 事件、onMouseDown 事件、onMouseUp 事件、onMouseOver 事件、onMove 事件、onReset 事件、onSubmit 事件等。

7. 对象

JavaScript 是一种基于对象的脚本语言，支持的对象有 3 类：JavaScript 内置对象（例如 String、Date、Array 等）、浏览器环境中提供的对象（例如 Document、Window 等）、自定义对象。

【实验 5-8】 JavaScript 应用实例——添加时间。

操作步骤：

【步骤 1】新建网页文件，插入 Div 并设置样式。

打开 Dreamweaver，新建网页文件 5-8. html。

单击"插入"面板"布局"选项卡中的"插入 Div 标签"按钮回或执行"插入"→"布局对象"→"Div 标签"命令，打开"插入 Div 标签"对话框，设置 ID 为 txt。

单击"新建 CSS 规则"按钮，在打开的"♯txt 的 CSS 规则定义"对话框内设置♯txt 的属性如下：

background-color：♯FFFF00。

height：25px。

width：200px。

text-align：center。

此时预览网页，效果如图 5-67 所示。

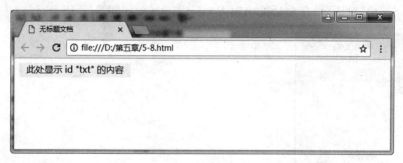

图 5-67　添加 Div

【步骤 2】添加 JavaScript 函数。

单击"插入"面板"常用"选项卡中的"脚本"按钮 ，打开"脚本"对话框，在"内容"中输入以下内容（如图 5-68 所示）。

```
function startTime(){
    var today=new Date();
    var h=today.getHours();
    var m=today.getMinutes();
    var s=today.getSeconds();
    if(m<=9) m="0"+m;
    if(s<=9)  s="0"+s;
    document.getElementById('txt').innerHTML=h+":"+m+":"+s;
    t=setTimeout('startTime()',500);
}
```

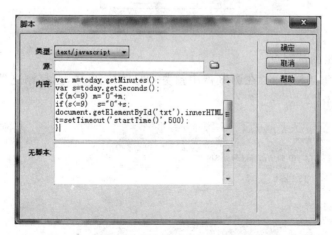

图 5-68　添加 JavaScript 函数

【步骤 3】为＜body＞添加 onLoad 事件。

在状态栏中的标签选择器内选中＜body＞标签，打开"行为"面板（执行"窗口"→"行为"命令），如图 5-69 所示。

在"行为"面板中单击"添加行为"按钮 ＋，在打开菜单中选择"调用 JavaScript"，打开"调用 JavaScript"对话框，在对话框中输入 startTime()，如图 5-70 所示。

图 5-69 "行为"面板

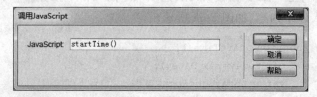

图 5-70 "调用 JavaScript"对话框

此时，"行为"面板中 onLoad 事件设置成功，如图 5-71 所示。

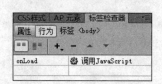

图 5-71 onLoad 事件

【步骤 4】预览测试网页。

单击"文档"工具栏中的"在浏览器中预览/调试"按钮 ，选择浏览器预览并测试网页，如图 5-72 所示。

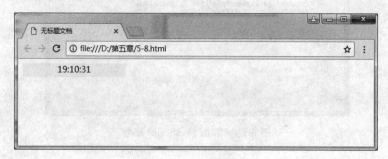

图 5-72 预览/测试网页

5.5 HTML5

5.5.1 HTML5 文档基本结构

HTML5 是 HTML 最新的修订版本,是下一代 HTML 标准。目前,HTML5 仍处于完善之中,大部分现代浏览器已经具备了某些 HTML5 支持。

执行"文件"→"新建"命令,打开"新建文档"对话框,在对话框中选择文档类型为 HTML5,如图 5-73 所示。

图 5-73 新建 HTML5 文件

将文档视图切换成代码视图或拆分视图,可以看到 HTML 文档 5 基本结构,如图 5-74 所示。

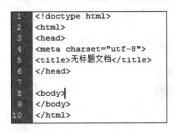

```
1  <!doctype html>
2  <html>
3  <head>
4  <meta charset="utf-8">
5  <title>无标题文档</title>
6  </head>
7
8  <body>
9  </body>
10 </html>
```

图 5-74 HTML5 文档基本结构

5.5.2　HTML5 的新特性

HTML5 作出了一些改进，例如：

(1) 用于绘画的 canvas 元素。

(2) 用于媒介回放的 video 和 audio 元素。

(3) 对本地离线存储更好的支持。

(4) 添加了很多新元素，例如 article、footer、header、nav、section 等。

(5) 新的表单控件，例如 calendar、date、time、email、url、search。

(6) 添加新属性，例如增加了全局属性 contentEditable、draggable 等。

(7) 删除了一些元素，例如 applet、center、frame、font 等。

5.5.3　HTML5 应用实例

【实验 5-9】　HTML5 实例——拖放图片。

操作步骤：

【步骤 1】新建 HTML5 网页文件，插入 Div 并设置规则。

新建 HTML5 网页文件 5-9. html（注意在"新建文档"对话框中选择 HTML5）。

插入一个 Div，ID 为 div1，样式设置为：

```
float: left;
width: 200px;
height: 200px;
margin: 10px;
padding: 10px;
border: 1px solid #aaaaaa;
```

用同样的方法，再插入一个 Div，ID 为 div2，样式设置同 div1。

【步骤 2】插入图片。

删除 div1 中文字"此处显示 id "div1" 的内容"，插入 1. jpg，预览效果如图 5-75 所示。

图 5-75　插入图片

【步骤 3】在"文档"工具栏中单击"代码"按钮,将文档切换到代码视图,找到＜img＞标签,为其添加 id 和 draggable 属性如下(如图 5-76 所示)。

```
id="d"
draggable="true"
```

```
<body>
<div id="div1"><img src="5-6/1.jpg"  id="d" draggable="true" width="200" height="135"></div>
<div id="div2">此处显示  id "div2" 的内容</div>
</body>
```

图 5-76　添加属性

【步骤 4】在＜head＞＜/head＞内插入 JavaScript 函数。

在代码视图中,将光标置于＜/head＞前,输入如下代码:

```
<script>
function allowDrop(ev){
    ev.preventDefault();
}
function drag(ev){
    ev.dataTransfer.setData("Text",ev.target.id);
}
function drop(ev){
    ev.preventDefault();
    var data=ev.dataTransfer.getData("Text");
    ev.target.appendChild(document.getElementById(data));
}
</script>
```

【步骤 5】添加事件。

将＜body＞＜/body＞中的如下内容:

```
<div id="div1"><img src="5-6/1.jpg" id="d" draggable="true"></div>
<div id="div2"></div>
```

改为:

```
<div id="div1" ondrop="drop(event)" ondragover="allowDrop(event)">
    <img src="5-6/1.jpg" id="d" draggable="true" ondragstart="drag(event)" >
</div>
<div id="div2" ondrop="drop(event)" ondragover="allowDrop(event)"></div>
```

【步骤 6】预览/测试网页。

保存文件后,单击"文档"工具栏中的"在浏览器中预览/调试"按钮，选择浏览器预览并测试网页,如图 5-77 所示,可将图片在两个 Div 中进行拖放。

图 5-77 预览、测试网页

本 章 小 结

　　万维网是人类历史上影响最深远、最广泛的传播媒介,信息通过万维网进行传播非常快速方便。网页设计的学习及相关知识的掌握有助于用户更好、更快地获取和发布数字信息。通过本章的学习,能够掌握 HTML 文档的基本结构、CSS 和 JavaScript 添加方法,熟悉如何使用 Dreamweaver CS6 设计网页,熟悉表格和 Div 两种常见的布局方法,了解 HTML 常见标签和属性,了解 CSS 和 JavaScript 的基本语法,并对 HTML5 的文档基本结构和新特性有一定认识。

第6章

常用工具软件的使用

本章介绍常用工具软件的安装、配置和使用方法,包括压缩软件、常用安全软件、即时通信软件和网上支付软件等,在每节内容的最后以实验加深对常用软件使用方法的了解。

6.1 压缩软件的使用

6.1.1 压缩软件简介

压缩软件(compression software)就是利用压缩原理对数据进行压缩的工具,压缩后生成的文件称为压缩包(archive),其体积只有原来的几分之一甚至更小。压缩包是一种新的文件格式,要使用其中的数据,需要用压缩软件把数据还原,这个过程称作解压缩。常见的压缩软件有 WinZip、WinRAR 等。

压缩可以分为有损压缩和无损压缩两种。如果丢失个别的数据可以忽略,对结果不会造成太大的影响,这就是有损压缩。有损压缩广泛应用于动画、声音和图像文件中,典型的代表是影碟文件格式 mpeg、音乐文件格式 mp3 和图像文件格式 jpg。但是更多情况下压缩数据必须准确无误,这就是无损压缩,常见的无损压缩文件格式有 zip、rar 等。

压缩软件的基本原理是对文件的二进制代码进行压缩,使相邻的 0、1 代码减少,比如000000,可以把它变成 6 个 0 的写法 60,来减少该文件的空间。

由于计算机处理的信息是以二进制的形式表示的,因此压缩软件就是把二进制信息中相同的字符串以特殊字符标记来达到压缩的目的。

6.1.2 压缩软件 WinRAR 的使用方法

WinRAR 是在 Windows 环境下对 rar 格式的文件(经 WinRAR 压缩形成的文件)进行管理和操作的一款压缩软件。WinRAR 和 WinZip(老牌解压缩软件)相媲美。在某些情况下,它的压缩率比 WinZip 还要大。WinRAR 的一大特点是支持很多压缩格式,除了rar 和 zip 格式(经 Winzip 压缩形成的文件)的文件外,还可以为许多其他格式的文件解压缩,同时,使用这个软件也可以创建自解压可执行文件。

1. WinRAR 的安装

WinRAR 的安装十分简单，只要双击下载后的安装文件，就会出现图 6-1 所示的中文安装界面。通过单击"浏览"按钮选择安装路径后，再单击"安装"按钮即可开始安装了。

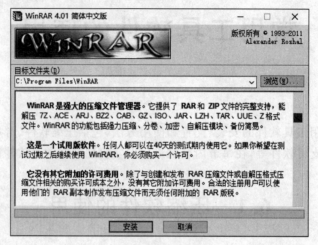

图 6-1　WinRAR 中文安装界面

当出现图 6-2 所示的 WinRAR 安装选项画面时，可进行选项设置。设置这些选项时，在相应选项前的方框内单击即可，若需取消相应选项，再次单击选项前的方框即可。选项组"WinRAR 关联文件"，是用来选择由 WinRAR 处理的压缩文件类型，选项中的文件扩展名就是 WinRAR 支持的压缩格式。选项组"界面"是用来选择放置 WinRAR 可执行文件链接的地方，即选择 WinRAR 在 Windows 中的位置。选项组"外壳整合设置"用于创建快捷方式。一般情况下按照安装的默认设置就可以。设置完成后单击"确定"按钮开始安装。当出现图 6-3 安装完成界面时，单击"完成"按钮，整个 WinRAR 的安装就完成了。

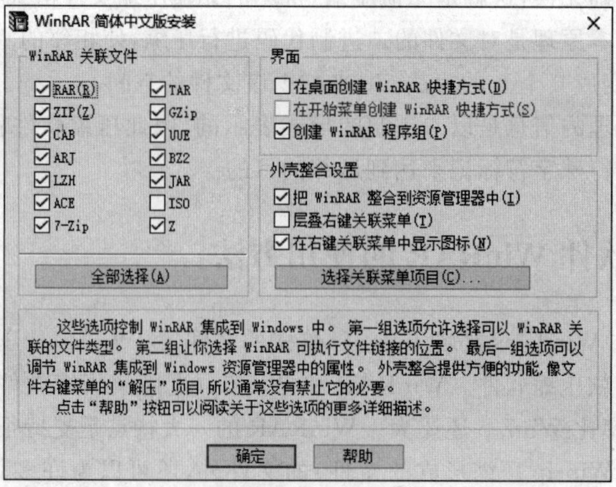

图 6-2　WinRAR 安装选项

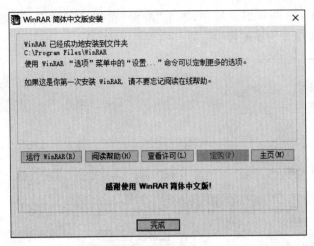

图 6-3　WinRAR 安装完成

2. 设置压缩方式

在压缩一个文件或多个文件时，希望它压缩后变得更小，以方便传输，WinRAR 软件可将压缩率做到最大。选择需要压缩的目标文件或文件夹，右击后，在弹出的快捷菜单中选择"添加到压缩文件"，设置压缩方式，如图 6-4 所示。压缩文件格式要选 ZIP，因为 ZIP 格式解压缩软件更加通用，而且压缩后的文件较 RAR 格式小；压缩方式选择"最好"，这样压缩出来的文件包是最小的。

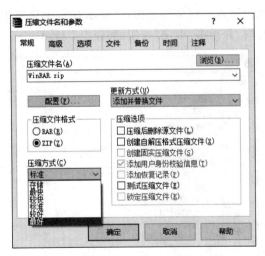

图 6-4　设置压缩方式

3. 快速配置压缩文件

快速配置压缩文件可以在不过多改变压缩文件大小的情况下缩短压缩时间。选中待压缩的文件夹，右击后，在弹出的快捷菜单中再选择"添加到压缩文件"，进行首次配置，如图 6-5 所示。

在弹出的如图 6-6 所示对话框中，单击"配置"按钮，选择"Zip 压缩文件"，设置完成后，单击"保存当前设置为新配置"项。

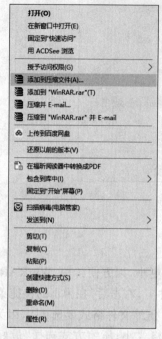

图 6-5　快速压缩首次配置

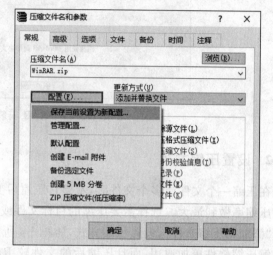

图 6-6　保存当前配置对话框

在"配置名"文本框中输入自定义的名称（会显示在右键菜单中），并把"立即执行"和"添加到关联菜单中"打勾，并单击"确定"按钮，如图 6-7 所示。

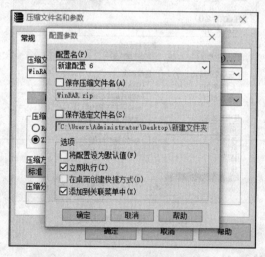

图 6-7　完成配置参数对话框

此时再次右击刚才的文件夹，可以看到菜单中多了一个新配置的选项，直接选择该菜单选项就能生成 RAR 压缩包，如图 6-8 所示。

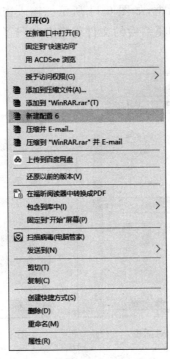

图 6-8　"新建配置 6"菜单项

　　如需删除原先的配置,可选择"管理配置",如图 6-9 所示。在已存在的配置中,选择要删除的配置,如图 6-10 所示,单击"删除"按钮即可。

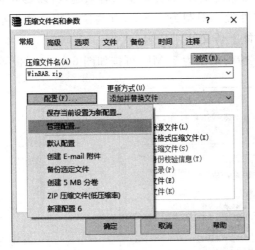

图 6-9　管理配置对话框

图 6-10　删除配置对话框

4. 为压缩文件设置密码

　　为了保证文件的安全和隐私,可以为压缩文件设置密码。右击需要压缩的文件,在弹出的快捷菜单中选择"添加到压缩文件",然后选择"高级"选项卡,单击右下角的"设置密码"按钮,打开"输入密码"对话框,如图 6-11 所示。输入密码且勾选"加密文件名",输入完成后单击"确定"按钮。这样压缩后的文件就带有密码了。解压此文件时,必须先输入密码,如图 6-12 所示。

图 6-11　"输入密码"对话框　　　　图 6-12　文件解压时输入密码

5. 分卷压缩文件

分卷压缩是把一个较大的压缩包分成多个分卷进行压缩。必须集齐所有的分卷,才能解压缩整个压缩包。分卷的原因是源文件压缩后太大,而传输要求有限制,所以要分成几个较小的卷。例如某些邮箱的附件单个文件大小限制为 50MB,有些论坛附件的大小限制为 1MB 等,这时就必须使用分卷压缩才能上传文件。

例如,源文件压缩后的大小为 194MB,上传的限制为 50MB,可按如图 6-13 所示配置

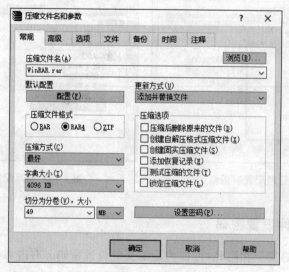

图 6-13　分卷压缩

压缩参数。以 WinRAR 文件夹为例,在文件夹 WinRAR 上右击,在弹出的快捷菜单中选择"添加到压缩文件",再选择"常规"选项卡,进行分卷压缩设置。"压缩文件格式"选择"RAR4";"压缩方式"选择"最好";"字典大小"选择"4096KB";"切分为分卷,大小"选择"49MB",以确保分卷大小不超过 50MB。单击"确定"按钮,这样就会将源文件分为若干个压缩文件,以便于上传使用。

6. 制作自解压文件

创建自解压压缩文件的目的是为了在没有 WinRAR 软件的环境中解压文件。

在需要压缩的文件上右击并选择"添加到压缩文件"后,选择"常规"选项卡,如图 6-14 所示,勾选"创建自解压压缩文件",此时"压缩文件名"文件的扩展名自动变为 exe,单击"确定"按钮后,自解压文件创建完成,如图 6-15 所示。

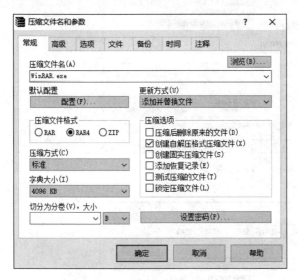

图 6-14　创建自解压压缩文件

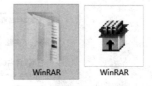

图 6-15　自解压压缩文件

7. 查看 WinRAR 关联文件

通过查看关联文件,可以了解 WinRAR 可以打开的文件类型。打开 WinRAR 软件,在主界面中单击"选项"菜单,选择"设置",弹出"设置"对话框,在"WinRAR 关联文件"栏中勾选需要关联的文件类型,如图 6-16 所示。

【实验 6-1】 将图 6-15 所示的文件夹 WinRAR 制作成一个压缩包,并设置该压缩包的解压密码为 123456。

操作步骤:

【步骤 1】右击文件夹 WinRAR,单击"添加到压缩文件",并选择"高级"选项卡,如图 6-17 所示。

【步骤 2】在"高级"选项卡中单击右下角的"设置密码"按钮,打开"输入密码"对话框,如图 6-18 所示。

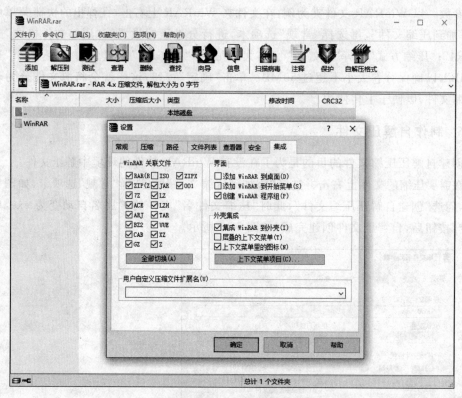

图 6-16　WinRAR 关联文件

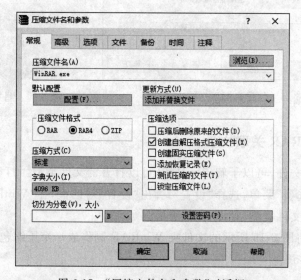

图 6-17　"压缩文件名和参数"对话框

【步骤 3】在"输入密码"框内输入 123456 且勾选"加密文件名"复选框,输入完成后单击"确定"按钮。

这样的文件压缩后就带有密码了,想要解压此文件,必须输入所设置的密码。

图 6-18 "输入密码"对话框

6.2　杀毒软件的使用

6.2.1　杀毒软件简介

杀毒软件,也称反病毒软件或防毒软件,是用于消除电脑病毒、木马和恶意软件等威胁计算机安全的一类软件。

杀毒软件通常包含监控识别、病毒扫描和清除、自动升级病毒库、主动防御等功能,有的杀毒软件还带有数据恢复、防范黑客入侵,网络流量控制等功能,是计算机防御系统的重要组成部分。

"杀毒软件"是国内的早期反病毒软件厂商起的名字,后来与世界反病毒业接轨统称为"反病毒软件""安全防护软件"或"安全软件"。集成防火墙的"互联网安全套装""全功能安全套装"等用于消除电脑病毒、特洛伊木马和恶意软件的一类软件,都属于杀毒软件范畴。

6.2.2　360 安全卫士

360 安全卫士是由奇虎 360 科技有限公司推出的一款多功能网络安全软件,该软件拥有查杀木马、清理插件、修复漏洞、电脑体检、保护隐私等多种功能,并具有"木马防火墙"功能,可全面、智能地拦截各类木马,保护用户的账号、隐私等重要信息。下面简单介绍 360 安全卫士的使用方法。

360 安全卫士可以在从 360 官网上下载,360 安全卫士安装成功后,桌面上会出现360 安全卫士的快捷图标。

360安全卫士软件主要由电脑体检、木马查杀、电脑清理、优化加速、软件管家等多个实用工具组成,如图 6-19 所示,可以帮助用户解决电脑问题并保护系统安全。

图 6-19   主界面工具栏

1．电脑体检

一般情况下,在开机的时候,360 安全卫士会自动开启。在 Windows 桌面右下方的任务栏中,单击此图标即可打开软件主界面。在"360 安全卫士"主界面中,单击"立即体检"可以对电脑系统进行快速一键扫描,对木马病毒、系统漏洞、差评插件等问题进行修复,并全面解决潜在的安全风险,提高电脑运行速度,如图 6-20 所示。

图 6-20   电脑体检

2．木马查杀

"木马查杀"可以对系统进行木马、病毒和漏洞检测,可根据需要选择区域,"立即扫描""快速扫描""全盘扫描""自定义扫描"等扫描方式。扫描完成后,如有发现异常,系统会提醒用户进行相应的操作。如有漏洞,也可直接选择"漏洞修复"功能,进行修复,如图 6-21 所示。

3．电脑清理

"电脑清理"包括"清理垃圾""清理痕迹""清理注册表""清理插件""清理软件""清理

图 6-21　木马查杀

Cookies"等功能。单击"一键扫描",在扫描完成后,可选择需要清理的文件,单击"一键清理"按钮,进行垃圾清除。清理完成后,360 安全卫士会显示清理的项目和节省的空间,如图 6-22 所示。

图 6-22　电脑清理

"清理垃圾",用于全面清除电脑垃圾,最大限度地提升系统性能,使得系统更洁净,运行更顺畅,如图 6-23 所示。

"清理痕迹",用于清理用户使用电脑后留下的个人信息痕迹,这样做可以保护用户的隐私,如图 6-24 所示。

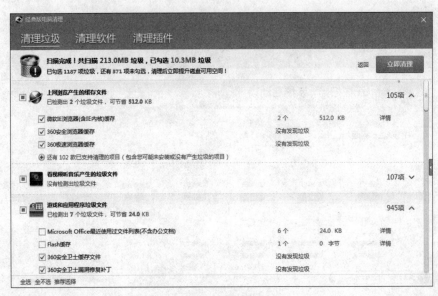

图 6-23　清理垃圾

图 6-24　清理痕迹

4. 系统修复

　　"系统修复",用于一键解决浏览器主页、开始菜单、桌面图标、文件夹、系统设置等被恶意篡改的诸多问题,使系统迅速恢复到"健康状态"。同时还可以为用户提供的漏洞补丁,这些系统补丁从微软官方网站获取,以及时修复漏洞,保证系统安全,如图 6-25 所示。

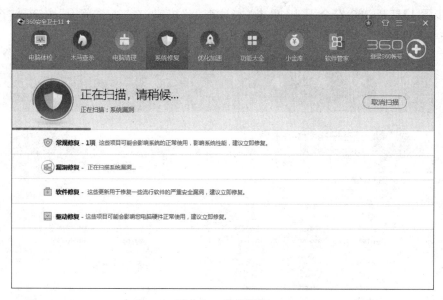

图 6-25　修复漏洞

5．功能大全

"功能大全"，可以提供多种功能强大的实用工具，有针对性地帮助用户解决电脑问题，提高电脑速度，如图 6-26 所示。

图 6-26　功能大全

【实验 6-2】　利用 360 安全卫士全盘查杀本地系统的木马，并修复本机的系统漏洞，提高开机速度。

操作步骤：

【步骤1】打开360安全卫士，单击"木马查杀"按钮，在"查杀范围"中选择"全盘查杀"，并单击"开始查杀"按钮，如图6-27所示。

图6-27 全面查杀木马

【步骤2】在查杀完毕后，单击"系统修复"按钮，并单击"全面修复"按钮，开始系统漏洞扫描，如图6-28所示。

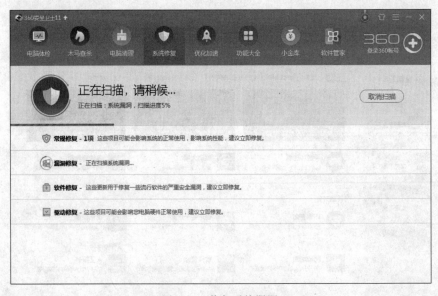

图6-28 修复系统漏洞

【步骤3】在系统漏洞修复完毕之后，单击"优化加速"按钮，选择"开机加速"，并单击"全面加速"按钮，优化开机时间，如图6-29所示。

图 6-29 优化开机时间

6.2.3 腾讯电脑管家

腾讯"电脑管家"(原名 QQ 电脑管家)是腾讯公司推出的免费安全软件。拥有云查杀木马、系统加速、漏洞修复、实时防护、网速保护、电脑诊所、健康小助手、桌面整理、文档保护等功能。这里介绍腾讯电脑管家几种有代表性的使用功能。

腾讯电脑管家软件有六大板块,包括我的管家、病毒查杀、清理垃圾、电脑加速、软件分析、工具箱等,这些板块对用户的电脑安全可以起到较强的防护作用,如图 6-30 所示。

图 6-30 我的管家

1. 我的管家

在"我的管家"中,"全面体检"是指全面检测电脑开机和运行速度慢、病毒、木马、系统异常、账号风险、高危漏洞等电脑异常,如图 6-31 所示,单击"一键修复"按钮,可以进行扫描修复。

图 6-31　全面体检

扫描过程中,会显示电脑中存在的问题,单击"一键修复"进行电脑问题的修复,如图 6-32 所示。

图 6-32　全面体检

2. 病毒查杀

病毒查杀是指扫描电脑中是否存在病毒和木马等危害电脑安全的问题并清除。闪电杀毒分为全盘查杀、指定位置查杀。注意，"全盘查杀"对电脑磁盘和内存进行检测并杀毒，如图 6-33 所示。"指定位置查杀"对自己指定的位置进行检测并杀毒，如图 6-34 所示。扫描之后，单击"一键查杀"进行病毒的清理和维护，如图 6-35 所示。

图 6-33　病毒查杀－1

图 6-34　病毒查杀－2

图 6-35　病毒查杀－3

3. 清理垃圾

清理垃圾是对电脑运行时产生的系统、上网、游戏、聊天、视频等垃圾文件和用户存储的垃圾文件进行清理,让电脑有更多的存储空间。首先要进行垃圾扫描,如图 6-36 所示。扫描完成之后,单击"立即清理"清理垃圾文件,如图 6-37 所示。

图 6-36　清理垃圾－1

图 6-37　清理垃圾—2

4. 电脑加速

电脑加速是指对电脑运行速度和开机速度进行优化、释放内存,让电脑运行速度更加流畅,如图 6-38 所示。扫描完成之后,单击"一键加速"按钮进行电脑加速优化,电脑运行更加流畅,如图 6-39 所示。

图 6-38　电脑加速—1

图 6-39　电脑加速－2

5. 软件分析

软件分析是指分析电脑中安装的软件是否有问题,建议用户进行软件升级和软件卸载,如图 6-40 和图 6-41 所示。

图 6-40　软件分析－1

图 6-41　软件分析－2

6. 工具箱

工具箱为用户提供丰富多样的常用软件和功能,工具箱分为常用、文档、上网、系统、软件、其他等功能,如图 6-42 所示。

图 6-42　工具箱

【实验 6-3】　利用电脑管家软件扫描本机系统,清理系统使用过的痕迹,并升级需要升级的软件。

操作步骤：

【步骤1】打开腾讯电脑管家软件，单击"全面体检"，开始对本机系统进行扫描，如图 6-43 所示。

图 6-43　扫描本机系统

【步骤2】在完成本机系统扫描之后，单击"清理垃圾"，选择"清除痕迹"按钮，单击"开始扫描"按钮，即可对本机系统的使用痕迹进行清理，如图 6-44 所示。

图 6-44　清理本机使用过的痕迹

【步骤3】在清理完本机系统使用痕迹后，单击"软件分析"按钮，选择"软件管理"，单击"升级"按钮，选择需要升级的软件即可对该软件进行升级，如图 6-45 所示。

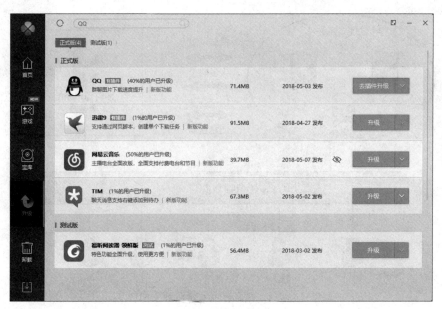

图 6-45　软件升级

6.3　常用聊天软件

6.3.1　聊天软件简介

　　聊天软件又称即时通讯(Instant Message,IM)软件,是指提供基于互联网络的实时语音、文字传输工具。从技术上讲,主要分为基于服务器的 IM 工具软件和基于 P2P 技术的 IM 工具软件。

　　即时通讯与电子邮件最大的不同在于不用等候,只要两个人同时在线,就能像多媒体电话一样,传送文字、档案、声音、影像给对方。聊天工具可以让使用者在网络上建立某种私人聊天室的实时通讯服务。大部分即时通讯服务提供了状态信息,可以显示联络人名单、联络人是否在线及能否与联络人交谈。

1.聊天软件工作原理

　　聊天软件基本上都是采用客户端/服务端(Client/Server,C/S)体系结构,客户端通过网络用 TCP 协议连接到服务器,以架设的服务器作为即时通讯平台。

　　即时通讯系统主要由以下部分组成:一是服务器,它负责管理发出的连接或者与其他实体的会话,接收或转发 XML(Extensible Markup Language)流元素给授权的客户端、服务器等。二是客户终端,它与服务器相连,通过 XMPP 协议获得由服务器或其他相关服务所提供的功能。三是协议网关,它完成 XMPP 协议传输的信息与外部消息间的翻译。XMPP 网络实现各个服务器、客户端间的连接。其工作原理如图 6-46 所示。

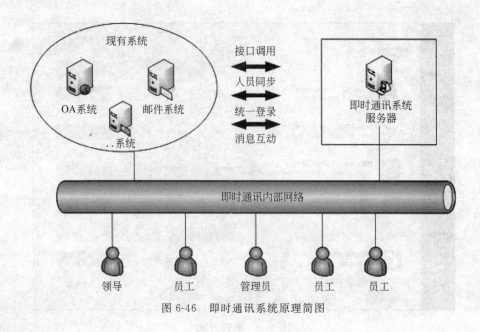

图 6-46　即时通讯系统原理简图

2. 聊天软件的种类

聊天软件种类繁多,各有其不同的优势和应用场合。表 6-1 列出了几款常用的聊天软件工具。

表 6-1　常用聊天软件简介

聊天软件名称	功能特点
QQ	国内最时髦的即时通讯工具
微信	国内最流行的手机即时通讯工具
MSN Messenger	微软开发的在公司中广泛使用的即时通讯工具
百度 HI	百度公司推出的一款即时通讯软件
阿里旺旺	淘宝网和阿里巴巴为商人度身定做的免费网上商务沟通软件
生意通	批发网为国内中小企业推出的会员制网上贸易服务
google talk	Google 开发的即时通讯软件
Skype	可以进行高清晰语音对话、拨打国内国际电话

6.3.2　QQ 聊天软件

QQ 是"腾讯 QQ"的简称,是腾讯公司开发的一款基于 Internet 的即时通讯软件。1999 年 2 月,腾讯公司正式推出第一个即时通讯软件 OICQ,后改名为"腾讯 QQ"。目前 QQ 已经覆盖 Microsoft Windows、OS X、Android、iOS、Windows Phone 等多种主流平台。其标志是一只戴着红色围巾的小企鹅。

腾讯 QQ 支持在线聊天、即时传送视频、语音和文件等多种功能。同时，QQ 还可以与移动通讯终端、IP 电话网、无线寻呼等多种通讯方式相连，使 QQ 不是单纯意义的网络虚拟寻呼机，而是一种方便、实用、超高效的即时通讯工具。

此外，QQ 还具有与手机聊天、视频通话、语音通话、断点续传文件、传送离线文件、共享文件、QQ 邮箱、网络收藏夹、发送贺卡、存储文件等功能。

下面从 QQ 软件的安装、设置个性化界面、好友管理、传送文件、截屏抓图、昵称的使用、相关业务以及使用注意事项等方面介绍 QQ 聊天软件的使用方法。

1. 设置个性化的 QQ 界面

使用 QQ 软件可设置 QQ 界面的颜色和亮度。单击主面板右上方加号所示"颜色编辑"按钮。在弹出的"颜色"选项二级菜单中即可选择"贵族紫""苹果绿""玫瑰红"等多种颜色。还可以选择"自定义"，在弹出的"皮肤颜色选择"窗口中根据个人喜好设置颜色和亮度，如图 6-47 所示。另外，QQ 软件中有定制的皮肤可供直接使用。

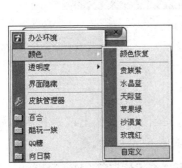

图 6-47　个性化的 QQ 界面

在 QQ 软件中，可以根据使用习惯选择聊天模式。若偏爱消息模式，只须在"窗口设置"对话框中选中"聊天窗口默认为消息模式"即可，如图 6-48 所示。

图 6-48　QQ 窗口设置

2. QQ 好友管理

QQ 软件为了保持主面板的清爽整洁，采用树状好友分组模式。只需单击"联系人"图标，即可快速收起所有好友分组，再次单击时即切换回原状态，如图 6-49 所示。

要在众多好友中找到一个好友，只需在好友面板右键菜单中选择"查找用户"，或使用快捷键 Ctrl+F，在弹出的查找好友对话框中输入好友名称，即可立即查找到好友，并且

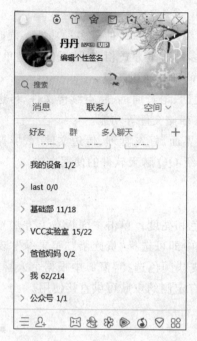

图 6-49　QQ 好友管理

支持模糊查找。

3. 使用 QQ 传送文件

在 QQ 软件中,只需将要传送的文件或者图片拖动到好友头像上或是拖入和好友对话的聊天窗口中,即可快速便捷地向好友传送文件,如图 6-50 所示。

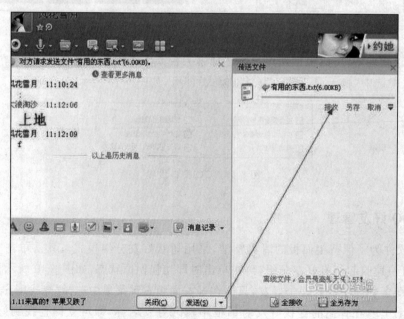

图 6-50　QQ 文件传送

4. 使用 QQ 截屏抓图

截屏抓图是 QQ 软件的重要功能之一，文字很难表达的问题，一张恰如其分的抓图便可轻易表达。操作系统自带的截屏键虽然简单，不过截屏后的图还要裁剪，颇为麻烦。用 QQ 聊天窗口的截图工具，或者自定义的快捷组合键 Ctrl＋Alt＋A，就可以在屏幕上任意截取图像。截屏快捷键也可以自定义，如图 6-51 所示。

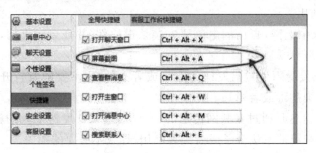

图 6-51　QQ 截屏抓图

5. QQ 昵称的使用

QQ 昵称也叫 QQ 网名，是指用户在腾讯 QQ 上根据自己需求注册或修改用来代表自己的文字标识，是目前流行的一种网名形式，每一个 QQ 都对应一个相应的名称。昵称的选择是由用户自由设置。

以前的 QQ 用户只能拥有一个昵称，而且在群里面也无法同时拥有多个昵称，因而显得非常单调。QQ 新版本（或者 TM3.0 以上版本）新增了"群名片"的功能，可以让用户在群里为自己取不同的昵称。具体操作方法是，启动 QQ 程序，切换到"群/校友录"面板，右击需要修改群名片的群，从弹出的快捷菜单中选择"查看群组资料"命令，弹出"查看群详细信息"对话框，在左侧栏目中选择"我的群名片"，然后在"真实姓名"文本框中修改昵称，让自己在群里面显示和 QQ 昵称不同的称呼，如图 6-52 所示。

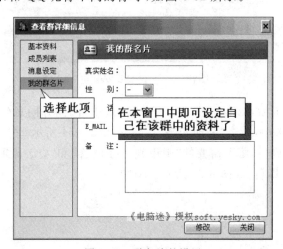

图 6-52　群名片的设置

如果是自己发起的 QQ 群组,则在快捷菜单中选择"修改群组资料"命令,其设置方法与群名片相同。

6. QQ 使用注意事项

使用 QQ 软件时,应当注意以下几点。

(1) QQ 密码不要过于简单。如果过于简单,会被轻易破解,导致 QQ 号码被盗,以至于被不法分子利用。

(2) 如果在家中上网,自己的电脑要安装杀毒软件,并开启防火墙,避免 QQ 中病毒或者木马,导致信息泄露。

(3) 不要随意接受陌生号码发送的图片或者文件,也不要随意打开陌生人发送的网址,避免 QQ 被感染病毒或者木马。

(4) QQ 聊天信息是通过互联网传送的,不要通过 QQ 发送个人的秘密信息,包括银行账号和密码等,避免被不法分子或者黑客利用,导致不必要的损失。

【实验 6-4】 安装 QQ 聊天软件。

操作步骤:

【步骤 1】登录腾讯官方网站,找到 QQ 软件下载页面 https://im.qq.com/download/。

【步骤 2】找到 QQ PC 版,单击"下载"按钮,选择合适的存储位置下载 QQ 安装包,如图 6-53 所示。

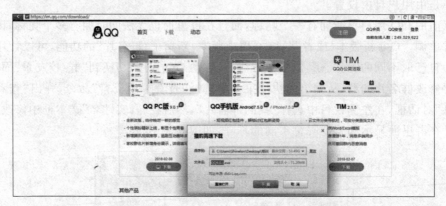

图 6-53 下载 QQ 安装包

【步骤 3】下载完成后,双击打开 QQ 安装包,选中"阅读并同意软件许可协议和青少年上网安全指导"复选项,单击"立即安装"按钮。如图 6-54 所示。

【步骤 4】安装完成后,将不需要的"腾讯视频播放器"和"QQ 音乐播放器"勾选去掉,单击"完成安装"按钮即可,如图 6-55 所示。

6.3.3 微信

微信 (WeChat)是腾讯公司于 2011 年 1 月 21 日推出的一个为智能终端用户提供即

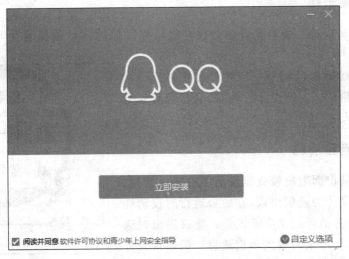

图 6-54　选中"阅读并同意软件许可协议和青少年上网安全指导"复选项

图 6-55　将不需要的选项勾选掉并单击"完成安装"按钮

时通讯服务的免费应用程序。微信支持跨通讯运营商、跨操作系统平台通过网络快速发送语音短信、视频、图片和文字,也可以使用"摇一摇""漂流瓶""朋友圈""公众平台""语音记事本"等服务插件。

下面从微信注册、微信摇一摇、微信的流量消耗、查看微信好友、微信密码找回以及微信使用中的注意事项等方面,介绍微信聊天软件的使用方法。

1. 微信聊天

微信支持文字聊天、图片、语音传输、文件传输、视频聊天(音频、视频),还支持点对点通信、微信群组功能。

2. 微信摇一摇

目前微信 3.0 以上版本支持摇一摇功能。摇一摇的入口在找朋友界面,如图 6-56 所示。

进入摇一摇界面,轻摇手机,微信会帮你搜寻同一时刻摇晃手机的人。聚会上一起摇,会快速帮您列出一起摇的朋友。

3. 微信流量消耗

微信是目前市面上比较省流量的手机通讯软件。微信有着精心设计的通信协议,在后台运行时仅消耗极少流量,一个月消耗约 1.7M 流量。建议退出时选择后台运行,以保证及时收到微信消息。微信自身带有流量统计的功能,可以在设置中随时查看微信的流量动态。

图 6-56　微信摇一摇界面

4. 微信的密码找回

当不小心忘记微信号的密码时,可以通过以下三种方法找回密码。

(1) 通过手机号找回。用手机注册或已绑定手机号的微信账号,可用手机找回密码。在微信软件登录页面单击"忘记密码",选择"通过手机号找回密码",输入注册的手机号,系统会下发一条短信验证码至手机,打开手机短信中的地址链接,输入验证码,重设密码即可。

(2) 通过邮箱找回。通过邮箱注册或绑定邮箱、并已验证邮箱的微信账号,可用邮箱找回密码。在微信软件登录页面单击"忘记密码",选择"通过 Email 找回密码",填写绑定的邮箱地址,系统会下发重设密码邮件至注册邮箱,单击邮件的网页链接地址,根据提示重设密码即可。

(3) 通过注册 QQ 号找回。用 QQ 号注册的微信,微信密码同 QQ 密码是相同的。请在微信软件登录页面单击"忘记密码",选择"通过 QQ 号找回密码",根据提示找回密码即可。也可以进入 QQ 安全中心找回 QQ 密码。

5. 微信使用中的注意事项

(1) 微信密码不要过于简单,否则会被轻易破解,导致微信号码被盗,以至于被不法分子利用。

(2) 注册微信号后,不要马上使用"附近的人""摇一摇"功能,否则容易被微信认为是违规而封号,建议 15 天以后再使用。

(3) 要经常更新朋友圈,发点有质量的文章和图片。

【实验 6-5】　注册一个微信账号。

操作步骤:

【步骤 1】在手机上下载并安装微信 App,开启微信。单击右下角的"注册"按钮,如

图 6-57 所示。

【步骤 2】输入用户手机号码,如图 6-58 所示。

图 6-57　注册微信账号

图 6-58　输入手机号码

【步骤 3】填写手机接收的验证码进行验证,填写无误后单击"下一步"按钮,如图 6-59 所示。

【步骤 4】填写昵称,设置头像(可以跳过),单击"注册"按钮完成注册,如图 6-60 所示。

图 6-59　填写手机验证码

图 6-60　设置头像和昵称

【实验 6-6】　查看微信上的 QQ 好友。

需要使用 QQ 号注册微信,才拥有查看 QQ 好友是否使用微信的功能。

操作步骤:

【步骤 1】切换到"找朋友"界面。单击"查看 QQ 好友",选择 QQ 分组,查看分组下对应的 QQ 好友,如图 6-61 所示。

图 6-61　切换到找朋友界面

【步骤 2】如果某个 QQ 好友注册了微信,可以查看对应这个 QQ 好友的微信资料,如图 6-62 所示。

【步骤 3】如果某个 QQ 好友还没有注册微信,您可以邀请他加入微信,如图 6-63 所示。

图 6-62　查看对应 QQ 好友的微信资料　　　　图 6-63　邀请好友开通微信

6.4　网上支付软件

网上支付就是允许用户使用其个人电脑或移动终端(通常是手机)对所消费的商品或服务进行账务支付的一种服务方式。单位或个人通过移动设备、互联网或者近距离传感直接或间接向银行金融机构发送支付指令产生货币支付与资金转移行为,从而实现网上支付功能。网上支付将终端设备、互联网、应用提供商以及金融机构相融合,为用户提供货币支付、缴费等金融业务。目前人们常用的网上支付软件主要是支付宝和微信支付。

6.4.1 支付宝

1．支付宝简介

支付宝是国内领先的第三方支付平台,致力于提供"简单、安全、快速"的支付解决方案。支付宝公司从 2004 年建立开始,始终以"信任"作为产品和服务的核心。旗下有"支付宝"与"支付宝钱包"两个独立品牌。自 2014 年第二季度开始成为当前全球最大的移动支付厂商。

截至目前,支付宝实名用户超过 3 亿,支付宝钱包活跃用户超过 2.7 亿,单日手机支付量超过 4500 万笔。2017 年"双十一"全天,支付宝手机支付交易笔数达到 1.97 亿笔,创造了单日全球峰值纪录。目前,支付宝已经跟国内外 180 多家银行以及 VISA、MasterCard 国际组织等机构建立了深入的战略合作关系,成为金融机构在电子支付领域最为信任的合作伙伴。

2．支付宝常用功能

支付宝产品提供的功能非常丰富,并且还在不断开发新的功能。以下介绍几个常用的功能。

（1）认证。

用户使用支付服务需要实名认证是央行等监管机构提出的要求,实名认证之后可以在淘宝开店,增加更多的支付服务,更重要的是有助于提升账户的安全性。实名认证需要同时核实会员身份信息和银行账户信息,实名认证不完善的用户,其余额支付和转账等功能会受到限制。

（2）余额。

支付宝账户内的资金被称为余额。充值到余额、支付时使用余额以及余额转出都是当前最常见的服务。银行卡中的资金可以通过网银和快捷支付进入支付宝账户。20 多家银行网银和 170 多家银行的快捷支付都能充值到支付宝余额。使用余额支付时基本没有额度限制,用户可以先多次充值再付款。支付宝余额还支持随时提现,用户可以将余额提现至自己绑定的银行卡。

（3）钱包。

支付宝可以在智能手机上使用,该手机客户端为支付宝钱包。支付宝钱包具备了电脑版支付宝的功能,也因为手机的特性,内含更多创新服务。如"当面付""二维码支付"等。还可以通过添加"服务"来让支付宝钱包成为自己的个性化手机应用。

（4）转账。

通过支付宝转账分为两种：转账到支付宝账号,资金瞬间到达对方支付宝账户;转账到银行卡,用户可以转账到自己或他人的银行卡,支持百余家银行,最快 2 小时到账。推荐使用支付宝钱包进行转账,可以免手续费。

(5) 缴费。

支付宝支持公共事业缴费服务,除了水电气等基础生活缴费外,其还扩展到很多与老百姓生活息息相关的缴费领域。常用的在线缴费服务有水电气缴费、教育缴费、交通罚款、有线电视费。

(6) 找人代付。

支付宝支持"找人代付"功能,可选择一位愿意代付的支付宝用户,就可通知代付人代为付款。

(7) 线下服务。

当用户装上支付宝钱包,他就可以在实体商店享受电子支付带来的好处。使用支付宝时,资金可以事先充值到支付宝账户,也可以在支付时使用银行卡(包括信用卡、借记卡)和充值卡。

(8) 信用卡还款。

支付宝推出的信用卡还款服务,支持国内 39 家银行发行的信用卡还款,是最受欢迎的第三方还款平台。主要优势有免费查信用卡账单、免费还款,还有自动还款/还款提醒等增值服务。

(9) 余额宝。

余额宝是支付宝推出的理财服务,不仅能用于日常的购物、还信用卡等支付,还能获得理财收益。在用于支付时,余额宝的优势在于额度较大、支付成功率非常高。余额宝占支付宝支付的比例正在逐步升高。

(10) 淘宝理财。

在传统理财产品之外,向互联网网民提供定制化、特色化的理财产品。入驻淘宝理财的理财机构包括保险、基金、银行等,提供包括基金产品、保险理财产品以及银行理财等丰富多样的理财品种。

3. 使用支付宝的注意事项

(1) 支付宝资金(快捷支付、余额、余额宝)均由保险公司全额承保,发生被盗风险一经核实 100% 赔付。

(2) 支付宝唯一的 24 小时客服热线为 95188,余额宝没有单独的客服电话号码。

(3) 支付宝的登录密码和支付密码需要单独设置高安全级别密码,为了资金安全,建议设置手机开机密码、支付宝钱包手势密码。

(4) 为支付宝账户进行实名认证、安装数字证书等安全产品、绑定手机可以大大提高账户安全性。

(5) 不要相信"代办信用卡",办理银行卡绝对不能留别人的手机号码,只能绑定自己的手机号。

(6) 身份证、银行卡号、密码、短信校验码等信息一定要妥善保管,不能透露给陌生人。

（7）不管是在电脑上还是手机上，都不要随意接收陌生文件，也不要随意点击陌生链接，谨防落入木马钓鱼圈套。

（8）在电脑上使用支付宝时请注意地址栏前面会有绿色安全锁及 https 字样。如果网址前缀是 http，务必要提高警惕。

（9）为安全起见，请勿随意"越狱"或"ROOT"手机。

（10）为了资金安全，不要将付款码发给他人。

6.4.2　微信支付

1. 微信支付简介

微信支付是集成在微信客户端的支付功能，用户可以通过手机完成快速的支付流程。微信支付以绑定银行卡的快捷支付为基础，向用户提供安全、快捷、高效的支付服务。常用的微信支付手段有微信红包和微信转账。

2. 微信红包

微信派发红包的形式共有两种。第一种是普通等额红包，一对一或者一对多发送。第二种是"拼手气群红包"，用户设定好总金额以及红包个数之后，可以生成不同金额的红包。

微信红包的发放步骤如下：

（1）在手机页面中找到"微信"App，并打开。

（2）在微信页面中"通讯录"一栏中选择所要发红包的对象。

（3）点击进入聊天页面后，点开对话栏右下方的"＋"号。

（4）找到"红包"点击进入"发红包"页面。

（5）编辑单个红包金额后，任意输入"留言"，点击"塞钱进红包"。

（6）输入支付密码以及选择支付方式。

（7）在聊天栏中便可以看到自己所发的红包，接下来就等待好友领取红包。

3. 微信转账

微信转账步骤如下：

（1）打开微信。

（2）选择需要转账的好友。

（3）点击右下角的加号。

（4）选择转账。

（5）输入转账包金额。

（6）确认支付密码即可。

微信转账和微信红包是最常用的两个功能之一,需要分清二者的区别。微信红包平时都是 200 元,而微信转账最大的额度是 20 万;没有领取的微信红包 24 小时后会自动退回给对方,而微信转账则可以立即退还;微信红包的金额是看不到的,微信转账则能够看到金额;微信转账可以设置到账时间,有两小时和 24 小时可以选择。

【实验 6-7】 给微信支付账号绑定银行卡。

操作步骤:

【步骤 1】打开微信,进入到"我"选项,单击"钱包",如图 6-64 所示。

【步骤 2】进入到"钱包"选项后,点击右上角"银行卡",进入到"我的银行卡"选项后,单击"添加银行卡",如图 6-65 所示。

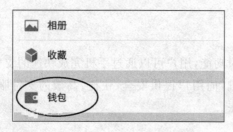

图 6-64 单击"钱包"

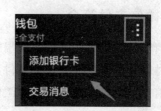

图 6-65 添加银行卡

【步骤 3】根据提示输入银行卡的持卡人姓名和卡号,如图 6-66 所示。

【步骤 4】填写卡类型、手机号码,进行绑定,如图 6-67 所示。

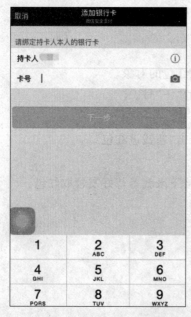

图 6-66 输入银行卡持卡人姓名和卡号

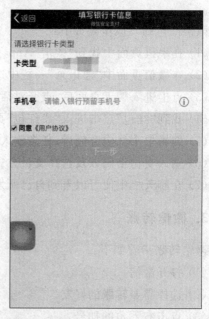

图 6-67 填写卡类型和持卡人手机号

【步骤 5】手机会收到一条附带验证码的短信,填写后确认,如图 6-68 所示。

【步骤 6】两次输入支付密码,完成支付密码设置,银行卡绑定成功,如图 6-69 所示。

图 6-68　输入收到的手机验证码　　　　图 6-69　设置支付密码

本 章 小 结

　　软件是操作计算机的工具和手段,掌握常用软件的安装、配置和使用方法对熟练使用计算机至关重要。通过本章的学习,读者应当掌握常用软件的常规使用技巧,并利用这些使用技巧为提高工作效率、增强个人电脑安全防范、防止个人信息外泄、避免损失做到应有的技术准备。

参 考 文 献

[1]　王红军.电脑组装与维修大全[M].北京：机械工业出版社,2017.

[2]　张青,何中林,杨族桥.大学计算机基础教程[M].西安：西安交通大学出版社,2014.

[3]　张武.信息技术基础教程[M].北京：中国农业出版社,2014.

[4]　刘连忠.信息技术基础实验指导应用案例教程——Office 2010[M].北京：电子工业出版社,2014.

[5]　高华,孙连山.Office 2010办公软件应用案例教程[M].北京：人民邮电出版社,2014.

[6]　吕新平.大学计算机基础[M].北京：人民邮电出版社,2014.

[7]　甘勇.大学计算机基础[M].北京：人民邮电出版社,2016.

[8]　张青.大学计算机基础实训教程[M].西安：西安交通大学出版社,2014.

[9]　唐翠微.计算机基础实用教程[M].北京：中国水利水电出版社,2017.

[10]　贾如春.计算机应用基础教程项目实用教程[M].北京：清华大学出版社,2016.

[11]　朱立才.大学计算机信息技术——学习与实验指导[M].北京：人民邮电出版社,2017.

[12]　韩勇.大学计算机基础[M].北京：清华大学出版社,2016.

[13]　龙马工作室.Windows 7从入门到精通[M].北京：人民邮电出版社,2017.

[14]　张红.Windows 7无师自通[M].北京：清华大学出版社,2012.

[15]　尹建新,刘颖,等.办公自动化高级应用案例教程——Office2010[M].北京：电子工业出版社,2014.

[16]　赵君,周建国.Adobe Audition CS6实例教程[M].北京：人民邮电出版社,2014.

[17]　文杰书院.Adobe Audition CS6音频编辑入门与应用[M].北京：清华大学出版社,2017.

[18]　张晓景.Photoshop CS6完全自学一本通[M].北京：电子工业出版社,2017.

[19]　互联网＋数字艺术研究院.中文版Photoshop CS6全能一本通[M].北京：人民邮电出版社,2017.

[20]　李明,刘悦,赵毅飞.Adobe Premiere Pro CS6影视编辑设计与制作案例技能实训教程[M].北京：清华大学出版社,2017.

[21]　梁峄.中文版Premiere Pro CS6入门与提高[M].北京：人民邮电出版社,2013.

[22]　周洪建.网页设计与制作教程[M].北京：科学出版社,2012.

[23]　未来科技.HTML5＋CSS3＋JavaScript从入门到精通(标准版)[M].北京：中国水利水电出版社,2017.

[24]　Elisabeth Robson & EricFreeman.Head First HTML与CSS[M].北京：中国电力出版社,2013.

[25]　史晓云.常用工具软件[M].5版.北京：电子工业出版社,2014.

[26]　曹海丽.计算机常用工具软件项目教程[M].2版.北京：机械工业出版社,2017.

[27]　冉洪艳,张振,等.电脑常用工具软件标准教程(2015—2018版)[M].北京：清华大学出版社,2015.

[28]　文杰书院.计算机常用工具软件入门与应用[M].北京：清华大学出版社,2017.